양봉
사계절 관리

양봉 사계절 관리

1판 5쇄 발행 2021년 9월 15일

편저자 조성봉 • 이명렬
원저자 조도행
발행인 김중영
발행처 오성출판사
편집 · 디자인 (주)우일미디어디지텍
주 소 서울시 영등포구 양산로 178-1
전 화 02)2635-5667~8
팩 스 02)835-5550
등 록 1973년 3월 2일 제13-27호

정 가 22,000원

ISBN 978-89-7336-787-0 93520
www.osungbook.com

머리말

최근에 들어서 양봉산업에 대한 국민들의 관심이 높아졌다. 꿀벌의 꽃가루수분 역할이 부각되었고, 프로폴리스, 로열젤리, 봉독, 화분이 새로운 식품과 의약품 원료로 등장하였다. 더불어 세계 도처에서 꿀벌의 수가 줄어들면서 식량생산에 위협이 된다는 우려가 팽배한 까닭이다.

우리나라 모든 양봉농가의 존경을 받으시던 해암 조도행 선생님이 타계하신 지 10년이 지났다. 개성의 송도고등보통학교, 일본 법정대학교 경제학부를 졸업하고 한양 중고등학교 생물교사에 재직하시던 후로부터 60여년 성상을 꿀벌과 함께 지내셨던 분이다.

선생님은 2002년 3월 마지막 저서인 '양봉 사계절 관리법'을 발간하셨다. '양봉 사계절 관리법'은 양봉에 갓 입문한 초보뿐 아니라 중견 양봉가들에게 사랑을 받던 양봉 입문서이자 꿀벌관리 지침서였다. 발간한지 15년이 된 이 책을 시대에 맞게 개편하자는 오성출판미디어 김대현 대표님의 제안으로 개편 작업을 시작하였다.

양봉에 대한 열정적인 실험정신과 진지한 학구적 자세를 견지하며, 체계적인 꿀벌관리에 대한 해박한 지식과 자상한 조언을 주시던 선생님의 뜻을 기리는 것을 개편 작업의 원칙으로 삼았다. 선생님의 쉽고 친숙하고, 자상한 구어체 저술방식을 가능한 살렸다.

꿀벌의 생리생태에 관한 여러 유형의 오류를 바로잡았고, 이전의 양봉관리 방식과 관련 용어를 현실적으로 정비하였다. 아울러, 최근의 꿀벌 병해충, 개선된 봉군관리법, 새로운 양봉기구 등을 추가하였고 원저의 사진은 편저자의 컬러사진을 중심으로 전면 교체하였다. 「나무가 쓴 한국의 밀원식물」의 많은 사진을 게재토록 허락하신 류장발 교수님과 장정원 박사님께 깊은 감사를 드린다. '쉬어가는 페이지'라는 제하의 글들은 말미에 모아서 '해암의 양봉만필'로 꾸몄다.

비록 부족한 부분이 아직도 많지만 이번에 개편한 책이 해암 선생님의 뜻처럼 양봉하는 분들에게 작은 도움이라도 되기를 바라며, 마지막으로 원저에 있는 선생님의 발간사 일부를 여기에 담고자 한다.

『꿀벌을 사육하며 실습과 연구에 몰두한 지 어언 60년이 되었다. 외국의 원서는 실력이 모자라 구독치 못하였으나 국내에서 발간된 봉산물에 관한 책은 많이 구독하였다.

지난 1988년부터 1995년까지 대구 동아양봉원에서 발간하는 「양봉계」라는 잡지에 매달 양봉관리에 대한 원고를 기고한 바도 있다. 또한 농한기에는 전국 농촌지도소의 초청을 받아 '꿀벌 관리기술 강의'를 하였으나 지금은 고령으로 출장 강의를 하지 못하는 것이 아쉽기만 하다. 꿀벌 강의를 위해서 많은 책을 읽어야 했고 실습도 거쳐야 했다. (중략)

책은 스승이다. 양봉에 성공하려면 많은 양서를 읽어야 한다.

꿀벌에 관한 책자로 서울대학교 농과대학 故 최승윤 박사의 저서 '신제 양봉학', 故 고려양봉원 고용호 선배님의 '양봉종전'과 '꿀벌치는 법,' 저자의 '양봉 사계절관리법', 한국양봉협회 사무국장과 양봉계 잡지사의 편집위원을 역임한 유영수씨의 '꿀벌과 자연이 주는 선물'과 '로열젤리와 꿀벌의 세계', 양봉가 김해용씨의 '프로폴리스와 화분 건강법' 등의 양서가 있다. (중략)

필자는 내년이 결혼한 지 70주년이 된다. 우리 내외는 지금까지도 아무 병 없이 건강하다. 꿀, 로열젤리, 화분, 프로폴리스를 복용하기 때문이다. 특히 프로폴리스는 봉산물 중 으뜸가는 식품이다. 60년동안 꿀벌 사육에 미쳤던 나의 건강을 위하여 노심초사 내조를 하여준 아내에게도 감사한다. 모쪼록 이 책자가 우리 봉우들에게 다소나마 도움이 되기를 기원한다.』

- 2002년 3월 5일 *海菴* 조도행 -

2017년 5월 편저자 조성봉 · 이명렬

차례

② 여름철 양봉관리 63

③ 가을철 양봉관리 87

④ 겨울철 양봉관리 113

부록

 해암(海菴)의 양봉 만필(漫筆) 277

부록

양봉용어 해설 293

제 **1** 편

봄철 양봉관리

　우리나라는 지형이 남북으로 다소 길게 위치한 작은 나라이면서도, 대륙성과 해양성 기후의 영향을 받아, 계절별로 지역에 따라 양봉관리의 시기에 차이가 나타난다.

　봄벌 양봉관리는 일반적으로 제일 남단에 있는 제주도에서부터 1월 말에 시작하며, 남부지방에서는 입춘이 시작되는 2월 5일경에, 중부지방은 2월 중순에 관리에 착수한다. 지구 온난화 영향으로 이 시기가 점차 앞당겨지고 있다.

1.1   이른 봄의 산란

월동 중에 소문이 외부에 노출된 꿀벌은 월동 창고에서 월동한 꿀벌보다 산란을 먼저 시작한다. 같은 양봉장에서는 강군보다 약군이 먼저 시작하며, 환경이 불안한 꿀벌 봉군일수록 산란을 먼저 시작한다. 또 신여왕벌보다 구여왕벌일수록 산란이 빠른데, 산란시기는 너무 늦어도 좋지 않지만 너무 빨라도 좋지 않다.

경험이 많지 않은 초보 양봉가는 중부지방에서 2월 초 온화한 날 소문으로 벌이 드나들어 서둘러 내검을 했더니, 산란이 손바닥만큼 진행되었다고 기뻐했는데 이것은 잘못된 판단이다.

과거 1990년대에는 제주도지방은 2월 5∼6일경, 영호남지방은 2월 15일경, 중부지방은 2월 25일경 산란이 시작되었으나 최근 들어서는 지구 온난화의 영향으로 지역별로 산란 시기가 열흘 이상 빨라졌다.

봄철 일반적인 산란 시작 시기보다 산란이 비정상적으로 빠른 경우는 다음과 같다.

첫째, 환경이 불안할 때,   둘째, 봉군이 약할 때,   셋째, 여왕벌이 늙었을 때를 들 수 있다.

실제 외기온도가 6∼7℃ 정도인 이른 봄에 여왕벌이 산란을 하게 되면, 화분이 부족하고 물이 제대로 공급되지 않는다. 부화한 유충은 3일이 지나면 꿀과 화분을 먹어야 하는데 월동 중 봉개된 꿀은 농도가 진하여 물로 희석해야 하므로, 물을 운반하는 사명을 띠고 소문으로 나왔던 일벌은 추위에 노출되어 귀소하지 못하고 죽게 된다.

뿐만 아니라 순조롭지 못한 조건으로 성장한 일벌은 몸이 허약하므로 너무 이른 산란은 좋은 현상이 아니다.

1.2   제주도의 봄벌

제주도에서는 1월 말부터 봄벌 관리가 시작된다. 겨울철 월동 봉구(蜂球)를 이루어 21℃의 정태온도를 유지하며 뭉쳐있던 일벌들이 비활동 상태에서 깨어나 여왕벌이 봉구 안에서 점차 산란하기 시작한다. 산란을 촉진하고 충분한 영양공급이 이루어지도록 양봉가는 대용화분(화분떡)을 공급해준다. 일벌들은 물을 반입하며 동백꽃에서 화분을 뒷다리에 매달고 소문으로 들어온다. 꿀벌은 계절 변화를 인지하는 선구자이다.

1.3 중부지방의 봄벌

영·호남지방에서는 2월 초부터 봄벌 관리가 시작되나 중부지방에서는 대개 2월 중순부터 시작된다.

일반적으로 한낮 외기온도가 10°C 이상으로 올라가면 양봉장 터를 정비하고 다음 날 아침, 창고에서 월동시킨 벌통의 소문을 닫고 준비된 봉장으로 운반한다. 벌통을 15cm 정도 간격으로 배열하고 보온덮개를 덮어 주는데, 이때 바람이 부는 등 일기가 불순하면, 벌이 안정되기를 기다려 15분 후에 소문을 4cm 정도 열어 주고, 보온덮개로 벌통 전체를 씌워 암실을 만들어 준다.

11~12시경 외기온도가 10°C 이상 상승하면 보온덮개를 소문보다 3cm 정도 높게 올리고 소문을 2cm 정도로 조절한다. 이 통 저 통에서 벌들이 나오며 죽은 벌을 끌어내 청소한다. 10여 분이 지나도 소문이 잠잠한 벌통이 있으면 철사로 만든 갈고리를 소문으로 집어넣어 본다. 아직 봉구가 풀리지 않은 통이거나 봉구가 반응이 없는 벌통이 있는데, 대개 월동 중 사고가 난 통이므로 곧바로 대책을 마련해 주어야 한다.

대부분의 벌통에서는 벌들이 나와서 벌통 주위를 돌며 기억비행(記憶飛行)을 하면서 탈분(脫糞)을 하므로 모자를 쓰고 헌 옷을 입어야 한다.

첫날은 월동 중 사고가 난 벌통 이외엔 내검을 하지 말고 다음 날에 한다. 오후 5시경이 되면 봉장이 조용해지므로 이때 보온덮개로 벌통 전체를 가려 준다.

노지에서 보온덮개를 씌워 월동시킨 봉군도 창고 월동군과 같은 방법으로 조치한다.

1.4 제1차 내검

다음날 외기온도가 10°C 이상으로 올라가면 덮어 주었던 보온덮개를 소문에서 3cm 정도 올린다. 그러나 7°C 이하의 온도에서는 보온덮개를 들춰줄 필요가 없다.

월동이 순조로운 강군의 소문 앞에는 2~3마리의 벌이 나와 있기 마련인데 10분 정도 지나면 전날보다 훨씬 많은 벌이 소문으로 나와 머뭇거리다가 기억비행을 시작하며 탈분을 한다.

봉장은 다소 어수선해진다. 2~3일 전부터 봉군 수에 따른 꿀소비와 빈 벌통을 준비해야 하고 훈연기, 봉솔, 하이브툴, 면포 등 양봉기구도 갖추어야 한다.

1차 내검의 목적은 다음과 같다.

첫째, 먹이는 충분한가?

둘째, 여왕벌은 건재한가?

셋째, 습기가 심하지 않은가?

넷째, 죽은 벌은 얼마나 되나? 등이며 이를 살펴보고 알맞은 대책을 세워 주어야 한다.

1.5　착봉소비의 축소

봄벌 관리의 잘잘못은 1년 양봉 농사를 좌우한다. 봄벌 관리상 가장 중요한 것이 착봉소비의 축소에 있다. 그 이유를 잠깐 살펴보기로 하자.

이른 봄철(2월 중순부터 3월까지) 청명하고 온화한 날이라도 외기온도는 고작 15~16℃에 불과하다. 여왕벌이 산란하고 일벌이 육아하려면 착봉소비 중앙의 온도가 동태온도인 34~35℃를 유지하여야 한다.

일벌들은 꿀을 먹고 가슴 근육을 진동하여 스스로 열을 발산하기 때문에 우리가 아무리 보온조치를 잘해 주어도, 벌이 밀집하여 자신들이 스스로 보온을 유지하는 것만 못하므로, 소비를 축소하여 벌이 밀집되도록 도와주는 것이 대단히 중요하다.

보온덮개를 뒤로 젖히고 뚜껑을 열어 개포를 살며시 들친 후 훈연을 가볍게 2~3차 하고, 다시 개포를 덮고 10초 정도 기다려 개포를 들춰서 접어가며 소비 사이를 살펴본다.

만약 아직도 봉구를 해체하지 않고 뭉쳐서 정지 상태에 있으면 소비를 건드리지 말고 원상태로 뚜껑을 다시 덮어준다. 봉구가 풀렸으면 벌통 안의 습기를 살펴보고 습기가 많으면 준비한 벌통으로 통 갈이를 해 준다.

습기가 약간 있는 정도라면 훈연을 가볍게 2~3차 하고, 먹이를 살펴보고 여왕벌의 생사를 확인한다. 여왕벌이 보이지 않더라도 벌이 많이 붙은 소비 중앙 부분에 알 또는 유충이 있으면 여왕벌이 건재한 것이므로 여왕벌을 찾느라 시간을 소비할 필요가 없다. 소비 전체를 앞으로 당겨 놓고 하이브툴로 바닥에 떨어진 죽은 벌과 벌집 조각 등을 청소하고, 화장지 또는 헝겊으로 습기를 닦아 낸다.

가령 3장군 정도라면 벌통 벽에 붙여서 꿀소비(저밀소비)를 넣어 주고, 여분의 소비(가령 6장으로 월동에 들어간 벌이 있다면 소비 3장은 여분이 된다)는 벌을 떨어내고 여왕벌이 붙은 산란소비를 중심으로 3장군을 만든다. 빼낸 여분의 소비는 곧바로 깨끗이 솔질을 한 후 빈 통에 보관하여 도봉이 발생하지 않도록 해야 한다.

마지막으로 벌이 붙은 소비 바깥쪽에 사양기를 붙여 주고 바닥에 떨어진 벌을 솔 또는 손으로 사양기 밑으로 밀어 넣고 3장 소비 위에서부터 사양기 뒤로 담요 개포 1장을 꺾어 내린다.

30mm 스티로폼을 신문지로 싸서 바짝 붙여 주고 신문지 반장을 접어 3장군에 덮어 보온에 신경을 쓴다.

가령 벌이 11,000~12,000마리 정도라면 3장군으로 축소하고 7,000~8,000마리 정도라면 2장군으로 축소하고, 4,000~5,000마리 정도라면 미련 없이 2장 봉군에 합봉하여야 한다.

1.6 봄벌은 밀집시켜야 한다

봄벌 관리에서 가장 중요한 점은 소비 수를 축소하여 꿀벌을 가능한 밀집시키는 데에 있다.

제1차 내검을 하였을 때, 가령 소비 6장으로 월동에 들어갔던 것이 중앙 1장에 착봉이 2/3 정도이고 그 옆 3장에는 각각 1/2 정도, 나머지 양쪽 가장자리에 있는 소비에는 안쪽에만 약간씩 착봉되어 있다면 과감히 소비를 2장으로 축소하는 것이 유리하다.

봄벌의 산란과 육아는 온도, 먹이 및 환기의 조절에 좌우된다. 인위적으로 아무리 보온을 잘해 주어도 벌이 빽빽이 뭉쳐 자체적으로 열을 발산하여 동태온도 35°C를 유지하는 것만은 못하다. 소비 1장에 4,000마리 정도 착봉시키면 산란과 육아가 진행 중인 소비면 중앙에는 벌이 2중, 3중으로 겹치고 소비 아래에는 벌들이 주렁주렁 매달리게 된다.

외기온도가 5~6°C로 떨어져서 산란과 육아에 지장이 초래될 때는 보온덮개를 소문까지 가려 주고 다음 날 아침 외기온도가 10°C 이상이 되면 앞을 가려 주었던 보온덮개를 치켜 올려 소문 위로 3cm 정도 떨어지게 조절한다.

"빽빽할 정도로 착봉을 시키면 분봉열이 발생하지 않겠느냐?"라는 질문을 자주 받는데 외기온도가 한랭한 봄철에는 분봉열이 발생하지 않는다. 분봉열은 벌통의 내부가 비좁다고만 발생하는 것이 아니다. 분봉열이 생기려면 외기온도가 따뜻해야 하고 밀원식물이 유밀(流蜜)이 되어야 하고, 조소를 할 수 있어야 하며 젊은 벌이 많아야 한다.

3월 중순경부터 증소가 가능한 벌은 결국, 중부지방에서 5월 중순경에 개화하는 아까시나무 대유밀기에 계상군을 편성할 수 있을 정도의 강군으로 번식하여, 많은 꿀을 채취할 수 있다.

1.7 훈연기를 사용하라

벌통을 내검할 때에는 언제나 소문을 가볍게 2~3차 훈연을 하고 또 개포를 젖히며 가볍게 2~3차 훈연을 한 후 점검하는 것이 올바른 관리방법이다.

내검할 때 면포도 쓰지 않고 훈연도 하지 않는 것을 자랑으로 여기는 경향이 있는데 이것은 잘못된 관리방법이다.

유밀기에는 훈연을 하지 않아도 꿀벌이 좀처럼 공격하는 일이 없으나 무밀기에는 쉽게 공격한다. 공격을 거듭하다 보면 성질이 거칠어지며 조금만 자극을 받아도 사나워져 벌통 근처에만 가도 공격함으로 훈연을 하여 소방에 저장된 꿀을 먹여 성질이 부드럽게 되도록 노력하는 것이 현명하다.

훈연기의 훈연 재료로는 쑥이 으뜸이다. 포장상자용 골판지 등은 유독하여 벌에도 해롭다. 7월 중순경이 되면 쑥이 무성하다. 낫으로 베어 잘 말려 포대 등에 담가 두었다가 그때그때 사용하면 취급도 간편하고, 서서히 타므로 연기를 오랫동안 낼 수 있어 더욱 좋다.

사진 1.1 훈연기 사용 장면(좌), 봉군 내검 모습(우)

1.8 봄철의 합봉

두 봉군 이상의 봉군을 한 봉군으로 합하는 것을 합봉이라고 한다.

양봉의 목적은 단순히 벌을 키우는 것이 아니고, 양봉산물을 많이 채취해야 하는 것이므로 약군은 서슴지 말고 합봉을 하여 강군으로 유지해야 한다.

어떤 사람은 합봉을 하여 한 통에서 여왕벌 한 마리가 알 낳는 것보다, 그래도 약군이라도 두 통에서 두 마리가 알을 낳는 것이 낫지 않겠느냐고 반문을 하나 꿀벌의 생태를 잘 모르는 사람이 하는 말이다.

꿀벌은 변온동물이면서 산란 육아를 위해서는 일정한 온도 즉 동태온도인 34~35℃를 필요로 한다. 온도가 정태온도인 21℃ 이하로 떨어지면 여왕벌은 산란을 중지하고 일벌들은 육아 작업을 중지한다. 벌이 밀집해야 보온이 가능하고 일벌들이 일령에 따라 분업을 잘하므로 강군이면 강군일수록 육아 작업과 수밀 작업을 잘한다.

초심자들은 합봉을 하면 한 통의 벌이 없어지는 것으로 생각하고 합봉하기를 주저한다. 그러나 약군은 서슴지 말고 합봉하여야 한다.

월동 직후의 봄벌 합봉은 아주 간단하여 여왕벌을 제거하고 바로 훈연하는 정도로도 합봉이 가능하다. 미심쩍으면 한쪽 봉군의 여왕벌을 제거하고 다음 날 저녁에 직접 합봉을 하고 약간의 훈연을 해 주면 된다. 아니면 박카스액, 소주 등을 가볍게 분무하여 냄새를 풍겨 주는 것도 좋다.

1.9 소문의 조절과 보온

창고를 암실(暗室)로 만들고 벌통을 4~5층까지 포개서 실내 월동을 시킬 때는 소문을 4cm 정도 열어 주었으나, 3월 초순에 밖으로 내놓고 소비를 축소한 후부터는 소문을 1.5cm 내지 2cm 정도로 좁히고 저녁에는 보온덮개로 벌통 전체를 덮어준다.

다음 날 아침 외기온도가 10℃ 이상으로 올라가면 보온덮개를 소문 위로 3cm 정도 올려 주고 저녁에 해가 떨어지면 소문까지 씌워 주는 등 4월 중순경 6~7장의 벌이 될 때까지 보온유지에 주력해야 한다. 비가 오거나 바람이 불어서 보온덮개가 젖혀지는 것을 주의하고, 외기온도가 올라가지 않으면 보온덮개를 열어 주어서는 안 된다.

봄벌 관리에서 가장 중요한 점은 오직 보온에 있다. 3월 말로 접어들면 증소와 더불어 소문을 3cm 정도로 넓혀 주되, 아직도 아침·저녁의 외기온도는 한랭하므로 6~7장 벌이 될 때까지 보온덮개로 앞을 가려 주는 것이 유리하다.

봄철의 봉군관리는 철저히 해야 하며 관리를 소홀히 하면 그만큼 꿀의 수확이 줄어들게 된다.

1.10 봄벌의 이동

꿀벌의 월동은 따뜻한 지방보다 오히려 추운 지방에서 잘 되고, 봄벌 증식은 추운 지방보다 따뜻한 지방이 유리하다.

우리나라 양봉가들은 1960~80년대에는 중부지방에서 월동하고 1월 하순이나 2월 초순이면 제주도로 이동하여 유채 꿀을 수확했었으나 요즈음엔 제주도에 유채가 겨우 명맥만 이어갈 정도여서 봄벌 증식을 위해 1월 중하순경에 남부지방으로 봉군을 이동시킨다.

제주도나 남부지방의 기온이 온난하다고는 하나 2월 중순에도 아침·저녁에는 기온이 영하로 떨어지는 날이 많다. 따라서, 중부지방에서 떠날 때 소비를 축소하지 말고, 월동 시 내부포장 그대로 소문을 닫아 트럭에 싣고 출발한다.

목적지에 도착하면 벌통 배치할 곳을 정돈하고 습기가 올라오지 않도록 바닥에 비닐 등을 깔고 그 위에 짚이나 하우스 보온재 등을 깐 후 월동 시와 같이 벌통을 10cm 간격으로 지형에 따라 배열한다.

배열한 벌통과 벌통 사이에 짚이나 보온재를 넣고 보온덮개로 벌통 전체를 완전히 덮는다. 벌통을 30mm 스티로폼으로 포장한 벌통은 그대로 둔다.

먼저 있던 월동상태로 복원시키고 봉군을 배열한 후 30분 정도 지나면 벌들이 안정되므로 소문을 3cm 정도 열어 준다.

다음날 외기기온이 10°C 이상이 되면 보온덮개를 젖혀 주고 낮 12시 후, 12°C 이상이 되면 내검하며 소비를 축소시켜 준다. 외기온도가 7°C 이하면 보온덮개를 젖혀 줄 필요가 없다. 이제부터 본격적으로 봄벌 관리요령에 따라 관리한다.

1.11 화분떡 공급

여왕벌이 산란하기 시작하면 유충 먹이로 꿀과 화분이 필요하다. 산야에는 지방에 따라 매화, 동백, 버들강아지 등 자연 화분원이 있으나 그것으로는 부족하므로 이전에 대용 화분떡을 만들어 공급해 주어야 한다. 근래에는 양봉원이나 조합에서 배합하여 제조한 화분떡을 시판하므로 구입하여 바로 사용할 수 있다.

직접 배합할 경우 대용화분의 조성은 양봉가마다 각자 환경과 선호도에 따라 각양각색이다. 그 중 대표적인 표준조성을 보면 아래 표 1-1과 같다.

수입한 중국산 유채화분을 주성분으로, 대용 단백질원인 맥주효모, 대두분, 탈지분유로 구성된 분말 원료를 고르게 섞은 다음, 설탕과 적당량의 식용수로 반죽하고 1주일 정도 지나서 설탕 용액이 고형물에 잘 침투되었을 때, 1kg 정도씩 긴 사각기둥 모양의 화분떡을 만들어 공급한다.

직접 제조하거나 구입한 화분떡을 소광대 위에 얹어놓고 수분 발산을 방지하기 위하여 비닐을 덮어준다. 봄철, 야외에서 일벌이 자연화분을 충분히 수집하는 3월 중~하순까지 봉군 당 약 3kg 정도의 대용화분이 소요되며, 여름철 장마기에는 지역에 따라 1~3kg을 먹는다.

유밀기라도 화밀은 많이 반입되나 화분이 적게 반입될 때는 화분떡을 소량이라도 공급해 주는 것이 좋다.

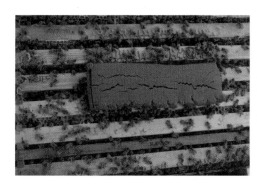 

사진 1.2 봄철 화분떡 공급(좌), 소문 급수기 설치(우)

표 1.1 대용화분떡의 배합 사례

원료	중량(kg)
자연화분	30
맥주효모	20
대두분	20
탈지분유	10
복합비타민	1
백설탕	45
물	28(ℓ)
(총 중량)	154kg

1.12 소문 급수기 또는 급수장 설치

모든 동물은 자생력을 가지고 있다. 3월 절기로 들어서면 칠흑 같은 암실의 어둠 속에서도 여왕벌은 알을 낳기 시작한다. 알은 3일 만에 부화하고 부화한 일벌 애벌레에게는 3일간 왕유를 공급하고 그 후 3일간은 꿀과 화분만을 반죽한 먹이를 먹이게 된다.

중부지방에서는 2월 말에 암실에서 개방한 꿀벌들이 대부분 기억비행과 탈분을 하고 그 날부터 일부 몇 마리는 화분과 물을 찾아 나선다. 무밀기라 산야에는 꽃이 없다. 인근 가축 사육장이나 양계장 주변에서 먹다 흘린 사료 가루를 뒷다리에 뭉쳐 가지고 오기도 한다.

개울이나 하천, 저수지 가장자리에서 물을 꿀주머니에 담아오는 것을 쉽게 관찰할 수 있다. 기온이 차기 때문에 도중에 마비되어 돌아오지 못하는 경우도 있다. 간혹 인근 하수도, 공장의 폐수, 축사 등지에서 불결한 물을 운반해 오기도 한다. 일벌이 추위에 노출되거나 물을 길어오는 수고를 덜어주기 위해서는 소문 급수기로 각 벌통에 물을 공급해 주어야 한다.

또는 양봉장이나 근처에 급수장을 설치하는 방법도 있다. 급수장은 넓은 물통 뚜껑이 좋고, 없으면 땅을 10cm 정도 깊이에 가로 60cm, 세로 90cm 정도로 판 다음 비닐을 깔고 모래를 채운 후 모래가 완전히 젖도록 부어 주고 그 위에 드문드문 볏짚을 뿌려 준다. 봉장 부근에 급수장을 설치할 온화한 장소가 없으면 기둥을 4개 세우고 햇볕이 잘

드는 남쪽만 남기고, 3면에 바람막이 포장을 해 주면 급수장이 더욱 아늑해진다.

1.13 전기 가온장치

최근 양봉가들 가운데 산란과 육아를 촉진하기 위하여 벌통 안에 전기 가온장치를 하고, 1월 중하순부터 당액과 화분떡과 물을 공급하며 봄벌을 키워 성공한 사람도 있고, 간혹 크게 실패한 사람도 있다. 이 장치는 전기관리와 온도조절을 조금만 잘못해도 실패하기 쉬우므로 세심한 주의가 필요하다.

최근 들어 봄철 저온현상 등 이상기후가 자주 나타나는 경우가 많아 전기 가온을 이용한 봄벌 관리기술이 발전하는 것도 기대해 볼만도 하다.

1.14 자극사양

자극사양은 먹이가 부족하여 주는 것이 아니고 일벌과 여왕벌을 자극시키기 위하여 소량씩 당액을 급여하는 방법이다.

봉군에 먹이가 충분해도 묽은 설탕 용액을 공급하면, 일벌들은 당액을 소방에 저장하고 단당류 먹이로 전화시키고 선풍(扇風)으로 수분을 발산시키는 등 활기찬 활동을 전개한다. 여왕벌도 이에 자극을 받아 산란이 촉진된다.

3월 말~4월 초 벚꽃에서 화밀이 들어오고 5월 초·중순 아까시꽃에서 화밀이 들어오면 일벌들의 활동도 눈에 띄게 활력을 보이며 여왕벌의 산란 수도 급격히 늘어나는 것을 보게 된다. 이것은 외부에서 들어오는 새로운 먹이에 크게 자극되었기 때문이다.

자극사양은 매일 급여하는 것이 아니라 3일 또는 5일 간격으로 조금씩 1:1의 당액을 공급하는 것이다.

3월에는 아직 외기온도가 한랭하므로 뚜껑을 열지 않고 당액을 공급하는 방법이 있는데 50cc 주사기에 링거 고무호스를 30cm 정도로 잘라 끼우고, 30℃의 미지근한 당액을 25cc 정도씩 소문을 통하여 주입한다. 바닥에 떨어진 당액은 일벌들이 빨아 올려간다. 소문 급수기를 통해 매일 설탕액을 공급하는 방법도 많이 사용한다.

1.15   도봉의 경계

생물계에서는 끊임없이 약육강식(弱肉强食)의 생존경쟁이 지속되고 있다. 무밀기에 꿀벌이 이웃 벌통의 꿀을 훔치는 행위를 도봉이라고 하는데, 이 도봉의 원인은 기본적으로 양봉가의 잘못에서 기인한다. 무밀기인 이른 봄에 벌통을 오래도록 열고 있거나, 빼낸 소비를 잠시라도 노출하면 꿀 냄새를 풍겨 도봉의 원인이 되는 것이다.

이른 봄에 일단 도봉이 발생하면 좀처럼 진압하기가 어렵다. 도봉이 일단 발생하면 훈연 정도로는 해결하지 못하므로, 소문을 닫고 서늘한 암실 또는 그늘진 시원한 장소로 벌통을 옮기고 보온덮개를 씌워 캄캄하게 해 두었다가 3∼4일 후 가져온다.

초심자는 도봉을 당한 피도봉군의 먹이가 떨어져 굶어 죽을까 염려하여, 저녁 무렵에 당액을 급여하는데 이렇게 하면 다음날 새벽부터 도봉들이 더욱 극성을 부린다.

1.16   공동 사양

3월 중순이 되면 오리나무, 개암나무 등에서 화분이 들어오나 화밀의 반입은 부족하다.

이때에는 양봉장 근처의 바람이 적고 온화한 장소에 얕고 넓은 큰 그릇이나 우묵한 땅에 비닐을 깔고 공동 사양장을 설치하여 0.75:1의 당액을 공급할 수 있다. 만약 당액이 진하면 꿀벌의 몸에 묻어 응고되어 날지 못하는 수가 있으므로 당액은 진하지 않게 한다. 벌통 안에 일일이 당액을 사양하며 자극하는 것보다 효과적이다.

4월 초부터 산야에서 화밀이 반입되면 공동 사양장을 찾는 꿀벌이 격감한다.

사진 1.3   유럽 양봉장의 공동 급수통(좌), 함석과 철망으로 만든 공동 사양장(우)

1.17 소비의 반전과 전환

4월 초·중순에도 외기온도가 10℃ 이하로 떨어지는 날이 있다.

중앙에 있는 소비보다 가장자리에 있는 소비 뒷면에는 온도가 낮아서 산란이 적다. 소비 양면에 산란을 골고루 받기 위해서 벌통의 앞쪽으로 향하였던 소비 머리 방향을 뒤쪽으로 보내고 뒤쪽으로 향하였던 소비의 머리 방향은 앞쪽으로 바꾸어 주는 것을 소비의 반전이라고 한다.

이처럼 소비를 반전하여 주면, 바깥쪽 소비면이 안쪽으로 가게 되어 보온이 잘 되므로 여왕벌의 산란을 잘 촉진할 수 있다.

한편, 전환이란 가장자리 소비의 방향을 바꾸지 않고 위치만 중앙으로 바꿔 주어 산란을 받는 것을 말한다.

1.18 증소와 조소

3월 말, 4월 초가 되면 앞산에 아지랑이가 아물거리고, 뒷산에 진달래꽃과 벚꽃이 피기 시작하면 꿀벌 가족은 춘감(春減)을 벗어나 매일매일 식구가 늘어나고 일벌들은 활기에 넘친다.

사전에 사양기 뒤에 꿀소비 1장을 대주어 넘쳐나는 식구에 대비하여야 한다. 이때쯤 내검해 보면 바깥 벽 쪽의 첫 소비에는 화분과 꿀이 가득 차고 중앙과 가장자리 소비의 봉개 소방에서는 어린 벌(유봉)이 태어나며 여왕벌은 시녀 일벌들의 호위를 받으며 산란할 소방을 찾고 있는 것을 발견할 것이다. 또한 사양기 뒤에 대준 빈 소비 양면에는 일벌들이 1/2 이상 착봉되어 있을 것이다.

이럴 경우, 사양기 바깥에 대준 소비는 벌을 붙여 준 채 사양기 안으로 옮겨 주며, 사양기 뒤에 빈 소비 1장을 다시 넣어 준다. 그리고 5일 후에 다시 내검하여 1장을 또 증소한다. 이번에는 먼저 증소한 소비를 중앙으로 전환하고, 그 자리에 사양기 뒤에 있던 소비를 옮기고 먼저와 같이 사양기 뒤에 빈 소비를 새로 넣어준다.

빈 소비가 없으면 저번에 증소한 산란 소비는 중앙으로 전환하고 중앙의 봉개 소비를 가장자리로 옮겨 2cm 정도 떼어 공간으로 두었다가 저녁에 이곳에 소초를 투입하고 1.3:1의 당액을 0.5ℓ 정도 사양한다.

월동한 늙은 벌은 조소력이 약하지만 출방한 지 10일 이상 된 어린 내역벌의 조소 능력은 매우 크다. 5~6장 봉군에서도 약 30시간이면 소비 1장은 거뜬히 지어낸다.

1.19 설사병

설사병은 전염성이 없고, 먹은 것이 소화가 안 되어 배가 부르고 묽은 노란 똥을 배설한다.

원인을 살펴보면 불량꿀로 인한 소화불량, 온도 부족으로 인한 소화불량, 환기 불량과 습기로 인한 소화불량, 호정 성분이 많이 함유된 감로꿀 등 때문이다.

설사병의 치유대책으로는 소비를 축소하여 봉군을 밀집시키고, 약군은 과감히 합봉을 단행하여 강군화시키는 것이 약이다.

봄벌을 증식시키려면 부득이 자극 사양을 하여야 하는데, 당액을 30℃ 정도로 덥혀 소문을 통하여 주사기나 소문 급수기로 급여하든지, 또는 빠른 동작으로 개포의 한쪽만 들치고 사양기에 부어 주어 벌통 내부 온도를 떨어뜨리지 않도록 해야 한다.

1.20 노제마병

노제마병의 병원체는 단세포 원생동물이며 이 병원체가 먹이와 같이 위장에 들어가 위벽에 기생하며 포자의 분열로 번식한다.

외기온도가 한랭한 이른 봄철과 가을철에 볼 수 있으며, 증상이 심하면 소문을 기어나와 풀 또는 바윗돌 등에 모여서 날개를 파르르 떨다가 죽는다.

이 병은 미국부저병이나 백묵병처럼 전염속도가 빠르지는 않으나 일단 병에 걸린 봉군은 약군을 면치 못한다. 더욱이 여왕벌이 이 병에 걸리면 배설물을 청소하는 시녀 일벌에 곧 전염되어 증세가 확산한다. 감염된 여왕벌의 알은 부화율이 저조하여 변성왕대에 의한 처녀왕의 양성은 기대하기 어렵다.

노제마병 항생제인 퓨미딜-B®를 투여함으로써 예방과 치료가 가능하다. 25통을 기준으로 하여 25g(통당 1g)을 소량의 찬물에 일단 녹인 후 설탕물(1:1) 25ℓ(강군), 18ℓ(중군), 12ℓ(약군)에 혼합하여 이른 봄(혹은 경우에 따라서는 가을)에 먹인다. 강군은 1ℓ, 중간세력 봉군은 3/4ℓ, 약군은 1/2ℓ를 공급한다. 반복 투여할 경우에는 1주일 간격으로 한다.

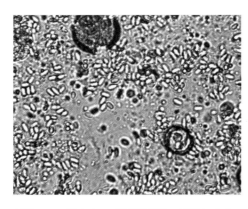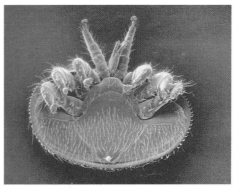

사진 1.4　현미경으로 관찰한 쌀알 모양의 노제마 포자(좌), 배 쪽에서 확대한 꿀벌응애(우)

1.21　부저병

유충이 썩는 세균성 질병으로는 미국부저병과 유럽부저병 등 2종류가 있는데 유럽부저병보다 미국부저병의 증상이 더 심하다.

미국부저병에 감염된 유충은 처음 유백색에서 갈색으로 변하며 유충이 물러 터져 죽고 시큼한 냄새가 난다. 성냥개비로 찍어 올리면 가는 실과 같은 것이 딸려 올라온다. 심할 경우에는 야간에 웅덩이에 벌통을 넣어 석유를 붓고 소각하는 것이 최선이다.

부저병에 효과가 있고, 사용이 가능한 항생제는 옥시테라마이신(옥시테트라사이클린)이다. 1통 기준으로 옥시테라마이신의 유효성분 200mg을 고운 설탕 분말(또는 제과용 분말 설탕) 30g과 혼합하여 벌집틀 가장자리 위나 벌통 구석 바닥에 뿌려준다. 4∼5

사진 1.5　미국부저병 감염 벌집(좌), 감염 여부 진단방법(beeaware©)(우)

일 간격으로 총 3회 투여하는 것이 좋다. 옥시테라마이신을 물 또는 설탕 용액에 혼합하여 투여하는 양봉가들이 많은데, 이 방법은 상대적으로 효과도 적고 벌꿀에 잔류할 위험성이 크다. 항생제를 투여할 때는 병원균의 내성 증가를 방지하기 위해서 반드시 적정 약량 및 투여 시기를 준수해야 한다. 항생제 잔류를 최소화하기 위해서는 꿀 생산 시기 한 달 이전에는 반드시 투약을 마쳐야 한다.

1.22 꿀벌응애의 방제

꿀벌에 기생하는 응애 중 우리나라에서 가장 피해가 큰 것은 꿀벌응애(일명 바로아응애, Varroa mite)와 중국가시응애이다.

특히 1990년대에 중국에서 들어온 중국가시응애는 그 번식력이 강하여 꿀벌 사육에 큰 장애 요인이 되고 있다. 일반적인 생활사와 방제방법은 꿀벌응애와 유사하다.

가을철 월동 직전에 꿀벌응애를 충분히 방제하지 못했을 경우에는 봄철 산란이 시작되어 봉개가 되기 전에 방제를 해야 한다.

방제방법으로는 현재 플루발리네이트, 플루메트린, 아미트라즈, 치미아졸, 브롬프로피레이트, 플라보노이드 등을 주성분으로 하는 약제 방제를 주로 이용하고 있으며, 처리방법으로는 접촉(스트립), 훈연, 분무, 흘리기, 급이 등이 있다. 훈연할 때는 연기를 맡지 않게 조심하여야 하며, 분무할 때도 약제를 흡입하지 않도록 마스크를 착용하는 것이 안전하다.

현재 가장 많이 사용되고 있는 접촉용 스트립 형태의 약제는 벌들의 활동이 활발한 시기에 효과적이며, 기온이 떨어진 시기에는 효율성이 떨어지는데 벌집과 직접 접촉되지 않도록 주의해야 한다. 국내 꿀벌응애에 대한 방제 적기는 월동 전후인 가을과 봄철이며, 아까시꿀 채밀 이후 발생 여부에 따라 2차 방제해야 한다. 다만 무밀기인 7~8월에 발생이 의심되는 봉군에서는 응애 진단법을 이용하여 발생 여부를 확인한 다음 추가 방제 여부를 결정한다.

이미 대다수 양봉가는 자신이 사용하고 있는 약제의 약효에 대해 의문을 가지고 있는데, 그 이유는 이미 오랫동안 사용해온 탓에 외국의 경우처럼 저항성이 상당한 수준에 달했기 때문으로 볼 수 있다. 보다 효율적인 꿀벌응애 방제를 위해서는 같은 약제를 계속 사용하기보다는 친환경 대체 방제 수단을 마련하고, 부득이 약제를 처리할 경우에는

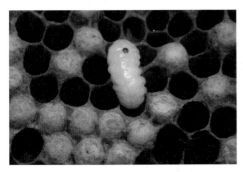 

사진 1.6　수벌 번데기에 기생한 꿀벌응애(좌), 꿀벌응애 약제(스트립) 처리(우)

약효가 검증된 약제를 매년 교대로 순환하여 사용하는 것이 중요하다.

천연유기산을 이용한 방제

개미산(Formic acid)과 옥살산(Oxalic acid)은 유럽에서 보편적으로 사용되는 천연 화합물로 잔류 독성과 약제 저항성 문제가 거의 없는 친환경적 방제법이다.

기존 플루발리네이트 등 꿀벌응애 약제를 사용함으로써 나타나는, 양봉산물에 농약 이 잔류하는 문제와 약제 저항성 문제를 고려하면 개미산과 옥살산은 안전성과 속효성 이 기대됨으로써 추천할 만한 방제 수단이다. 국내에서도 개미산 용액을 충분히 흡수하 여 하루에 10~20mℓ씩 지속적으로 휘산시킬 수 있도록 용기가 개발되어 판매되고 있 다. 서양에서는 오래전부터 개미산을 이용한 다양한 방제기구가 판매되고 있고, 양봉가 들 스스로 고안한 휘산 기구를 사용하기도 한다. 개미산은 외기온도 10~30℃에서 사 용하여야 한다. 고온에서 사용하면 독성이 나타나거나 여왕벌이 공격당하는 경우도 있 다. 취급 시 눈과 피부의 손상 등을 주의해야 하며, 안전을 위해 주방용 고무장갑을 착 용하고 보안경을 긴 후 개미산 용액을 취급해야 한다.

월동 직전 산란 육아가 종료된 시기에는 옥살산(Oxalic acid) 용액을 사용하여 비교 적 높은 방제 효과를 기대할 수 있다. 물 1ℓ에 옥살산 분말 75g, 설탕 1kg을 용해하면 3.2% 옥살산 용액을 만들 수 있는데 이 용액을 50mℓ 주사기에 넣고 벌이 붙은 벌집 사 이로 5mℓ를 흘려 주게 되면 저렴한 비용으로 손쉽게 꿀벌응애를 방제할 수 있다. 외국 에서는 간혹 봄철 여왕벌의 산란에 직간접적으로 지장을 초래할 소지가 있는 것으로 보 고하고 있다.

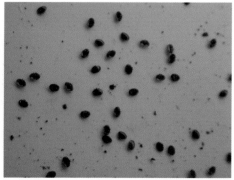

사진 1.7 옥살산 용액 처리(좌)와 끈끈이 시트지 위의 죽은 꿀벌응애(우)

꿀벌응애를 방제할 때, 어떤 방제법을 사용하든지 반드시 서너 통의 벌통 바닥에 끈끈이 종이(시트지)를 설치하여 죽은 꿀벌응애를 조사하여 얼마인지를 파악하고, 죽는 벌이 없는지도 확인한 후에 전면적으로 방제하는 일이 대단히 중요하다.

1.23 백묵병

날씨가 온화해지는 4월에 들어서면 태어난 일벌 몸에서 꿀벌응애를 볼 수가 있고, 일부 유충에 백묵병이 발생하고 따로 보관한 빈 소비에서 소충도 발견된다.

백묵병(白墨病, Chalk brood)

곰팡이병의 일종으로 꿀벌의 유충에 전염되어 발생한다. 일명 초크병이라고도 한다.

알에서 부화한 4일령 유충의 주둥이(입)에서 유백색의 곰팡이가 생기고 꼬부라진 유충은 원형대로 백색의 미이라가 되기도 하고 시간이 지나면 흑색 미이라가 되기도 하는데, 일벌들이 소방에서 끌어낸 것을 보면 생김새가 납작보리 모양이다. 한때는 백묵병이 양봉업에 치명적인 손해를 끼치는 꿀벌의 질병이었다. 봉군을 그대로 방치하지 말아야 하고, 그 예방과 사후 대책이 필요하다.

백묵병의 예방과 치료

백묵병은 곰팡이가 원인인 질병이다. 곰팡이는 습한 곳에서 발생하므로 벌통 내부가 너무 습하지 않도록 노력하여야 한다.

아직까지 세계적으로도 방제를 위한 마땅한 약제가 알려지지 않았으므로 철저한 예방이 최선책이다. 곰팡이 포자에 의해 감염되므로 습한 조건을 피해야 한다. 오염 벌꿀, 벌집, 양봉기구 접촉을 차단하고 오염 화분으로부터 포자 유입이 가능하므로 화분을 공급할 때 주의하여야 한다. 발병이 확인되면 벌통에서 죽은 애벌레와 배설물 등을 청소하고 습기를 제거할 수 있도록 노력해야 한다. 벌통을 지상에서 5cm 이상 높게 설치하여 통풍 건조 상태로 유지하는 것도 좋은 관리방법이다. 벌통 근처의 죽은 벌을 제거하여 청결을 유지하여야 한다. 아울러 벌통과 양봉기구를 알코올이나 불꽃으로 소독하는 것이 중요하다.

무엇보다 봄철에는 항상 강군으로 세력을 유지하는 일이 중요하다. 백묵병이 확인된 벌통은 감염이 심한 소비를 들어내 소각하고, 나머지 벌은 강하게 밀집시켜 벌 스스로 열과 청소로 병을 억제할 수 있도록 도와주어야 한다. 벌이 약하면 과감하게 강군에 합봉한다. 한편 저항성 계통인 봉군을 보유하는 것도 백묵병 예방과 저지에 큰 도움이 된다. 이를 위해 전염되지 않은 강군을 택하여 변성왕대 양성법에 따라 신왕을 예비로 양성하고 감염된 봉군의 여왕벌을 교체해 준다.

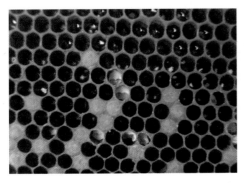 

사진 1.8   백묵병에 감염된 유충(좌), 벌통 바닥의 백묵병 감염 유충 미이라 형태(우)

1.24 소충과 작은벌집딱정벌레

꿀벌부채명나방의 애벌레를 소충(巢蟲, Wax moth)이라고 하는데, 알로 월동하여 4월 말경이 되면 부화하여 소비의 밀랍을 갉아먹으며 번식하는데, 6~7월에 전성을 이룬다.

한편 소충과 모습이 유사한 작은벌집딱정벌레(Small hive beetle)의 애벌레는 화분과 꿀, 꿀벌 알과 애벌레를 먹는데, 소비를 영하의 저온에 보관하면 딱정벌레 애벌레를 사멸시킬 수 있다.

소충의 구제방법으로 몇 가지 방법이 있으나 여기서는 간편하고 효율적인 알코올 소독법을 소개하고자 한다.

알코올 소독법

얇은 비닐을 벌통의 두 배 길이로 잘라 빈 벌통의 바닥에 '+' 자로 포개 깔고 소비 양면에 에틸알코올을 분무한 후 빈 벌통 한 통에 11장씩 넣고 4면으로 늘어진 비닐을 접어올려 알코올 냄새가 새어나가지 못하게 하며 그 위에 신문지를 3장 정도 덮어 주거나 벌통 뚜껑을 닫는다.

그늘지고 시원한 장소에 보관하였다가, 사용할 때에는 미리 한 시간 동안 바람에 냄새를 날려버리고 사용한다.

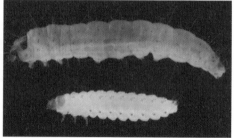

사진 1.9 소충에 의한 피해(좌), 소충(위)과 작은벌집딱정벌레 유충(아래, 몸길이 1cm) 비교(우)

1.25 월동포장의 해체

예전 우리 선배들은 월동포장을 할 때 봉군을 벌통의 중앙으로 몰고 양쪽과 공간에 왕겨와 같은 보온물을 삽입하고 소비 위에는 짚방석을 틀어 덮는 등 매우 복잡하고 번거로운 작업을 하였다. 또한 봄에 내검을 할 때는 이것들을 모두 들어내고 소비를 축소하며 다시 벌통 외부도 왕겨 또는 짚단을 대고 새끼줄로 얽어매는 등 잔손질이 많았던 것도 사실이다.

그런데 요즘은 스티로폼으로 벌통 6면을 외부 포장하므로, 따로 월동포장의 해체작업이 없어졌다. 봉군을 이동하였을 때는 봉장 부지에 짚이나 보온덮개를 깔고 벌통을 10cm 정도 간격으로 배열하며, 밤에는 보온덮개를 덮어 주는데 아침 외기온도가 상승하면 보온덮개를 소문에서 3cm 정도 높이로 올려준다. 7장벌 이상이 되면 보온덮개를 3겹으로 접어 벌통 위로 올리고 비 가리개를 덮어준다.

스티로폼은 겨울에는 방한, 방풍, 보온이 되고 여름에는 방서·방습이 되며 평상시에는 방음이 되어 봉군이 안정되므로 따로 해체 시기가 없다.

1.26 채밀자격군

중부지방에서 5월 중순에 아까시꽃에서 채밀하려면 2월 말경부터 봄벌을 키워야 한다.

양봉학자들은 일벌이 외역벌이 되려면 소방에서 출방한 지 18~20일이 되어야 한다고 하나 실제 경험에 의하면 환경에 따라 약간의 차이를 보인다.

제주도에서 양봉장이 유채밭에 인접하였을 때는 비행연습을 하던 어린 벌들이 유채꽃 냄새에 유인되어 출방한 지 12일 만에 외역작업에 참여하는 것을 볼 수 있었고, 또한 아까시꽃이 만발하여 천지가 꽃향기로 가득할 때는 출방한 지 15일 만에 외역벌이 되기도 한다.

보통 채밀 자격군이 되려면 내역벌 12,000마리 정도이고 외역벌도 12,000마리 정도로, 한 봉군이 조화를 이루어야 한다. 외역벌만 많다고 화밀을 많이 수집해 오는 것이 아니다. 외역벌이 많고 내역벌이 적으면 외역벌이 내역에 참여하나, 내역벌이 많고 외역벌이 적을 때는 화밀의 반입도 적으며 꿀의 소모가 많다.

일벌은 알에서부터 21일 만에 태어나서 여러 가지 내역활동을 분업으로 하다가, 보통

15일 만에 출역하므로 개화기와 일벌의 출역시기가 맞도록 봉군관리를 해야 한다.

중부지방에서 5월 15일에 아까시꽃이 만개한다면, 4월 10일까지 산란한 알이 그때 가서 외역벌이 된다.

1.27 수벌의 양성과 제거

중부지방에서는 3월 중순경이 되면 여왕벌의 산란은 본궤도에 오르기 시작하며 소비의 아래 모서리에 수벌집이 3~4개 정도가 눈에 띈다.

수벌은 알에서부터 24일 만에 출방하므로 이때쯤 산란한 알이라야 4월 초순경 출방하고 출방한 지 10일이 지나면 교미능력이 생긴다.

처녀왕을 양성하여 체격이 좋고 건강한 수벌과 교미를 시키려면 서로 출방 날짜를 맞춰야 하나, 산란이 왕성한 4월 20일경이 되면 소비의 양측 하단은 물론 상부의 저밀 소방에 수벌 유충이 가득 채워진다.

그러므로 현명한 양봉가는 수벌 방이 봉개된 지 12일째 되는 날, 칼로 수벌방의 봉개를 절개해 준다. 미숙한 수벌방을 잘라 주면 일벌들이 곧바로 청소하고 2~3일 이내에 또 산란과 육아가 시작되므로 그만큼 일벌들의 노고를 덜 수 있기 때문이다.

완숙한 수벌방은 덮개를 칼로 베어버리고 소비를 비스듬히 기울여 툭툭 충격을 주면 수벌 번데기가 소방에서 빠져나온다. 또는 수벌 포크로 번데기를 쉽게 제거할 수도 있다.

수벌 번데기를 쟁반에 받아 밀가루로 반죽하여 식용유에 튀기거나 또는 볶으면 일미 술안주가 된다. 일본에서는 통조림을 만들어 판매한 적이 있다.

사진 1.10 칼(좌)과 수벌 포크(우)를 이용한 수벌 봉개번데기 제거

사진 1.11 　황색의 이탈리안 수벌(좌), 흑색의 카니올란 수벌(우)

수벌을 무위도식하는 쓸모없는 건달로 생각해서는 안 된다. 처녀여왕벌의 양성기가 지나면 쓸모가 없는 존재이지만, 여왕벌 증식기에는 매우 중요하다. 우수한 여왕벌이 낳은 수벌은 많을수록 좋다.

수벌은 염색체가 반수체이기 때문에 열성형질도 표출이 된다. 이탈리안종 수벌은 우성인 황색을 나타내고, 카니올란종과 코카시안종의 수벌은 체구가 다소 작고, 열성형질인 검은색을 띤다.

1.28 　조소방법

가령 4월 초순경에 군세가 늘어나 증소를 해야겠는데 소비가 없다면, 부득이 소초를 투입하여 증소를 할 수밖에 없다. 소초로 조소하는 방법은 다음과 같다.

첫째, 아침 11시경 사양기 바로 옆에 있는 소비 1장을 2cm 정도 떼어놓았다가 저녁 5시경 소초 양면에 당액을 분무하고 벌려놓은 사이에 투입한 후 1:1의 당액을 0.5ℓ 정도 사양하되 보온에 특히 유념한다.

둘째, 4월 중순 후 벚꽃에서 화밀이 들어올 때, 6~7장 봉군이라면 저녁 5시경 가장자리 1장의 안쪽에 소초 1장을 바로 투입하고, 채밀 계획이 없을 경우에는 1:1의 당액을 0.5ℓ 정도 사양한다.

셋째, 5월에 산야에서 잡화 화밀이 들어올 때는 소초를 삽입하고 당액을 사양하지 않아도 된다.

넷째, 5월 중순경 아까시꽃에서 화밀이 들어올 때는 한 번에 2~3장씩 소초를 삽입하

사진 1.12 　밀랍을 분비하는 일벌(좌)과 새로 만든 벌집(우)

여도 1주만에 조소가 완성된다.

조소할 때 주의할 점이 있다. 만일 분봉열이 발생하기 시작한 봉군에 소초를 삽입하면 수벌집을 많이 지으므로, 일단 다른 통에서 1/2 정도 지은 것을 넣어서 조소시켜야 한다. 아니면, 분봉열이 발생한 봉군은 봉충판을 전부 들어내고 소초만을 넣어 주어야 한다.

1.29　조소 조건

소비는 봉군관리상 대단히 중요하나 수벌방이 많은 소비, 소충의 피해가 많았던 소비, 습기로 인하여 일부가 변질된 소비, 조소한 지 5년 이상이 되어 소방이 좁아진 소비는 아낌없이 폐기해야 한다.

3월 초순에 축소한 봉군이 4장벌이었다면 4월 초에 증소하게 되는데, 여분의 소비가 있다면 다행이지만 준비한 소비가 없으면 소초를 넣어 조소케 해야 한다.

봉군에서 조소를 하는 조건을 살펴보면 다음과 같다.

첫째, 무왕군에서는 조소가 안 된다.

둘째, 늙은 여왕벌이나 늙은 일벌들도 조소가 부진하다.

셋째, 약군에서도 부진하다.

넷째, 분봉열이 발생하면 수벌집을 많이 짓는다.

다섯째, 자연분봉군은 단시간에 많은 조소가 가능하다.

여섯째, 무밀기일수록 부진하고 유밀기일수록 조소 능력이 왕성하다. 유밀기라 할지

사진 1.13　조소 전의 소초광(좌), 조소를 마친 벌집 소비(우)

라도 강우량이 많거나 갑자기 외기온도가 20℃ 이하로 떨어지면 조소가 부진하며 소비 면이 고르지 못하다.

　일곱째, 로열젤리 분비능력이 감소하고 밀랍 분비능력이 왕성해지는 시기의 일벌 즉 출방한 지 12일령의 일벌이 조소 능력이 강하다.

1.30　여왕벌 날개 자르기

　분봉열이 발생하기 전에 여왕벌의 날개를 잘라 주는 것이 안전하다. 여왕벌이 왕대에 서 출방한 지 3일이 지나면 일벌들은 여왕벌에게 왕유 공급량을 줄이기 시작하다가 5일 째가 되면 전혀 먹이지 아니하므로, 여왕벌의 몸은 날기에 알맞도록 날씬해진다. 당일 정오경 일벌들의 의사에 따라 분봉을 한다. 봉장 인근에 있는 낮은 나뭇가지나 집 처마 밑에 자리를 잡으면 분봉군을 수용하는 것이 용이하지만, 높은 나무에 분봉군이 뭉치면 수용하기가 쉽지 않다.

　그러므로 미리 여왕벌의 날개를 1/2 정도 잘라 주어 먼 곳이나 높은 곳으로 가지 못 하게 한다. 날개를 너무 짧게 자르면 동작이 둔해지고 산란에도 영향이 있으므로, 적당 한 길이로 잘라 주는 것이 바람직하다. 그뿐 아니라 여왕벌이 전혀 날지 못하면 분봉에 실패하기도 하고 이웃 벌통으로 잘못 들어가 상호 간에 싸움이 벌어져 많은 희생 벌이 발생하는 수도 있다.

　날개를 잘라 줄 때 특히 주의할 점은 여왕벌의 발을 자르지 않도록 해야 한다. 여왕벌 의 발을 가슴과 함께 엄지손가락과 인지로 살며시 잡고 작은 가위로 한쪽 앞날개의 1/2 정도만 자른다.

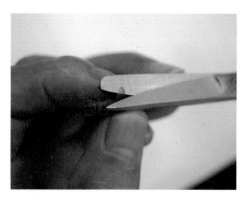

사진 1.14 여왕벌 날개 자르기(좌), 여왕벌 등에 붙인 색깔 번호 표식(우)

1.31 왕대 조성

왕대 조성의 유형에는 첫째, 자연왕대의 조성과 둘째, 변성왕대의 조성과 셋째, 갱신왕대의 조성과 넷째, 인공왕대의 조성이 있다. 대부분 양봉가는 여왕벌의 양성은 변성왕대에서 양성한 처녀왕보다 자연왕대에서 양성한 처녀왕이 우수한 것으로 생각하고 있으나 잘못된 관찰이다. 우수 여왕벌로 개량하기 위해서는 변성왕대 또는 인공왕대로 키워야 우수한 처녀왕을 얻을 수 있다. 변성왕대와 인공왕대 양성법에서 좀 더 자세히 기술하기로 한다.

자연왕대의 조성

유밀기가 되어 일벌이 늘어나고 군세가 강해지면, 분봉할 목적으로 소비의 아래쪽이나 옆쪽에 일벌들이 왕대의 기초가 되는 왕완(王椀)을 조성한다. 여왕벌은 일벌들의 의사에 따라 여기에 산란을 한다. 일벌들은 하루에도 몇 백 번씩 왕완을 에워싸며 보온에 주력한다. 알은 3일 만에 부화하여 로열젤리를 먹으며, 성장함에 따라 왕완의 높이가 점차 높아진다. 이를 왕대라고 한다. 왕대가 봉개된 지 7.5일 만에 처녀왕이 출방한다.

변성왕대의 조성

여왕벌이 불시에 망실(亡失)되거나 여왕벌을 인위적으로 제거하면 일벌들은 후계 여왕벌을 양성하기 위하여 알 또는 부화한 지 3일 이내의 소방을 선택하여 소방을 개조,

사진 1.15 자연왕대(좌), 변성왕대(우)

확장하여 왕대를 조성한다. 이를 변성왕대라고 한다. 일반적으로 변성왕대는 계획적으로 지어진 자연왕대보다 외형적으로 못한 것이 많으나, 당액을 급이하며 새 소비에 우량종의 산란을 받아 왕대를 선별하여 조성시키면, 우수한 처녀 여왕벌을 얻을 수 있다.

첫째, 우량한 여왕벌 봉군을 선택한다. 둘째, 여왕벌을 빼내고 소비를 축소하여 벌을 밀착시킨다. 셋째, 1.3:1의 당액을 0.5ℓ 정도씩 매일 급여하여 유밀기를 연상시켜 준다. 넷째, 무왕군이 된 지 4일째 되는 날 내검하여 일찍 봉개된 왕대, 왜소한 왕대, 쌍으로 지어진 왕대는 한 개만 남기고 정리해야 하며, 8일째 되는 날 2차 내검하여 불량한 왕대를 또 정리한다. 다섯째, 또 다른 방법으로 우수한 여왕벌의 벌통에 새 소비를 삽입하여 산란을 받아 무왕군에 삽입하면, 소방이 연하여 왕대의 기초를 크게 확장, 개조하게 할 수 있다.

변성왕대의 이용

구왕을 갱신하기 위하여 계획적으로 우수한 여왕벌의 종자를 택하거나 그러한 벌의 유충소비를 삽입하여 변성왕대군을 조성한 것이므로 거기에서 출방하는 처녀왕은 우수한 것이라고 인정해야 한다.

변성왕대에서는 자연왕대와 달리 비교적 같은 시간에 처녀왕이 출방한다. 부지런한 양봉가는 교미상 또는 무왕군에 왕대이식을 하지 않고 변성왕대에서 처녀왕이 출방하는 대로 손으로 잡아 교미상 또는 무왕군에 유입해 주기도 한다. 처녀왕이 왕대 안에서 성충 벌로 우화(羽化)하여 곧바로 나오는 것이 아니다. 우화 후 봉개를 뚫고 출방하기까지는 5~6시간이 소요된다. 출방 직전에 왕대에 귀를 대고 들어보면 덮개를 긁는, 바

스락거리는 소리가 들린다. 먼저 출방한 처녀왕은 한 모금의 꿀을 먹고 기운을 차린 후, 다른 왕대 안에 있는 새끼 여왕벌에게 침을 가하여 죽인 후 왕대의 옆구리를 물어뜯어 구멍을 낸다. 시체는 일벌들이 소문 밖으로 끌어낸다.

근래 왕유를 채취하는 양봉가들은 우수한 여왕벌의 종자를 택하여 왕유를 채취하는 한편 처녀왕도 생산하고 있다. 채유용 왕완은 플라스틱이므로 우화된 처녀왕의 움직이는 모습이 비쳐 보인다. 왕완에서 출방하기 전에 채유광에서 왕완을 따서 교미상 등 무왕군에 유입하면 5~6시간 이내에 처녀왕이 출방하여 한결 편리하다.

변성왕대군에서 처녀왕의 출방을 기다리자면 최소한 2시간에 한 번씩은 내검하여 처녀왕을 잡아내야 하지만, 채유광을 이용하였을 때에는 5시간에 한 번씩만 내검하여도 안전하다.

해암식 변성왕대

소초광에 가로로 매립된 첫 번째 철선에서 1.5cm 정도 떨어진 곳에서부터 두 번째 철선까지, 또 세 번째 철선에서 1.5cm 정도 떨어진 곳에서부터 네 번째 철선까지, 소초를 도려내되 양쪽 가장자리는 5cm 정도씩 남긴다.

결국 첫 번째 철선과 두 번째 철선 사이에는 32×3cm의 사각형 공간이 생긴다(참고: 소초의 길이는 42cm고, 넓이는 21cm 이므로 42cm - 10cm = 32cm가 되고 철선과 철선의 사이는 4.5cm인데 1번과 3번 철선 밑에 1.5cm의 소초가 붙어 있으므로 공간은 3cm가 된다).

이 소초를 강군에 삽입하여 소방을 조소시킨 다음 중앙으로 전환하여 산란을 받은 후 1번과 3번 철선 밑에 있는 소방을 정리한다. 1.5cm의 소방에 산란된 알 또는 부화유충 가운데 첫 번째 소방을 제거하고 2번째, 6번째, 10번째 소방 등을 살리고, 그 중간에 있는 3, 4, 5 또 7, 8, 9 등 소방을 제거하고 나면 한 줄에 8개의 알 또는 부화유충 소방이 남게 된다.

3일 전에 미리 준비한 무왕군의 중앙에 이렇게 소방을 정리한 소비를 삽입하고, 그 날 저녁부터 6일간 계속 1.3:1의 당액을 300~400cc 정도씩 급여한다.

6일째 되는 날 내검하여 불량한 왕대와 소비면에 지어진 왜소한 왕대도 정리하고 11일째 되는 날 미리 준비한 교미상에 왕대이식을 하고 소문을 1.5cm 정도로 좁혀준다.

이 방법은 서구의 양봉가 쿠인비, 밀러, 알레이, 다인스, 스미스 등 여러 사람이 변성 왕대군을 이용하여 우수한 여왕벌을 양성하고, 또 종자도 개량한 방법을 응용하여 해암 선생님께서 나름대로 고안한 것이다.

여왕벌이 망실되었을 때 묵은 소비면에 변성왕대를 지으면 소방이 딱딱하여 왕대의 기초가 좁아서 자연왕대보다 왕대가 작게 되나, 새 소방에 산란시키고 주위의 소방을 제거해 줌으로써, 왕대로 조성할 때 일벌들은 꼭 필요한 왕완만을 만들 수 있다고 본 것이다. 자연왕대보다 조금도 손색이 없는 큰 왕대를 조성한다.

갱신왕대의 조성

여왕벌이 노쇠하거나 노제마와 같은 병에 걸리면 산란력도 떨어지거니와 무정란을 많이 낳게 되고, 어미 여왕벌로서의 역할이 줄어들며 봉군세력은 날이 갈수록 약화된다.

일벌들은 어미 여왕벌을 갈아치울 목적으로 소비의 옆쪽이나 아래의 후미진 곳에 왕완을 조성한다. 여왕벌이 이 왕완에 산란을 하면 다행이지만 산란을 거부하면 일벌들은 여왕벌의 다리, 날개, 더듬이 등을 물고 늘어져 산란을 해야 놓아준다. 이렇게 지어진 왕대를 갱신왕대라고 한다.

갱신왕대는 보통 2~3개에 그치나 분봉왕대와 똑같은 과정을 거쳐서 처녀왕이 출방한다. 그러나 분봉왕대의 경우에는 왕대에서 처녀왕이 출방하기 2일 전에 구여왕벌이 과반수의 일벌과 같이 분봉을 하나, 갱신왕대의 경우는 분봉을 하지 않고 처녀왕이 출방하여 교미를 마치고 산란하기 시작하면 일벌들이 구여왕벌을 제거한다.

초심자 중에는 분봉왕대와 갱신왕대를 분별치 못하고 여왕벌이 있는데 새 처녀여왕벌이 출현하여 같이 사는 것을 보고 처녀왕을 제거하는 경우가 있는데 그렇게 하면 그 통은 점점 쇠약해진다. 분봉왕대와 갱신왕대는 겉으로 보아서는 분간하지 못한다.

강군에서 왕대가 지어지면 분봉왕대이고 약군에서 지어지면 갱신왕대인 것으로 구별해야 한다.

인공왕대의 조성

예전에는 직접 밀랍으로 왕완을 만들어서 알에서 부화한 지 2일령의 일벌 유충을 이충하고 무왕군에서 왕대를 축조하게 하여 처녀왕을 생산하였다. 이는 너무나 번거로워 요즘은 로열젤리 채유를 위한 채유광의 왕완에서 처녀왕을 생산하고 있다. 채유광에는 2~3개의 가로 막대가 걸쳐 있고 플라스틱 왕완이 각 12~30개 정도씩 부착되어 있다. 강군의 한쪽을 격리판으로 칸막이하고 격리판 바깥에 어린 벌이 많이 붙어 있는 소비 2 장으로 무왕군을 만든다.

채유광의 왕완에는 1~2일령짜리 부화유충을 이충 침으로 이식한 후, 새로 조성한 격리판 바깥의 무왕군의 중앙에 삽입하고, 그날 저녁부터 4~5일간 매일 1.3:1의 당액을 급여한다. 화분의 반입이 부진한 지역에서는 화분떡도 만들어 공급해 주어야 한다. 당액이나 화분떡을 공급하는 것은 유충의 먹이로 주는 것이 아니라 어린 벌들이 그것을 먹어야 왕유를 많이 분비하기 때문이다. 보온, 먹이, 환기가 양호하여야 우수한 여왕벌이 생산된다.

처녀여왕벌이 출방하기 1~2일 전의 성숙한 왕대를 교미통 또는 무왕군에 옮겨 주는 것을 왕대 이식이라고 한다.

자연왕대 이식

자연왕대의 경우 처녀왕이 출방하기 2일 전에 어미 여왕벌이 과반수 일벌과 같이 분봉을 하므로 최소한 처녀왕이 출방하기 3일 전에, 즉 왕대가 봉개된 후 4일 이내에 왕대를 무왕군에 이식해야 하는데 아직 번데기가 미숙하기에 여러 측면에서 실수하기 쉽다. 그러므로 왕대를 이식하는 것보다 왕대를 이용하여 인공분봉을 시키는 것이 현명하다.

변성왕대 이식

자연왕대에서 처녀왕이 출방하는 것은 날짜에 차이가 있으나 변성왕대에서는 처녀왕 여러 마리가 같은 시간에 출방하는 수가 많다.

그러므로 왕대가 봉개된 지 6일째 되는 날 미리 착봉 소비 2장 정도로 교미통을 준비하고 그 날 저녁에 왕대를 칼로 도려 벌이 많이 붙은 소비 면의 소방을 약간 뭉개고 삽입하든지 또는 왕대 보호기에 넣어 삽입한다.

착봉이 적으면 온도 부족으로 출방 날짜가 늦기도 하고 날개가 부실해지기도 한다.

사진 1.16　양성한 인공왕대(좌), 6군교미상의 각 중앙에 위치한 왕대 이식구(우)

인공왕대 이식

플라스틱 왕대는 처녀왕이 출방하기 하루 전에 왕대를 손으로 떼어서 무왕군에 이식한다. 밀랍 왕완으로 만든 인공왕대는 칼로 조심해서 떼어내어 이식한다.

1.32　분봉

분봉은 자연분봉(自然分蜂)과 인공분봉(人工分蜂)으로 구분할 수 있다.

자연분봉

중부지방에서 3월 초에 3장 강군이라면 5월 중순경에 자연봉분이 발생할 수 있을 것이다. 초심자를 위하여 자연분봉 전 과정을 구체적 날짜로 예를 들면서 살펴보고자 한다.

3월 초순 3매 강군인 경우

4월 말일경이 되면 10매 만상군이 되고 벌통 내부가 비좁아진다. 일벌들은 소비의 옆 또는 아래쪽 후미진 곳에 왕완을 조성한다. 여왕벌은 일벌들의 의사에 따라 5월 1일에 왕완에 산란을 한다. 알은 3일 후 부화(孵化)하고 어린 내역벌들은 여왕벌 유충에게 로열젤리(왕유)를 공급한다. 일벌들은 그날 다른 곳에 왕완을 또 건설하고 여왕벌은 그 왕완에 산란을 한다. 처음 3일 간격으로 왕완에 산란을 하고 이후부터는 거의 매일 산란을 하는데 대개 산란은 7~8개에서 끝이 난다.

유충이 성장함에 따라 왕완을 높이 축조하여 왕대를 만드는데 처음 만든 것을 제1왕대라고 한다. 순서에 따라 제2, 제3, 제4왕대라고 한다. 왕대 안에서 5.5일간 왕유를 받아먹은 유충은 성숙하여 5월 9일에 봉개 한다.

왕대가 봉개한 지 7.5일 만에 처녀왕이 출방하므로 첫 처녀여왕벌이 출방하기 2일 전인 5월 14일 13시경 어미여왕벌은 과반수 일벌과 분봉을 한다. 이를 제1분봉이라고 한다. 그리고 5월 16일 다시 새 처녀왕이 출방한다.

아직도 군세가 강하면 5월 17일 일벌들은 처녀왕을 인솔하고 또 분봉을 한다. 이를 제2분봉이라고 한다. 다음 18일에 출방한 처녀왕이 19일에 분봉을 한다. 이를 제3분봉이라고 하는데, 드문 일이며 대개 분봉은 제2분봉으로 끝이 나고 제2왕대에서 출방한 처녀왕은 나머지 왕대를 공격하여 죽이고 분봉은 끝이 난다.

쉽게 말해서 어미여왕벌의 분봉을 제1차 분봉이라 하고, 이후 분봉 순서에 따라 제2차, 제3차, 제4차 분봉이라고 한다.

일반적으로 많은 양봉가들은 여왕벌이 과반수의 일벌을 이끌고 분봉을 한다고들 하는데, 분봉을 하느냐 안하느냐의 결정은 일벌들의 권한에 속한다. 분봉현상을 세밀히 살펴보면 왕대가 봉개된 지 4일이 지나면 시녀 일벌들은 어미 여왕벌에게 왕유 공급을 중지하므로 여왕벌은 날아다니기에 알맞게 날씬해진다.

분봉 예정일 아침, 길잡이 벌(분봉이 안착할 자리를 알아보는 벌)이 사방으로 파견된다. 분봉군에 참여할 일벌들은 배 가득히 꿀을 먹고 길잡이 벌이 돌아오기를 기다린다. 길잡이 벌이 돌아오면 출발신호가 전군에 전달되며 오후 13~14시경 분봉군은 소문으로 밀물처럼 쏟아져 나와 봉장 10m 내외 상공에서 원을 그리며 여왕벌이 나오기를 기다리다가 여왕벌이 나오면 미리 정해진 인근 나뭇가지 등에 집결하고, 뒤늦게 나온 여왕벌도 이에 합세하여 봉구를 이룬다.

여왕벌은 봉구 내외를 돌며 여왕벌 물질을 발산하여 무리의 결집을 유도한다. 다시 길잡이 벌을 파견하여 새 보금자리를 재확인한 후 2시간 이내에 새 집터로 떠난다. 일기가 불순하여 비가 내릴 우려가 있으면 이동 출발이 빨라진다.

분봉군의 수용법

분봉의 조짐이 보이면 빈 벌통, 소초광, 사양기, 개포 등을 미리 준비해 두어야 한다.

사진 1.17 분봉 개시 장면(좌)과 근처 나무에 운집하는 모습(우)

봉세에 따라 소초광 4~5장과 사양기, 개포를 빈 통에 준비하고 사다리, 포봉기, 빈 소비도 준비한다.

첫째, 분봉군이 얕은 나뭇가지에 붙었으면 소초가 담긴 벌통을 나뭇가지 분봉군 밑에 대고 나뭇가지에 강하게 충격을 주면 봉군이 벌통 안으로 떨어진다. 벌통을 그 나무 밑에 놓고 개포 앞쪽을 3cm 정도 접어 주고 소문은 활짝 열어 준다. 미처 못 들어간 벌들은 여왕벌의 냄새를 따라 새 통으로 들어가고 나머지는 원통으로 돌아간다. 일부는 붙어있던 자리에 다시 모이나 여왕벌이 없으므로 곧 해산된다. 수용한 벌통은 원하는 장소에 배치해도 분봉군은 원통으로 돌아가지 않는다.

둘째, 분봉군이 높은 나무에 붙었을 때는 사다리를 타고 나무 위로 올라가 분봉군의 봉구를 자세히 살펴보면 움직이는 여왕벌이 보인다. 여왕벌을 손으로 재빨리 잡아 10여 마리의 일벌과 같이 왕롱에 가두고 내려와 미리 준비한 빈 통의 소초광 위에 얹어놓는다. 분봉이 일어난 원통의 소문을 90° 옆으로 돌려 근처로 옮기고 그 자리에 여왕벌을 가둬놓은 새 벌통을 놓아둔다. 분봉군은 여왕벌이 없으므로 1시간 이내에 해산하면서 원통이 있던 새 벌통으로 들어간다. 거의 다 돌아왔을 무렵 왕롱의 뚜껑을 열어 주고 봉군이 안정되면 원하는 장소로 옮기고 잠시 옮겨두었던 원통을 제자리에 되돌려 놓는다.

또 다른 방법은 장대에 사용하던 소비를 매달아 분봉군에 살며시 접촉하면, 일벌들과 같이 여왕벌이 따라붙는데 이를 조심해서 내려서 새 통에 수용한다. 여왕벌이 따라올 때까지 몇 번이고 되풀이해야 한다.

셋째, 포봉기를 장대 끝에 달아 분봉군의 봉구를 담아 흔들어서 봉구를 떼어 내려서

사진 1.18　분봉군이 운집한 모습(좌)과 벌통에 수용하는 모습(우)

준비한 새 통에 수용하거나 사다리를 타고 분봉군에 접근하여 포봉기 또는 면포로 받아 내려 수용한다.

　넷째, 나무가 높기는 하지만 분봉군이 붙은 가지가 가늘면 사다리를 타고 올라가 톱으로 가지를 살짝 잘라서 내려와 새 벌통에 떨어뜨려 수용한다.

　이상 분봉군의 수용방법을 기술했는데, 수용 후 그 날 저녁 무렵에 1.3:1의 당액을 사양기 가득히 주어야 조소가 빠르다.

인공분봉

　자연분봉은 봉군을 수용하기가 매우 번거로울 뿐 아니라 간혹 수용을 못하고 놓치는 수도 있다. 자연분봉이 발생하기 전에 인위적으로 분봉시키는 것을 인공분봉이라고 한다.

구여왕벌에 의한 인공분봉

　어미여왕벌은 제1왕대에서 처녀왕이 출방하기 2일 전에 과반수 일벌과 같이 분봉하므로 처녀왕이 출방하기 4~5일 전에 새 벌통에 구여왕벌과 꿀소비 1장, 봉판 1장, 또는 봉판 2장을 넣어 준다. 즉시 새 벌통을 다른 곳에 옮겨 인공분봉시키고, 원통에는 왕대 1개만 남기고 나머지 왕대는 모두 제거한다.

　구여왕벌이 있는 인공분봉군의 외역봉들은 귀소할 때 이전 기억에 따라 원통으로 되돌아가므로, 원통에서 어린 벌이 많이 붙은 소비를 2장 정도 털어주어 분봉군의 군세를 보강해 주어야 한다.

자연왕대에 의한 인공분봉

자연왕대가 성숙하면 자연분봉이 발생한다. 분봉이 발생하기 4~5일 전에 왕대가 붙은 벌소비 1장, 꿀소비 1장을 뽑아 2장으로 새 벌통으로 분봉시키면 일시적으로 분봉열을 방지할 수는 있으나 구왕을 제거하는 것만은 못하다.

왕대로 분봉하였을 때는 특히 보온에 주의하여야 한다, 외역봉이 원통으로 돌아가면 아무리 내피를 두껍게 덮어 주어도 육아온도를 유지하기 힘들다. 그러므로 어린 벌이 많이 붙은 소비를 분봉한 새 벌통에 털어 넣어 군세를 강화해 주어야 한다.

변성왕대에 의한 인공분봉

변성왕대가 생긴 봉군에서도 자연분봉이 발생하는 수가 있지만 극히 드문 일이다.

변성왕대가 성숙하여 처녀왕으로 출방하기 1~2일 전에, 왕대가 붙은 벌 소비 1장과 다른 통에서 어린 일벌이 많이 붙은 소비 1장을 뽑아서 2장을 합하여 새 인공분봉군으로 편성한다. 이때 합한 벌들 간에 싸움이 벌어질 것을 염려할 수 있지만 보통 무왕군(변성왕대 봉군)과 유왕군은 서로 싸우지 않는다. 미처 성숙하지 않은 미숙 왕대를 분봉시키면 인공분봉 핵군 내 온도가 낮아서 건강한 처녀왕이 태어나지 못하는 수가 많다.

처녀왕이 출방하면 건실한지 살펴본 후 7~8일 정도는 내검하지 말아야 한다. 자주 내검하면 일벌들이 불안하여 처녀왕을 공살하게 된다

언제나 인공분봉군에는 2~3일 이내에 당액을 급여하여서는 안 된다. 세력이 약하여 도봉이 유발하기 쉽다. 먹이가 부족하면 다른 강군 벌통에서 꿀소비를 꺼내어 보충해 주어야 한다.

1.33 억제분봉

유밀기를 앞두고 봉군의 세력이 강해지면 자연분봉이 발생하는 것은 필연적이며, 분봉의 징조로 왕대가 지어지는데, 분봉을 억제하려고 왕대 2개를 헐어버리면 3개가 지어진다.

분봉을 시키지 않고 강군으로 채밀할 생각으로 이렇게 계속해서 왕대를 헐어내는 동안, 어린 벌들이 계속 출방하여 군세는 점점 강해지며 벌통 안은 더욱 비좁아진다. 아침 10시경 왕대를 전부 헐어 주었는데도 오후 1시경 분봉이 발생한다. 이를 억제분봉이라고 한다.

분봉열에 대한 근원 대책을 마련해 주지 않고, 왕대만 없으면 분봉치 못할 것으로 생각하고 계속 왕대를 제거하는 것은 무모한 일이다. 분봉열을 억제시키려면 일벌이 꽉 차있는 벌통에서 봉충판을 빼서 약군에 보충해 주고 그 자리에 소초를 삽입하여 조소하게 한다. 아울러 소문을 활짝 열어 주고 개포를 뒤쪽에서부터 점차 개방하여 환기 통로를 많이 확보해 주면서 산란과 저밀할 장소를 과감히 넓혀 주어야 한다. 점차 환기를 조절하여 강군을 유지하면서 계상을 올려야 한다.

1.34 교미벌통

처녀왕의 교미를 목적으로 편성한 벌통을 교미통이라 하고 교미벌통에 수용한 소량의 벌 무리를 교미군 또는 핵군(核群)이라고 한다.

소형 교미통을 직접 제작하는 양봉가도 있지만 일반적으로 표준벌통을 수직 칸막이하여 사용한다. 한 통을 그대로 교미상으로 사용하면 1군상이 되고 칸막이하여 소문을 반대쪽으로 내서 2군을 수용하면 2군상이 되고 3칸 또는 4칸, 6칸으로 칸막이를 하면 각각 3군상, 4군상, 6군상이 되는데 소문의 방향을 각기 다르게 한다.

처녀왕이 교미를 마치고 신왕이 산란하기 시작하면 당초 목적에 따라 구왕과 교체 하든지 또는 강군에서 봉개 봉충판을 보충하여서 원군으로 증군(增群)한다. 처녀왕의 교미 성적은 유밀기인 5월이 제일 우수하고 강군보다는 약군에서 교미시키는 것이 성공률이 높다.

사진 1.19   소형 교미벌통(좌), 표준벌통을 변형 제작한 6군상 교미벌통(우)

1.35 원통을 이용한 신구왕 교체법

200~300여 통씩 많은 벌통을 가지고 이동양봉을 하는 양봉가가 해마다 신구왕을 교체하는 것은 쉬운 일이 아니다. 교미상을 이용하자니 짐이 많고 번거로워, 차일피일 미루기 십상이다.

벌통의 한쪽을 소비 1장이 들어가도록 칸막이를 하고, 소문은 원통의 반대쪽으로 2cm 정도의 크기로 낸다. 지어진 자연왕대가 있으면 이를 이용하고, 없으면 변성왕대 또는 인공왕대를 이식하여 1장의 교미군을 만든다. 아울러 어린 벌이 많이 붙은 소비의 벌을 털어 군세를 보강해 준다.

1장 교미군의 처녀왕이 교미를 마치고 산란하기 시작하면 원군의 구왕을 제거하고 칸막이를 빼낸 후 합봉을 한다. 유밀기라면 구왕을 제거한 다음 날 저녁에 곧바로 합봉을 하여도 되지만 무밀기라면 구왕을 제거하고 당액을 급여하다가 2일 후에 신문지나 합봉망을 이용하여 합봉하면 안전하다.

1.36 분봉열의 발생과 예방책

꿀벌 봉군에서 분봉이 일어나는 것은 종족 번식의 원리이며, 모든 생물도 그와 같은 생존과 번식을 계속하고 있다.

왕대를 조성하는 것은 분봉을 사전에 예고하는 것으로 보아야 한다. 유밀기를 앞두고 전체 봉군에 분봉열이 발생하면 이에 대처할 수 없고, 결국 그해 꿀 농사는 반감한다고 보아야 옳다.

왕대를 짓고 봉개한 지 만 4일째 되는 날부터 분봉 준비를 한다. 시녀 일벌들은 여왕벌에 대한 시중을 게을리하며 왕유 공급을 줄이기 시작한다. 여왕벌의 몸매는 차차 작아지며 산란은 거의 중지된다.

5일째 되는 날 늦은 아침이 되면, 분봉이 생길 봉군은 사방으로 길잡이 벌을 파견하고 과반수 이상의 일벌들이 꿀로 배를 채우고 소비 사이에 2열로 머리를 내밀고, 더듬이로 동정을 살피며 길잡이 벌이 돌아오기를 기다리고 있다. 봉장을 순시하다가 유밀기인데도 소문을 출입하는 벌이 현저히 적은 벌통이 있다면 이것은 분봉할 조짐이 있는 통이다.

일단 분봉할 의사가 있으면 왕대를 헐어 주거나 소초를 넣어 주거나 계상을 하여 벌통 내부를 넓혀 주어도 그 날 정오경 분봉은 예정대로 진행된다.

그러므로 유밀기에는 5~6일에 한번 반드기 내검을 하여 왕대의 유무를 살펴보고 분봉이 발생하지 않도록 미리 대책을 마련해야 한다.

분봉열의 예방

분봉열을 예방하는 방법은 다음과 같다.

첫째, 소비 또는 소초를 투여하여 공간을 확장한다.

둘째, 조성된 왕대를 제거하고 계상을 올린다.

셋째, 왕대가 봉개된 지 3~4일경에 인공분봉을 시키고 그 자리에 소초를 투입하여 조소를 시킨다.

넷째, 왕대를 1개만 남기고 여왕벌을 제거하든지 아니면 구왕을 3장 봉군으로 인공분봉 시킨다.

다섯째, 봉군 세력이 증가함에 따라 증소하다가, 만상이 되면 개포를 뒷면에서부터 1/4, 1/3, 1/2 정도씩 점차 접어 주다가 나중에는 아주 걷어 준다.

분봉열 발생 후의 대책

가령 9매 봉군에 분봉열이 발생하였다면 원통을 옆으로 비켜놓고 새 벌통을 그 자리에 놓은 후 소초 6장을 넣는다.

여왕벌을 잡아 왕롱에 가두어 소초광 중앙 위에 얹어놓고 내피로 벌통을 덮고 소문을 10cm 정도로 연 후 9장의 착봉 소비를 소문 앞에 떨어 주고, 빈 소비는 약군에 분배한다. 이렇게 하면 일벌들은 줄을 지어 소문으로 기어들어 가 왕롱에 집결한다. 반 이상 들어갔을 무렵 1.3:1의 당액을 사양기 가득히 공급하고 왕롱의 문을 열어 주고 담요 개포와 얇은 개포를 2장 덮어 준다. 다음 날 저녁에 한 번 더 당액을 급여한다.

소초 6장에는 조소가 되고 새로 구성한 봉군은 자연분봉한 기분으로 심기일전(心機一轉)하여 2일 후부터는 수밀작업을 하게 된다. 약군에 분배하였던 봉개봉판 3매 정도를 회수하여 넣어 주어야 어린 벌이 보충되며 여왕벌의 산란도 곧 회복되어 강군이 된다.

1.37 유밀기 산란 제한

유밀기를 앞두고 봉세가 강해지면 분봉열을 방지하기 위하여 여왕벌을 왕롱, 격왕통 등에 가두기도 하고 아예 제거하기도 한다. 여왕벌을 제거할 경우에는 변성왕대에서 처녀왕이 출방하여 왕성한 산란을 보기까지는 25여 일이 소요되므로 빈방이 많아 많은 꿀을 채취할 수는 있으나, 산란이 중단되어 후에 약군을 면치 못한다.

1.38 계상 설치

이른 봄에 3장 강군이었다면 4월 말경 봉세가 강해지며 자연왕대가 조성된다. 봉군 증식의 목적 또는 구왕의 교체를 위하여 신왕이 필요하면, 인공분봉을 시켜 교미상을 편성한다. 반면 꿀을 많이 채취하려면 왕대를 헐어준 후 개포 뒷면을 접어 주며 분봉열을 억제하다가 계상을 한다. 가령 10장 강군이라면 계상으로 산란소비, 유충소비 등을 6장 올리고 아래통에는 여왕벌을 중심으로 봉개 봉판과 빈 소비로 6장군을 만든다. 5일 간격으로 계상에 1장씩 올리고 아래통에는 빈 소비를 2장씩 삽입한다.

화밀이 본격적으로 반입되면 위쪽은 저밀소비로 10장, 아래통은 산란소비가 된다. 유밀기가 지나고 계상을 내릴 때에는 미리 준비한 교미통에 합봉하여 2통을 만든다.

다시 말해서 원군을 옆으로 옮겨 소문을 90°로 비켜 놓고, 계상 자리에 새 통을 설치한 후 위쪽의 소비 5장과 아래통의 소비 5장으로 1통을 만든다.

새 통 10장군에는 여왕벌이 있게 한다. 옆으로 비켜놓은 10장 원봉군은 무왕이 되며

사진 1.20 단상 봉군의 양봉장(좌), 계상 봉군의 양봉장(우)

외역벌들은 원통 자리로 돌아간다.

3일 후 소비를 5장으로 축소하여 교미통에 합봉한다. 외역벌이 적고 어린 벌이 많으므로 합봉이 잘 된다.

1.39 합봉계상

두 개 봉군 이상을 하나로 합쳐 계상을 올리는 것을 합봉계상 또는 합동계상이라고 한다.

중부지방에서 3월 초순에 3매 강군이었다면 4월 말경에는 8~9매 봉군이 된다. 또 2매 봉군이었다면 도중에 강군으로부터 봉판을 한 장 정도 보충 받았다 하더라도 고작 6매군 정도가 된다.

아까시꽃이 필 때까지 강군은 별도의 조치가 없을 경우에는 분봉열에 시달리게 된다. 분봉열도 방지하고 꿀을 많이 수확하려면 2개 봉군으로 계상을 올려 한 봉군으로 만들어야 한다.

6매 봉군의 여왕벌을 제거하고 2일 후 9장 강군의 개포를 젖히고 작은 구멍이 뚫린 신문지 반장을 그 위에 덮고 6매 봉군을 계상에 넣어 올려놓는다.

이것이 신문지 합봉법에 의한 계상법이다.

3일 후 갉다가 남은 신문지 조각을 제거하고 아래통에서 봉판 3매를 위통으로 올리고 그 자리에 빈 소비 2장을 삽입한 다음, 다시 5일 후 2장을 또 삽입하여 10매 봉군으로 편성한다. 위통에 9매에 착봉한 소비는 밀착시켜 두었다가 화밀 반입이 왕성할 때 간격을 넓게 조절하여 저밀 공간을 확보한다.

채밀할 때에는 아래통의 순 저밀소비 1~2장과 위통의 저밀소비 9장만 채밀한다. 아래통의 산란·육아소비는 건드리지 않는다. 1회 채밀에 24kg(1말)이 무난하다.

1.40 유밀기 이동양봉

꽃을 따라 봉군을 이동하며 양봉을 하는 것을 전사(轉飼)라고도 한다.

입춘(立春, 2월 5일경) 이전에 유밀기에 강군으로 대비하기 위해 벌통을 싣고 제주도로 떠나기도 하고, 우수(雨水, 2월 20일경) 이전에 남부지방으로 이동하기도 한다.

이때에는 월동군의 외부 포장물만 제거하고 이동해도 되나, 1차 채밀을 하고 난 이후

즉 5월 중순 이후부터는 외기온도가 상승하므로 대낮에 이동하는 것은 벌들이 열을 받을 염려가 있어 삼가야 한다. 저녁에 일몰 후 출발하되 아침에 먼동이 틀 무렵 목적지에 도착하도록 출발하는 것이 바람직하다. 출발하기 전에 간식도 준비하고 만일에 대비하여 봉솔, 면포, 망치, 못, 벤치, 훈연기 등을 트럭 앞자리에 준비하여야 하며, 도중에 10분 이상 쉬는 일이 없도록 하는 것이 좋다. 쉬더라도 차에 시동은 걸어두어야 한다. 꿀벌은 소문을 닫고 30분 이상 조용히 놔두면 소동을 부리며 열을 발생하기 때문이다.

특히 한 여름철에 이동하려면 강군은 2통으로 분할하고 목적지에 도착하여 다시 합봉해야 안전하다.

가장 안전한 방법은 가령 7매 봉군이라면 빈 소광 1매를 소문 쪽 벽에 대 주고 다음 착봉 소비 2매마다 소광을 붙이는 방식을 유지하다가 마지막으로 착봉 소비 3장을 대준 후 끝으로 빈 소광 1장을 끼운다. 이렇게 하면 빈 소광 4개에 착봉 소비 7장으로 벌통은 총 11장으로 채워지며, 수송 도중 소비가 움직이지 않고 벌들이 빈 소광의 공간에 붙게 되어 열을 받지 않고 안전하게 이동할 수 있다. 가령 10매군이라면 소비 3장을 빼어내고 7장벌에 준해 포장하여 수송하고, 솎아낸 3장은 타군의 3장과 합하여 목적지에 도착한 후 원군에 넣어 준다. 한편 소비를 고정하는 철선을 양봉원에서 구입하여 10매 이하의 봉군의 바깥소비 또는 사양기를 고정하여 이동할 수 있다.

날씨가 덥지 않으면 그대로 공간에 공 소광을 채우고 수송해도 되는데, 목적지에 도착하자마자 벌통을 내리기 전에 트럭으로 올라가 안전 여부를 살펴본다. 조금이라도 열을 받은 기미가 보이면 물통 또는 주전자로 물을 뿌려 주고 하차하되, 지형에 따라 신속히 밀원을 향하여 벌통을 배열하고 소문을 활짝 열어 주는 것이 안전하다.

먼 곳에서 이동해 온 벌들은 자기 집을 기억하지 못하므로 합봉할 봉군이 있으면 이동하기 하루 전날 여왕벌을 제거해 두었다가 목적지에 도착하여 당일에 합봉을 하는 것이 보다 쉽고, 먼저 있던 통으로 돌아가는 벌도 없다.

수송 중 봉군이 열을 받으면 벌들이 소동을 부리고 유충도 열을 받아 사망하며 일벌들은 꿀로 범벅이 되어 전멸한다. 죽지 않았다 하더라도 수밀력이 떨어지고 수명이 단축되므로 주의해야 한다.

사진 1.21   봉군 이동 차량(좌), 유럽의 트레일러 이동양봉사(우)

1.41 꿀 다수확 방법

분봉열의 억제

　중부지방에서 3월 초순경 축소한 봉군이 3매 강군(12,000마리 정도)이었다면, 4월 20일경 늦어도 25일경에는 10장 강군이 되며, 일벌들은 분봉할 계획으로 자연왕대를 소비의 옆 또는 아래 후미진 곳에 1~2개를 짓는다.

　먼저 지어진 왕대를 제1왕대라 하고, 다음에 지어진 왕대를 제2왕대라고 한다.

　유밀이 잘 되는 해에는 봉군이 강하면 꿀을 많이 채취하기 위하여 또는 봉군의 안정된 번식을 위하여 계상을 해야 하지만, 봉군도 계상을 올릴 자격이 못 되고 밀원도 부족해 보이면, 분봉열을 억제시키면서 대유밀기를 1주일 정도 앞두고 다음에 설명하는 단상 격왕법에 의하여 채밀을 해야 한다.

　분봉열을 억제하는 단순한 방법을 소개하면 다음과 같다.

　4월 20일경 자연왕대가 조성되면 28일경 제1왕대가 봉개된다. 봉개된 제1왕대를 제거하고 소초광을 1매 삽입하여 조소시키며, 내피 뒷면을 1cm 정도 접어 환기를 촉진한다.

　5월 1일 내검하면 제2왕대가 봉개된다. 제2왕대 1개만 남기고 나머지 왕대는 전부 헐어 주고 5월 3일 제2왕대를 중심으로 꿀소비 1매와 같이 2매로 인공분봉을 시키고 그 자리에 소초광을 삽입하여 조소를 유도하는 것이 분봉열을 억제하는 방법이다.

계상 채밀법

봉군의 발육에 지장을 주지 않으면서 좋은 꿀을 많이 채취하려면 계상법에 따라 채밀을 해야 한다.

4월 하순에 내검하여 왕대를 전부 정리하고 가령 9매 봉군이라면 소초광 1매를 삽입하여 조소시키고 5월 1일경 계상을 올리되 위통에는 주로 유충소비를 6매를 올리고 아래통에는 산란소비나 봉개 봉판을 4장 남기고 빈 소비 2매를 중앙에 삽입하여 6장군으로 한다.

이후 여왕벌이 위통으로 올라가지 못하도록 위통과 아래통 사이에 평면격왕판(平面隔王板)을 설치한다.

5월 3일경 아래통에 빈 소비광 또는 소초광 1매를 삽입하고 5월 5일경 봉개봉판 1매를 계상으로 올리고 그 자리에 빈 소비광이나 소초광을 삽입한다.

그다음부터는 아래통에만 3일 간격으로 빈 소비광이나 소초광을 삽입하여 10매를 만들고 계상에는 유밀이 왕성한 5월 중순경에 빈 소비 3매를 한 번에 삽입하여 저밀케 한다. 어떤 사람은 계상에는 소비광 9매로 간격을 넓게 조절하여 덧집을 짓게 함으로써 여기에 꿀을 저장하게 하는 방법을 쓰는데 이를 간격법(間隔法)이라고 한다.

이 방법은 소비면의 육아권이 넓어서 꿀을 저장할 장소가 없을 때 단상군에서 흔히 사용하는 방법이다. 계상에 꿀을 저장할 빈 소비가 충분히 있을 때는 간격법을 사용할 필요가 없다.

교미통을 겸한 계상법

계상을 하기 전에 단상의 한쪽을 칸막이하여 교미통을 만들고 그 위에 계상을 하는 방법으로 대유밀기에 신구왕이 교체되며, 일벌들의 수밀 작업이 한결 수월해지고 왕성해진다.

4월 28일경 자연왕대가 성숙하면 제2왕대를 선정한 후 그 통의 한쪽에 소비 1장 들어갈 정도로 격리판으로 칸막이를 하고, 가장자리로 벌들이 왕래치 못하게 테이프를 붙인다.

칸막이 된 내부에 제2왕대가 붙은 소비 1장을 벌이 착봉한 그대로 옮기고, 유봉으로 봉세를 보충해 준 후 벌통 뒤쪽에 소문을 1.5cm 정도로 뚫어준다.

원통의 벌들과 이 교미통의 벌들과는 서로 왕래가 안된다. 제2왕대를 남기라는 것은 제1왕대보다 제2왕대의 처녀왕이 일반적으로 우수하기 때문이다.

그 위에 계상을 올린 후부터는 계상법에 따라 관리하되 아래통과 위통으로는 일벌들이 격왕판의 틈새를 통하여 왕래할 수 있으나, 교미상과 계상의 중간에는 개포로 차단되어 서로 왕래치 못한다.

교미통에서 처녀왕이 출방하여 교미를 마치고 산란하기 시작하면 유밀기를 2~3일 앞두고 원통의 구왕을 제거하고, 만 하루가 지난 후 저녁에 칸막이를 빼내고 2~3차 가볍게 훈연을 해 주고 합봉을 한다.

유밀기에는 여왕벌의 유입이나 일벌들의 합봉이 가벼운 훈연 정도로도 잘 될 뿐 아니라, 신왕의 유입으로 인하여 일벌들의 활동이 왕성해지며 수밀력이 강해진다. 즉 채밀량도 많고 신구왕의 교체가 쉬워진다.

계상군의 장단점

〔장점〕

① 완숙한 꿀을 더욱 많이 채취할 수 있다.

② 여왕벌의 산란제한을 받지 않아 강군을 지속시킬 수 있다.

③ 분봉열이 비교적 적다.

④ 채밀로 인한 애벌레 발육에 피해가 없다(애벌레의 냉각, 회전, 진동 등).

⑤ 무밀기에 채밀하여도 도봉 발생이 적다.

⑥ 채밀할 때 계상에 기피제(또는 탈봉제)를 사용하면 벌들이 아래통으로 내려가 채밀 작업이 쉽다.

〔단점〕

① 5월 초순경에 구왕으로 계상을 하게 되므로 여왕벌이 늙어서 산란력과 수밀력이 부진하다.

② 구왕이므로 분봉열이 발생할 때도 있다.

③ 내검을 하는 데 매우 불편하다.

④ 교미통을 이용하여 신왕을 양성한 후 여왕벌을 교체해야 하는데, 유밀기가 지나면 신구왕의 교체가 번거로워진다.

수직 격왕법(단상 격왕법)

계상군 채밀법의 경우 아래통은 산란·육아실이고 위통은 저밀실이므로 분봉열을 억제할 수 있으며, 봉군 발육에 지장을 주지 않고도 많은 꿀을 채취할 수 있다. 반면 단상군은 분봉열을 억제하기 어렵고 대부분 육아 소비이므로 꿀을 채취하는 데 지장이 많다. 그러나 기술적으로 봉군관리를 하면 육아에 지장을 주지 않고도 비교적 많은 꿀을 채취할 수 있다.

4월 28일경 자연왕대가 봉개하면 5월 1일경 왕대가 붙는 소비 1매와 꿀소비 1매, 총 2장으로 인공분봉을 시키고 나머지 왕대는 전부 헐어준다. 그날 저녁에 소초 2장을 삽입하고 2~3홉 정도 1.3:1의 당액을 급여한다.

일주일 후 내검했을 때 또 왕대가 보이면 왕대를 전부 헐어 준 후 봉판소비 1매를 빼서 먼저 인공분봉을 시킨 교미통으로 돌리고 그 자리에 소초를 삽입하여 조소시킨다.

또한 뒷면의 내피 전체를 2cm 정도 접어 주고 소문을 활짝 열어 주어 통풍이 잘되도록 하여 분봉열을 억제한다.

유밀기를 1주일 정도 앞두고 소문 쪽으로 출방 직전의 봉개봉판 4장, 빈 소비 1장, 꿀소비 1장 모두 6장을 수직 격왕판으로 차단하여 저밀 장소로 만든다.

여왕벌을 수용한 한쪽에는 산란·육아 소비 3장에 빈 소비 1장 즉 4장으로 육아실을 만들어 준다. 이렇게 해 주면 단상을 가지고 여왕벌이 있는 4장은 산란·육아권이 되고 수직 격왕판으로 차단된 6장은 저밀권이 된다.

채밀할 때는 산란·육아소비는 건드리지 말고 저밀소비만 채밀한다. 채밀 작업은 될 수 있으면 오전 9시 이전에 끝마치는 것이 바람직하다. 예전과 같이 산란·육아소비도 같이 채밀기에 넣고 회전시키면 애벌레가 냉각될 뿐 아니라 자리 움직임과 회전을 겪게 되어 발육에 지장이 크며, 나중에는 일벌들이 허약해져 수밀력과 수명이 짧아진다.

그뿐 아니라 채밀 작업으로 인하여 봉군 내부질서의 안정상태가 흐트러지면 회복되기까지 최소한 3시간 정도가 소요되지만, 저밀소비만 채밀하면 질서가 파괴되지 않아 곧 외역 작업을 하게 된다. 다음은 수직 격왕법의 장단점이다.

〔장점〕

① 내검이 쉽다.

사진 1.22　유밀기에 여왕벌을 가둔 격왕통(좌), 수직 격왕판 사이에 여왕벌을 가두고 산란을 제한하는 모습(우)

② 인공적으로 왕대 분봉을 시킬 수 있어 분봉을 예방할 수 있다.

③ 이동 채밀하기에 편리하다.

④ 채밀할 때 산란·육아소비를 건드리지 않으므로 봉군 발육에 지장이 없다.

⑤ 일반 단상군보다 꿀을 많이 채취할 수 있으며 채밀 후 질서 회복이 빠르다

〔단점〕

① 분봉열을 억제하는 데 신경을 써야 한다.

② 저밀권과 육아권을 분리시켜야 한다.

③ 계상봉군보다는 채밀량이 적다.

④ 꿀이 완숙되기 전에 채밀하므로 미숙한 꿀을 채취하게 된다.

무왕군 채밀법(처녀왕 채밀법)

　자연왕대가 형성되면 구왕을 제거하고 제2왕대에 의하여 처녀왕을 양성케 하여 꿀을 채취하는 방법이다. 혹은 구여왕벌을 제거하여 변성왕대를 짓게 함으로써 처녀왕을 만들면서 꿀을 채취하는 방법도 가능하다.

　무왕군 채밀 방법은 장기간 산란이 지속되지 못해 빈방이 많아 꿀을 많이 채취할 수는 있으나 일벌의 출방이 중단되어 채밀 후 급격히 약군으로 쇠퇴한다.

　단상 격왕법에서와 같이 분봉열을 억제하다가 유밀기를 열흘 정도 앞둔 5월 5일 자연왕대를 1개만 남기고 구왕을 제거한다.

5월 12일경 처녀왕이 출방하면 20일경까지 교미를 마치고 23일경에야 신왕이 산란하기 시작한다. 핵군이 있는 교미통에서는 처녀왕이 출방한 지 5일 이내에 교미를 마치고 3일째 되는 날부터 신왕이 산란하기 시작하나 강군에서는 처녀왕이 교미하러 나가는 것이 2~3일 더 늦다.

5월 중순경 아까시꽃이 만개하기 하루 전에 남아있는 봉개 소비를 전부 빼내서 교미통 등 약군으로 돌리고 그 자리에 빈 소비광이나 소초광을 넣어 준다.

5월 5일경부터 5월 중순까지는 산란이 없으므로 10매가 전부가 저밀소비가 된다.

특히 교미를 마친 신왕을 책봉한 일벌들의 사기는 매우 높아 아침 일찍부터 저녁 늦게까지 수밀 작업이 계속되어 계상군과 같은 채밀 성적을 올릴 수 있으나 후속 일벌의 출방이 중단되어 유밀기가 지나면 약군을 면하기 어렵다.

〔장점〕
① 분봉열이 전혀 없다.
② 유충이 없어 꿀의 소모가 극히 적다.
③ 빈 소방이 많아 저밀량이 많다.
④ 유밀기에 일벌들의 사기가 왕성하다.

〔단점〕
① 채밀 후 군세가 급격히 약해진다.
② 1회 채밀 후 격왕판을 설치해야 한다.
③ 처녀왕이 교미에 실패하면 필연적으로 산란성 일벌이 발생한다.
④ 산란성 일벌이 발생하면 타군에 합봉하든지, 바로 여왕벌을 넣어 주어야 한다.

단상 채밀법

아직도 우리나라 많은 양봉가들이 단상 채밀을 하는 것은 재고해보아야 한다. 봉군이 약하여 계상을 못할 정도라면 '단상 격왕법'에 의하여 채밀하기를 간절히 권한다. 단상 채밀법에 의해 채밀을 하면 첫째 꿀이 미숙하여 묽고, 둘째 알이나 유충이 냉각되거나 빠지며, 회전·진동을 겪어 허약해지고 수밀력도 약해지며 수명도 짧아진다.

우리나라 양봉가들 중에는 아직까지도 강군을 다룰 줄 모르는 사람들이 있다. 2월 말

~3월 초 월동군의 소비를 축소할 때 소비 1장에 최소 3,500마리 이상 4,000마리 정도를 착봉시키지 못하고 있다.

일반적으로 12,000마리를 4장에, 7,000마리를 3장에 착봉할 경우에는 소비의 중앙부위에는 제대로 벌들이 붙어 있으나 소비의 네 귀퉁이에는 벌들이 별로 없다. 이런 상태라면 인공적으로 아무리 보온을 잘 해줘도 벌들이 소비 전면에 밀집하여 자체적으로 보온을 유지하는 것만은 못하다.

3월 중순경, 춘감현상(春減現狀)이 지나고 어린 햇벌이 출방해 벌들이 늘어나기 시작하면, 4월부터 4일 간격으로 소비를 증소하여 15일까지는 7매 강군에 장방형의 봉아권이 있는 소비가 4장은 되어야 5월 중순 만개하는 아까시꽃의 대유밀기에 대비한 채밀자격 봉군이 된다.

이른 봄철부터 약군을 가지고서는 유밀기까지 강군을 만들 수 없다. 지금까지도 일부 양봉가 중에는 유밀기가 되면 소비광의 간격을 조절하여 덧집을 짓게 한 후 봉아 소비와 함께 채밀기에 넣고 회전시켜서 유충이나 번데기 모두 피해를 보게 되고 꿀도 별로 채취하지 못하는 경우가 많다.

채밀 후 2~3주가 지나 날개가 접힌 일벌들이 소문으로 나와 벌통 앞에서 기어 다니는 것을 보고 꿀벌응애나 가시응애의 피해로만 흔히들 생각하는데, 응애와 바이러스의 피해로 날개의 발육이 잘 안 되는 수도 있지만, 온도 부족으로 날개의 발육이 잘 안 되는 수가 많으므로 주의해서 관리해야 한다.

신왕유입 단상법

'단상 격왕법'은 유밀기를 1주일 정도 앞두고 구왕을 4매로 격리시키고 밖의 6매 저밀광만 가지고 채밀토록 하는 방법이나 신왕유입 단상법은 유밀이 시작되었을 때 구왕을 제거하고 신왕과 교체한 후 채밀토록 하는 방법이다.

그러므로 신구왕의 교체로 인한 여왕벌의 산란 공백 기간은 없지만, 채밀할 때 산란·육아 소비도 같이 채밀함으로써 일반 단상 채밀법의 단점을 극복하기 어려우며 단지 신왕으로 채밀한다는 것뿐이다. 채밀할 때 산란·육아소비에 저밀이 있다 하더라도 채밀해서는 안 된다.

사진 1.23　뉴질랜드(좌)와 호주(우)의 다수확 채밀을 위한 다단 계상

채밀법의 개선

꿀을 많이 수확하려면 강군으로 계상을 해야 하는데, 봉군관리 기술이 부족하거나 이동 채밀을 하기 위해 편의상 단상 채밀을 하는 경우도 있다.

그런데 문제는 계상이고 단상이고 간에, 채밀을 할 때 산란·육아소비도 같이 채밀기에 넣고 회전시키므로, 산란·육아가 냉각되고 유충이 소방에서 빠지고 맴돌림까지 당하여 불구벌이 많이 발생한다. 이는 우리나라에서만 볼 수 있는 안타까운 현상이므로 밀원이 부족하다고만 탓할 것이 아니라, 지금이라도 각자가 20년, 30년 앞을 내다보며 조금씩이라도 밀원식물을 가꾸어야 한다.

채밀은 육아소비의 상단에 저밀이 있다 하더라도 건드리지 말고, 계상인 경우 계상의 저밀소비와 아래통에 있는 2~3장의 저밀소비만 발췌하여도 1회에 15kg 이상을 채밀한다.

단상 격왕법에 의하면 6장의 저밀소비에서 10kg 이상을 채밀할 수도 있다. 계상으로 채밀을 하든지 단상 격왕법에 의해 채밀하는 것이 바람직하다.

1.42　봄철의 채밀

꿀을 채취하는 것을 채밀이라고 한다. 학술적 흥미 또는 취미로 양봉을 하는 이도 있지만 대부분의 양봉가들은 봉산물, 특히 꿀을 채취하는 데 그 목적이 있다.

꿀을 많이 수확하려면 우수한 꿀벌 품종에 밀원이 풍부해야겠지만, 같은 조건이라면 강군이라야 한다. 약군 100군보다 강군 1통이 낫다는 말도 있다.

첫째, 소규모로 10통 정도 고정양봉을 하는 사람은 대부분 3매, 4매 수동식 채밀기를 사용한다.

유밀기에 소비에 꿀이 저장되면 소비를 뽑아내어 손으로 탈봉하여 즉시 채밀하고 빈 소비를 봉군에 다시 환원하고, 또 나머지를 뽑아내어 채밀한다. 많은 시간과 인력이 소모되나 보다 많은 채밀을 할 수 있다.

둘째, 많은 봉군을 가지고 이동양봉을 하는 양봉가는 6장 또는 8장용 방사식 자동채밀기로 꿀을 채밀한다.

이른 아침에 모든 준비를 한 후 작업을 분담한다. 개포를 젖히고 강하게 훈연을 3~4차 한 후 소비를 뽑아내어 탈봉기로 탈봉을 한다. 가령 9장 벌이라면 7매를 흔들어 빼내 벌통 앞에 기대놓고 2장은 중앙에 남겨놓고 개포를 씌운 후 뚜껑을 덮고, 앞면에 내놓았던 7장에 아직 붙어 있는 벌을 탈봉기로 털어낸 다음 채밀장으로 보낸다.

5통 정도 진행하다 보면 채밀장에서 꿀을 채취한 빈 소비들이 돌아온다. 이제부터는 저밀소비를 빼낸 자리에 채밀한 빈 소비를 넣어가며 털어 나간다. 2장씩 남겨놓은 5통은 마지막에 채밀한 소비를 넣어 준다.

대유밀기에는 이런 식으로 채밀을 해도 도봉으로 인하여 채밀작업에 지장이 없으나 유밀기가 끝날 무렵에는 채밀장은 물론, 벌을 떨고 넣어 주는 빈 소비에도 많은 벌이 따라 들어가 싸움이 벌어진다. 그러므로 유밀기가 끝날 무렵에 채밀할 때에는 먼동이 트기 전에 개포를 걷고 소문을 닫은 후 오전 10시 이내에 채밀을 마치고 곧 소문을 열어 주어야 한다.

그러나 이와 같이 산란소비와 육아소비의 저밀을 채밀하게 되면 육아 온도가 떨어짐은 부족은 물론이요, 회전과 진동을 겪게 되어 유충발육에 지장이 크다.

셋째, 아까시꽃 유밀기에는 계상을 올린 후 계상만 채밀하는 것이 바람직하다.

계상 자격군이 못 될 때는 조소를 시키거나 내피를 제거하고 빈 소비를 넣어 주는 등 여러 수단을 마련하여 분봉열을 억제시키다가, 화밀이 비치기 시작하면 10장군을 4장으로 축소하고 수직격왕판을 설치한 후 뒷면 공간에 빈 소비 6장을 삽입하여 간격을 조절한다. 축소한 봉충소비는 벌을 털어내고 교미통 등 약군에 분배한다.

3일만 지나면 빈 소비에는 꿀이 가득 찬다. 하루 더 두었다가 여왕벌이 있는 봉판 소

사진 1.24   채밀작업을 위한 소비 선별작업(좌), 전동채밀기의 회전(우)

비는 건드리지 말고 격왕판 뒤에 있는 저밀소비만 채밀하는데 통당 1회 10kg 정도 채밀이 가능하다.

단상에서도 이런 식으로 채밀을 하면 알이나 유충에 지장이 없고 증식에도 별로 어려움이 없다.

1.43 봄철의 주요 밀원식물

우리나라의 가장 주요한 봄철 밀원을 살펴보면 제주도는 3~4월 유채(油菜)가 손꼽히고 5월 중순경이 되면 감귤꽃이 핀다.

호남지방의 유채꽃은 4월 중순경에 피고 자운영꽃은 영·호남지방에서 4월 말경부터 피기 시작하는데 점차 자취를 감춰가고 있다. 전국적으로 4월초~중순에 피는 벚꽃은 벌의 번식에도 크게 기여하고 지역에 따라서는 채밀도 가능하다.

한해 농사의 거의 전부를 차지한다고 해도 과언이 아닌 아까시꽃은 5월 초순부터 남부지방에서 피기 시작하면 등개화선(等開花線)을 따라 북상하며 경기 남부에서는 5월 중순, 강원도 및 경기 북부지역에서는 5월말에 만개한다.

과거에는 한반도에서 한 달 이상을 북상하면서 개화하여 4~5회 이동양봉을 하며 채밀이 가능했지만 최근 온난화 영향으로 전국적으로 동시 개화하는 추세에 있어 이동횟수가 줄어들고 있는 형편이다.

아까시꽃이 지고 나면 밤나무밭으로 이동하는 양봉가도 있고 일부 양봉농가는 산 좋고 물 좋은 오지로 이동하여 로열젤리 생산을 시작하며 화분도 채취한다.

봄철의 주요 밀원식물

표 1.2

개화 시기[1]	식물	화밀[2]	화분	개화 기간[3]	비고[4]
2~3월	매화	소	소	30	낙엽관목
2~3월	동백나무	대	대	20	상록소교목
3월 중	갯버들	소	소	15	낙엽관목
3월 중	꽃다지	소	소	15	1년 초본
3월 하	개암나무	–	대	10	낙엽관목
3월 하	오리나무	–	대	10	낙엽교목
4월 초	회양목	소	소	10	상록관목
4월 초	수양버들	소	소	10	능수버들
4월 초	물오리나무	소	중	10	낙엽교목
4월 초	매실나무	소	소	7	낙엽교목
4월 초	유채	대	소	20	2년 초본
4월 초	진달래	중	소	12	낙엽관목
4월 초	앵두나무	소	중	10	낙엽관목
4월 초	자두나무	소	소	7	낙엽소교목
4월 초	고리버들	소	소	10	낙엽교목
4월 초	산수유	소	소	10	낙엽교목
4월 초	산버들	소	대	10	낙엽소교목
4월 초	양딸기	중	소	7	숙근초
4월 초	민들레	소	소	40	숙근초
4월 초	벚나무	중	소	7	낙엽교목
4월 중	살구나무	중	중	7	낙엽교목
4월 중	복숭아나무	소	중	7	낙엽교목
4월 중	개살구나무	중	중	7	낙엽교목
4월 중	황매화	소	소	7	낙엽관목
4월 하	사과나무	중	소	7	낙엽교목
4월 하	배나무	소	중	7	낙엽교목
4월 하	팥배나무	소	중	7	낙엽교목
4월 하	파	소	소	15	숙근초

(계속)

개화 시기[1]	식물	화밀[2]	화분	개화 기간[3]	비고[4]
4월 하	능금나무	중	소	7	낙엽교목
4월 하	떡갈나무	소	대	10	참나무
4월 하	까치밥나무	중	소	7	낙엽교목
5월 초	자운영	대	소	20	2년 초본
5월 초	참나무	소	대	10	낙엽교목
5월 초	애기똥풀	소	중	25	월연초
5월 초	소나무	–	대	10	낙엽교목
5월 초	무 · 배추 장다리	대	중	10	1년 초
5월 초	고로쇠나무	중	소	10	낙엽교목
5월 중	아까시나무	대	소	10	낙엽교목
5월 중	산딸기넝쿨	대	소	10	다년생 넝쿨
5월 중	등넝쿨	중	소	7	낙엽만목
5월 중	층층나무	중	중	10	낙엽관목
5월 중	밀감나무	대	중	7	낙엽소교목
5월 중	감나무	중	소	7	낙엽교목
5월 중	고욤나무	중	소	7	낙엽교목
5월 중	산딸기나무	중	소	10	낙엽관목
5월 하	가죽나무	중	소	7	낙엽교목
5월 하	족제비싸리	대	대	10	낙엽관목
5월 하	쥐똥나무	중	소	10	낙엽관목
5월 하	찔레넝쿨	대	대	10	낙엽 넝쿨
5월 하	옻나무	대	소	7	낙엽소교목
5월 하	소태나무	소	중	7	낙엽소교목
5월 하	마가목	중	소	7	낙엽소교목
5월 하	음나무	중	소	7	낙엽소교목
5월 하	누리장나무	대	소	10	낙엽소교목
5월 하	토끼풀	대	소	30	숙근초

1) 한 달을 초, 중, 하로 구분, 2) 밀원 상태를 대, 중, 소로 구분, 3) 개화 기간을 일수로 표시 * 최근 개화 시기가 점차 빨라지고 있는 추세임, 4) 관목, 교목, 만목(넝쿨) 및 초본, 숙근초로 표시.

동백나무: 상록소교목

키가 7m 정도까지 성장하는 상록수로, 잎이 타원형이고 두터우며 광택이 난다. 제주도, 울릉도, 여수 오동도 등 해안 난지(暖地)에 자생한다. 제주도에서는 2월 초순경이 되면 벌들이 소문을 드나들며 동백꽃에서 화밀과 화분을 수집해 온다. 봄벌의 활동은 매화꽃과 동백꽃에서 시작된다.

갯버들: 낙엽관목

전국 하천부지에 자생한다. 3월 중순경 햇볕을 먼저 받은 가지의 갸름한 꽃송이에서 화밀과 화분을 약간 분비한다.

버들강아지라고도 하는데 갯버들이 옳은 말이다. 무밀기라 꿀벌들이 몇 마리 모여든다. 캐나다 내륙지방은 봄이 늦게 찾아오기 때문에 봄벌 번식에 아주 유용한 밀원이라고 한다.

밀원 1.1 동백나무

밀원 1.2 갯버들(류장발 · 장정원©)

개암나무: 낙엽관목

3월 하순경이 되면 산기슭 양지바른 곳에 수염 모양으로 늘어진 이삭에서 꽃가루를 분비한다. 오리나무 화수(花穗)와 같다. 무밀기라 꿀벌을 유인한다. 열매는 7월 중순경 성숙된다.

오리나무: 낙엽 활엽교목

원산지가 일본이며 키는 높이 20m, 지름 70cm 정도로서, 3월 하순경 잎이 나오기 전에 가지에서 이삭 모양의 화수(花穗)가 자라며 화분이 분비된다. 과수(果穗)는 수축(穗軸)에 2~3개 달리나 화밀은 없다. 풍매화이므로 꿀벌의 화분매개가 필요는 없으나 꿀벌의 유충 먹이로 화분이 필요하므로 꿀벌이 모여든다.

밀원 1.3 개암나무(류장발 · 장정원©)　　**밀원 1.4** 오리나무(류장발 · 장정원©)

회양목: 상록소관목

높이 1m에 불과한 상록소관목으로 잎이 둥글고 어긋나기 한다. 한곳에 5~6포기씩 밀식하여 자라므로 정원수, 공원수로 심는다.

4월 초순경 황록색의 꽃이 피며 약간의 화밀과 다량의 화분을 분비하므로 애벌레의 먹이를 모아들이는 꿀벌들이 많이 모여든다.

능수버들: 낙엽교목

높이 20m 지름 80cm에 달하는 낙엽교목으로 가지가 많이 늘어져 가로수, 풍치수로 도로변 또는 공원용지 등에 많이 심는다.

1년에 2m 정도 가지가 늘어지며 성장한다. 4월 초순경 담황록색의 꽃이 피며 화밀과 화분을 분비한다. 꿀벌 번식에 큰 도움이 된다. 일명 수양버들이라고도 한다.

밀원 1.5　회양목　　　　　　　　　　밀원 1.6　능수버들(류장발 · 장정원©)

매실나무: 낙엽소교목

매실나무의 꽃을 매화(梅花)라고 하는데 4월 초순경 꽃이 피며 꿀과 화분이 수집된다. 매실나무 열매는 익기 전에 따서 소금에 절였다가 식초에 담가 입맛을 돋우는 반찬으로 먹는다.

민간요법으로 계란 흰자 1개, 머위 잎을 갈은 생즙 3순갈, 청주 3순갈, 매실즙(소금에 절인 것) 3순갈을 혼합하여 저어서 먹으면 고혈압과 저혈압을 두루 예방할 수 있다고 한다.

유채: 2년생 초본

중국이 원산지인 유채는 무장다리나 배추장다리꽃과 같이 십자과에 속하는 초본식물로서 일본, 중국 등지에 많이 재배되며, 우리나라에는 주로 제주도 전역에서 많이 재배되었는데 영호남지방에서도 재배가 가능하다.

2월 중순경이 되면 전년도 가을에 심었던 뿌리에서 싹이 돋고 파란 줄기에서 많은 가지가 뻗으면서 가지마다 꽃이 핀다. 화분도 분비되지만 많은 화밀을 분비하여 1회에 5ℓ까지도 채밀이 가능하며 2번 정도의 채밀은 무난하다.

꿀의 색깔은 담황색이며 포도당 성분이 많아 여름에도 흰색으로 결정된다. 씨앗은 볶아 기름을 짜서 식용으로 쓰는데 공업용으로도 많이 사용된다.

예전에는 많은 봉군을 가진 양봉가는 이른 봄에 남부지방 또는 제주도로 이동하여 꿀도 채취하고 봉군도 강군으로 번식시켰다. 예전에는 호남 해안지방에서도 많이 재배했는데 수입량이 많아지며 자취를 감추었고, 현재는 제주도와 남부지역에서 경관식물로 겨우 명맥을 이어가고 있는 실정이다.

밀원 1.7   매실나무

밀원 1.8   유채

진달래: 낙엽관목

전국 야산 그늘진 음지에 많이 자생한다. 함경도, 평안도 특히 영변의 약산 진달래는 유명하다. 4월 초순경이 되면 분홍색의 꽃이 서북향 그늘진 곳에 밀집하여 개화하며 화분도 분비하지만 많은 양의 화밀을 분비한다. 집단 자생지에서는 강군에서 채밀도 가능하다.

벚나무: 낙엽교목

벚나무의 원산지는 울릉도로 알려져 있다. 일본에서 개량된 벚나무는 잎보다 꽃이 먼저 피며 겹잎이어서 관상수로 공원, 도로변에 많이 심는다.

개량종 벚꽃보다 재래종 벚꽃에서 유밀이 잘 된다. 벚나무 잎자루(葉柄)에는 밀선(蜜腺)이 있어 여기서 감로(甘露)가 분비된다.

사과나무: 낙엽교목

사과나무는 대구지방에서, 충주 이북지역으로 주산지가 이동하고 있다. 사과에는 조생, 중생, 만생 등 여러 품종이 있으나 대체로 만생종이 크고 품질이 우수하다.

사과나무 꽃에는 화밀과 화분의 분비량이 비교적 많아 봄벌 번식에 매우 유리하며 큰 과수원에서는 채밀도 가능하나, 살충제를 많이 살포하여 접근치 못하는 실정이다. 특히 사과나무는 근친교배를 시키면 좋은 열매를 얻을 수 없어 다른 품종과의 화분매개가 절대적으로 필요한 과수인데도 불구하고, 간혹 사과 과수원에서 적과용 살충제를 분무하여 꿀벌에 농약 피해가 나타나는 경우가 많다.

밀원 1.9 진달래(류장발 · 장정원©)   밀원 1.10 벛나무

자운영: 2년생 초본

자운영(紫雲英)의 원산지는 중국이며 연화화(蓮華花)라고도 한다. 콩과식물이어서 뿌리에 질소질을 저장하므로 토질을 유기질로 변화시킨다.

녹비(綠肥) 또는 사료로 활용할 수가 있고, 마른 논에 재배하면 다음 해 5월 초순경 많은 가지를 뻗으며 분홍색 또는 흰색의 꽃이 피고 많은 화밀을 분비하므로 우수한 밀원식물이다.

개화 기간은 15일 정도이므로 2회 채밀에서 10ℓ까지 채밀할 수 있다.

꿀의 색깔은 엷은 황색에 가까운 호박색이며 결정이 되면 흰색이 된다. 맛이 향기롭고 감칠맛이 있어 식용으로 환영을 받는다. 매우 우수한 밀원식물이지만 모심기가 한 달 이상 앞당겨지면서 재배하기 어렵게 되었다.

참나무: 낙엽교목

참나무류에는 상수리나무를 비롯하여 굴참나무, 떡갈나무, 신갈나무, 갈참나무, 좀참나무 등 20여 종이 있는데 상수리나무와 떡갈나무가 대표적이다.

상수리나무는 비교적 온화한 영 · 호남지방에서 많이 자생하고 떡갈나무는 비교적 한랭한 함경도, 형안도, 강원도 지방에서 많이 자생한다. 5월 초순경 이삭 모양의 수꽃이 늘어지며 화분을 많이 분비한다.

강군에서는 1일 300g 이상의 화분을 채취할 수 있다. 화분의 색깔은 암황색이며 1등 화분으로 취급된다. 또 열매를 녹말로 정제하여 묵을 만들고, 목재는 숯을 생산하고 버섯을 재배한다.

밀원 1.11 사과나무 밀원 1.12 자운영

아까시나무 : 낙엽교목

자괴(自塊), 침괴(針塊)라고도 한다. 콩과식물로 30년생 정도면 키가 20m, 둘레 1m 까지 자란다. 북미대륙이 원산지이고 우리나라에는 1897년에 중국 상해에서 인천공원 에 옮겨 심은 것이 효시이고, 그 후 인천 앞바다 월미도에 사방용으로 도입되어 현재 전 국 각 지방에 분포하고 있다.

뿌리에 질소질을 저장하므로 황폐한 땅에서도 잘 번식하며, 해발 400m 이상 되는 고 산지대에서는 화밀의 분비량이 적으나 야산 등 습지대에서는 유밀이 잘 된다.

남부지방에서 5월 초순부터 개화하기 시작하고 5월 말 민통선까지 등개화선을 그리 며 북상한다. 유밀이 양호한 해에는 강군 1통에서 50kg 이상의 채밀도 가능하다.

꿀의 색깔은 담색(淡色)이고 향기가 매우 뛰어나 세계적으로 우수한 꿀로 평가를 받 고 있다.

우리나라 꿀 생산량의 70% 이상을 차지하는 아까시나무를 정부 차원에서 육성한다 면 농가소득에 큰 도움이 될 것이다.

밀원 1.13   참나무(류장발 · 장정원©)   밀원 1.14   아까시나무

산딸기: 다년생 낙엽 넝쿨

예전에 화전민들이 야산에 불을 지르고 감자, 옥수수, 고구마, 메밀 등을 심어 생계를 유지하였다. 산에 불을 지른 다음 해에는 산딸기, 싸리 등이 무성하였고 5월 중순경이 되어 넝쿨이 뻗으면 산딸기꽃이 핀다.

꿀의 색깔은 진한 담황색(淡黃色)이며, 결정되면 황백색이 된다. 7월 중순경 완숙한 열매는 장마철에 물러 떨어진다.

꿀벌들은 달콤하고 새콤한 딸기즙도 빨아온다. 산딸기꽃은 아까시꽃보다 5~6일 정도 먼저 피게 되므로 산딸기꿀과 아까시꿀이 같이 섞이게 되어 겨울이 되면 결정이 생기는 경우가 있다.

층층나무: 낙엽교목

비교적 깊은 산에 자생하여 5월 중순경 흰 꽃이 핀다. 나뭇가지가 한 마디에서 3~4개씩 방향을 달리하며 방사식으로 뻗어 나가 층층을 이루며 정자 모양을 이룬다. 화분의 생산량은 적으나 화밀의 분비량이 많아 먹이에 보탬이 된다.

밀원 1.15   산딸기(류장발 · 장정원©)

밀원 1.16   층층나무(류장발 · 장정원©)

감귤나무: 상록소교목

온대 지방에 식재되나 우리나라에서는 제주도에 많이 식재하고 감귤 수입이 좋아 대학나무라는 별명이 있다.

4월 하순경까지 유채꿀을 채밀하고 5월 중순경이 되면 감귤나무 꽃이 피기 시작한다.

15년생 나무에서 화밀분비량이 많고 꿀의 색깔이 황담백색(黃淡白色)이고 향미가 강하여 1등 꿀로 취급한다.

아열대 지방에서는 1년 내내 꽃이 피며 열매는 익으면 누런색이 된다. 상록수여서 정원수로 집 울타리로 심는다. 씨앗을 심으면 탱자가 된다.

감나무: 낙엽교목

감나무의 품종은 많으나 우리나라에는 서리감나무, 납작감나무 및 두우감나무가 주종을 이루고 있다. 감나무는 온대 지방에 적합하므로 경기도 이북 지방에서는 결실이 잘 안된다.

꽃은 양성화(兩性花)이며 암꽃은 한 개이나 수꽃은 16개의 수술을 가지며 자웅동주이다. 감나무꽃은 고욤나무꽃과 같이 5월 중순경 개화하며 화밀의 분비량이 풍부하여 감나무 단지에서는 채밀이 가능하다. 감꿀의 색깔은 아까시꿀보다 약간 진한 담황색이며 맛이 은은하며 1등꿀로 취급된다.

밀원 1.17 감귤나무

밀원 1.18 감나무

족제비싸리 : 낙엽관목

북아메리카가 원산지인데 1930년 만주를 거쳐 들여온 귀화식물이다.

높이 2.5m 정도이며 잎은 어긋나기 한다. 사방지(沙防地) 및 비탈진 나지(裸地)에 식재하며 5월 하순경 가지의 끝에 자갈색의 꽃이 피며 화밀과 화분을 많이 분비한다.

옻나무 : 낙엽소교목

키가 5m, 둘레 15cm 정도로 잎은 어긋나기 하며, 5월 하순경 원추화서(圓錐花序)로 개화하는데 화밀의 분비량이 양호하다. 옻을 많이 타는 사람은 꿀을 먹어도 전신에 두드러기가 발생한다. 나무에서 수액을 채취하여 약용 또는 도료(塗料)로 사용한다. 꿀의 색깔은 담황색이며 해소환자에게 유효하다.

밀원 1.19 족제비싸리

밀원 1.20 옻나무(류장발·장정원©)

제2편

여름철 양봉관리

6월부터 여름철 봉군관리가 시작된다. 제주도 또는 남부지방에서 봄벌을 키워 강군을 양성한 양봉가는 5월 초부터 등개화선(等開花線)을 따라 이동해 가며 아까시꿀 농사를 마치고 밤꿀 채밀을 위해 밤나무 숲으로 향하게 된다.

또는 찔레꽃, 때죽나무꽃, 다래꽃, 광대싸리꽃이 피기 시작하는 심산으로 이동하기도 하고, 산 좋고 물 좋은 오지로 이동하여 로열젤리와 화분도 생산하고 봉군을 증식시키기도 한다.

2.1 월하포장

벌통의 외부를 싸 주는 것을 포장이라고 하는데 겨울철에 보온을 위하여 포장을 해 주면 월동포장이 되고, 여름철에 혹서(酷暑)를 방지하기 위하여 포장을 해 주면 월하(越夏)포장이 된다. 6월 하순경부터 8월 중순경까지 한여름 태양이 내리쬐면 벌통 안은 한증막이 된다. 여왕벌의 산란은 중지되고 일벌들의 수밀활동은 물론이고 육아작업도 소홀해진다.

예전에는 벌통의 외부포장에까지 생각이 미치지 못하고 가마니, 또는 짚단, 풀단 등을 벌통 위에 얹어 주어 그늘지게 하였으나 지금은 벌통 6면에 알맞도록 20~30cm 스티로폼을 재단하여 부착해 주고 있다. 스티로폼으로 6면을 포장한 벌통은 겨울에는 추위를 막아 주고 여름에는 더위를 막아 주므로 먹이와 환경만 안정되면 여왕벌의 산란이 지속된다. 최근에는 단열이 잘 되는 특수 재질의 완제품 벌통도 시판되고 있다.

2.2 농약 피해

과수 또는 농작물의 병충해 방제를 위하여 살포되는 농약이 꿀벌에 미치는 피해를 말한다.

농약의 피해는 물약보다 가루농약의 피해가 더 큰 것으로 보인다. 물약은 살포 후 5~6일만 지나면 그 약효가 사라지나 가루농약은 비가 와서 씻겨 내려갈 때까지 피해가 계속된다.

과수원 농약 살포

과수의 꽃이 피기 시작할 때부터 대부분의 살충제를 살포하게 된다.

화밀과 화분을 수집하러 꽃에 모여드는 벌들에 의하여 꽃가루 수분이 이루어져 품질 좋은 과수의 결실이 이루어지는 것을 모르고, 개화기에 농약을 살포하는 것은 무지한 일이다. 대규모로 과수원을 경영하고 있는 미국의 경우에는 비싼 용역비를 주고라도 꿀벌을 임차하여 화분매개를 시키고 있다.

논 농약 살포

장마가 끝나면 여러 가지 병해충이 발생하지만 그중에서도 도열병, 벼멸구, 이화명나방, 벼물바구미가 극성을 부린다.

대규모로 농약 살포를 하게 되면 꿀벌에게 직접 피해는 없지만 논으로 물을 수집하러 갔던 꿀벌이 죽기도 하고 심하면 유충까지 피해가 미친다.

밭작물 농약 살포

농촌뿐만 아니라 도시 근교 소규모 경작지에서도 오이, 가지, 호박, 토마토, 무, 배추, 고추 등을 재배하는데 대부분 오전에 살충제를 살포한다.

먼동이 트자마자 화밀을 수집하러 출역하였던 꿀벌은 무사하지만, 동료로부터 밀원지에 관한 정보를 전달받고 2차, 3차로 출역한 꿀벌들은 농약의 피해로 죽게 된다.

산림 항공 살포

산에 심은 나무들에도 여러 종류의 해충들이 번식한다. 산림청에서는 헬리콥터를 이용해서 살충제를 공중 살포한다. 물약인 경우 1주일 정도, 가루약인 경우 15일가량 약효가 지속되므로 먼 곳으로 이동하여 피해에 대비하여야 한다. 요즘은 사전에 양봉농가 단체에 항공 살포에 대한 사전 안내가 이루어져 피해가 많이 줄어들고 있다.

사진 2.1 　농약으로 죽은 벌(좌), 혀를 뻗고 날개가 풀린 농약 피해 증상(우; 왼쪽: 농약 피해, 오른쪽: 정상)

2.3 봉군의 증식

벌의 무리 수를 늘이는 것을 봉군의 증식이라고 하는데 증식을 하려면 우선 강군이라 야 한다.

자연분봉에 의한 증식

3월 초순경 3장 강군이었다면 외기온도가 올라가 온화한 5월 초순경에 왕대가 조성 되고 처녀왕이 출방하기 이틀 전, 어미 여왕벌이 과반수 일벌과 같은 분봉을 하게 된다. 이 분봉군을 수용하면 한 통이 늘어나게 된다.

자연왕대에 의한 증식

4월 말경 또는 5월 초순이 되면 봉세가 강해지고 자연왕대가 생겨서 봉개한 지 4일째 되는 날, 그 왕대를 중심으로 하여 왕대소비, 봉개소비, 저밀소비 등 세 장의 소비로 인 공분봉을 시키고 나머지 왕대는 제거한 후, 빈 소비 한 장 또는 소초 한 장을 가장자리 에 있는 소비 안쪽에 넣어준다. 이렇게 하면, 분봉열도 억제되고 한 통의 핵군 교미통이 생긴다. 후일 처녀왕이 나와 교미를 마치고 산란하기 시작할 때 타봉군에서 봉충소비를 보충해 주며 키우면, 한 봉군이 증식되는데 그대로 두었다가 구왕 교체에 사용한다.

특히 주의할 것은 약군에서 자연왕대가 조성될 때가 있다. 이 왕대는 여왕벌이 늙어 서 여왕벌로서 기능이 떨어지면 일벌들이 어미 여왕벌을 갱신할 목적으로 조성한 것이 므로 인공분봉을 시켜서는 안 된다. 그대로 두었다가 스스로 어미 여왕벌을 갱신하고 신왕이 활동할 때, 강군에서 봉개소비 한 장을 보충해 주면 훌륭한 월동 자격 봉군이 된다.

변성왕대에 의한 증식

변성왕대는 불시에 여왕벌이 망실되거나 인위적으로 여왕벌을 제거하면, 일벌들이 후계 여왕벌을 생산하기 위하여 부화한 지 3일 이내의 유충을 선택하여 일벌 방을 확장 개조하여 왕대로 조성시킨 왕대를 말한다.

대개 여왕벌의 망실은 채밀할 때 자주 발생하는데, 주인이 모르고 방임하는 수가 많다. 채밀한 후에 먹이도 적어지고 또 봉세도 약해진 상태에서 왕대가 조성되었으므로, 왕유 공급의 부족현상이 발생하기도 하여 왕대가 자연왕대보다 대부분 왜소한 경향이 있다.

일반적으로 변성왕대를 조성시킬 때에는 어린 벌도 많이 넣어 주고 먹이도 풍부하게 공급하여 왕유 분비를 왕성하게 해 주고, 또 왕대 숫자도 15개 이내로 선별하여 조절하며 환기도 조절해준다. 이리하여 조성시킨 변성왕대가 봉개한 지 6일째 되는 날, 칼로 크게 절취하여 미리 준비한 교미통의 핵군에 이식한다. 처녀왕이 교미를 마치고 산란하기 시작하면 목적에 따라 적절히 관리한다.

인공왕대에 의한 증식

예전에는 밀랍 왕완을 제작하여 처녀왕을 양성하였으나 요즘은 볼 수 없다. 채유광의 플라스틱 왕완에 부화 유충을 이충하여 무왕군에 삽입하고, 매일 저녁에 당액을 급여하면 자연왕대를 능가하는 훌륭한 왕대가 조성된다.

왕대가 봉개한 지 6일째 되는 날 플라스틱 왕대를 조심해서 절취하여 교미통 핵군의 중앙에 이식한다. 처녀왕이 교미를 마치고 산란하기 시작하면 목적에 따라 관리한다.

봉군의 증식방법은 이외에도 여러 가지 방법이 있으나 플라스틱 왕완을 이용하는 것이 간편하고 안전하다.

자연봉군을 이용하는 것은 수용하기에도 번거롭고 또 다음에 구왕을 교체하여야 하기 때문에 이중 일이 되기 쉽다.

사진 2.2   인공왕대 이식을 위한 봉개 인공왕대 절취(좌), 교미통 소비에 부착(우)

2.4 여왕벌의 교미

처녀왕은 출방한 지 보통 5일이 되면 발정을 하여 6일 이후에 교미비행을 나간다. 교미 비행 하루 또는 이틀 전에는 벌통 주변을 날아다니는 연습비행을 한다. 처녀 여왕벌이 자기의 집과 방위를 확인하기 위한 비행이다. 주변을 날아다니다가 대개 2분~30분이내에 다시 소문으로 되돌아온다.

연습비행 다음 날 오후가 되면 교미비행을 떠난다. 약군이 강군보다 교미비행이 빠르다. 때로는 처녀왕이 소문으로 드나드는 것을 3~4번이나 발견할 때가 있다. 불순한 날씨 등으로 인해 교미비행에서 충분한 수(5~19마리)의 수벌과 교미를 못 하면 만족한 교미가 이뤄질 때까지 몇 번이고 나가기 때문에 여러 번의 교미비행을 목격할 수 있다.

여왕벌의 공중 교미는 교미 장소에 여왕벌이 오기 전, 수벌들이 미리 무리지어 모여 있는 곳(수벌 운집 지역)으로 여왕벌이 날아오면서 이루어진다. 여러 학자가 관찰한 바에 따르면 매년 동일한 장소에 수벌이 모여들고 여기서 처녀 여왕벌의 교미가 일어난다고 한다.

수많은 수벌이 날아다니는 곳에서 제일 먼저 처녀왕에게 접근한 수벌은 처녀 여왕벌을 복부 뒤쪽에서 부둥켜안고 꽁무니를 여왕벌 생식기의 내부에 밀어 넣어 5초 이내의 짧은 짝짓기를 한다. 이렇게 여왕벌이 특정 수벌과 1차 교미를 하고 나면, 교미한 수벌의 생식기 끝의 일부는 이탈하여 처녀왕의 생식기에 남게 되고 그 수벌은 땅으로 떨어져 죽게 된다. 그다음 수벌이 2차 교미를 할 때는 첫 교미 시에 여왕벌 꽁무니에 박혀있던 이전 수벌의 생식기 일부는 다음 교미하는 수벌의 생식기 중앙의 돌기 구조에 의해 제거되면서 짝짓기가 이루어진다. 이런 식으로 여왕벌의 교미비행에서 여러 수벌과 순차적으로 다중 교미가 일어난다.

여왕벌이 벌통으로 돌아올 때는 마지막으로 교미한 수벌의 생식기 일부를 꽁무니에 달고 온다. 이 교미 흔적은 일벌들이 벌통 안에서 안전하게 제거한다. 교미를 마친 수벌들의 정자가 교미 당일 밤에 처녀왕의 저정낭에 저장되고, 점차 처녀 여왕벌의 난소가 발육하여 교미한 지 3~4일이 지나면 산란을 시작하게 된다.

일벌들은 소방을 청소하고 이곳에 산란하는 신여왕벌을 수행하며 로열젤리를 공급하는 등 극진한 시중을 든다. 산란한 지 10일이 지나면 하루에 1,000여 개, 봉군세력과 환

사진 2.3　여왕벌과 수벌의 교미 장면 utahpeoplespost©(좌), 교미 3단계(A → B → C) G. Koeniger©(우)

경조건이 합당하면 2,000여 개 정도까지 산란을 한다.

2.5　화분 채취

3월 하순경 오리나무 화분을 채취할 수 있지만 5월 초·중순이 되면 상수리나무 화분(일명 도토리 화분), 하순경에는 찔레꽃 화분, 6～7월에는 광대싸리 화분과 다래 화분 등이 반입된다. 화분원 식물이 풍부한 지방에서는 강군 한 통에서 1일 300g 이상의 화분을 채취할 수 있다.

아침 8시경 소문 앞에 신문지 또는 깨끗한 판자를 깔고 화분채취기를 소문 앞에 설치하였다가 오후 3시경이면 철거하여야 한다. 화분을 온종일 철저히 채취하면 유충 양육에 지장이 있다.

채집한 화분은 천막천 등 방수가 잘 되는 깔개 위에 깨끗한 종이를 놓고 깔고 모기장을 덮어 햇볕에 건조시키거나 실내에서 깨끗한 종이를 깔고 건조시킨 후 체로 쳐서 두 겹 이상의 비닐 또는 용기에 밀폐 포장하여 건조한 장소에 보관한다. 가루는 말려두었

사진 2.4 화분 채취기(좌)와 이를 이용해 이용해 채취한 화분(우)

다가 다음 해 봄철과 여름철 무밀기에 콩가루와 섞어 꿀로 개어 대용화분으로 사용한다.

화분을 건조할 때 철판 또는 함석판에서 건조시키면 철판이 뜨거워져 화분이 익어서 굳기 쉬우며 고열로 인해 영양가가 떨어진다. 최근에는 농산물 건조기를 이용하는 경우가 많다.

2.6 로열젤리 채취법

왕이 먹는 젖이란 의미로 왕유(王乳), 중국어로는 왕장(王漿), 영어로는 로열젤리 (Royal jelly)라고 한다.

로열젤리는 여왕벌이 아직 여왕벌로 태어나기 전 애벌레 시기 또는 여왕벌이 산란할 때에 주식품으로 공급하지만 일벌과 수벌의 부화 유충에게도 먹인다.

일반 채취법

10매 표준벌통을 7:3으로 나누어 수직격왕판이나 사양기로 칸막이하고 여왕벌은 7장 쪽에 두고 3장 쪽에는 어린 벌(출방한 지 10일 이내)이 많고 붙고 어린 유충이 많은 소비를 옮겨 놓고 그 중간에 로열젤리 틀(채유 소광)을 삽입한다.

채유광에는 플라스틱 왕완이 보통 16개씩 부착된 막대기 세 개가 끼워져 있다. 요즘 전문생산 농가는 왕완이 30개씩 부착된 2~3개 막대를 끼운 채유광을 사용한다. 왕완의 바닥에 왕유를 적시고 부화된 지 48시간 이내의 유충을 이충침으로 이충한다.

사진 2.5   왕완 속의 로열젤리(좌)와 로열젤리 채취를 위한 여왕벌 애벌레 제거(우)

이층침은 금속제는 피하고 대나무나 플라스틱으로 만든 제품이어야 한다. 채유광을 삽입한 날 저녁에 유밀기로 느끼도록 1.3:1의 당액을 0.5ℓ 정도 공급한다. 화분이 부족할 경우에는 대용화분도 충분히 공급해야 한다. 많은 왕유를 분비시키려면 먹이가 풍부하여야 한다.

무왕군 의식을 감지한 일벌들은 이충한 유충에 왕유를 분비하여 공급한다. 3일이 지나면 플라스틱에는 왕대가 높이 건설되고 왕완에는 애벌레와 왕유가 가득 찬다.

채유광을 들어 올려 왕대에 붙은 벌을 가볍게 흔들어 떨고 나머지 벌은 솔질하여 완전히 떼어낸 후 채유실(천막 또는 빈방)로 가져다 탁자 위 채유대에 놓고 예리한 칼로 왕대의 윗부분을 벗긴다. 핀셋으로 애벌레를 집어낸 후 대나무로 만든 채유기로 로열젤리를 채취하여 큰 주사기로 여과한 후 갈색 병에 저장한다.

외국에서는 소형 진공펌프를 이용한 자동흡입장치로 로열젤리를 수확하기도 하는데, 과다하게 공기와 접촉하여 거품이 많이 생기는 등 단점이 있어 우리나라에서는 거의 사용하지 않는다.

2.7   간편한 로열젤리 생산법

우리나라 양봉에서 1년 농사는 아까시꿀 농사로 결정짓는다고 해도 과언이 아닐 것이다.

아까시꽃이 시들어 떨어지면 찔레꽃, 쪽제비싸리꽃, 광대싸리꽃, 다래꽃에서 화밀과 화분이 반입되는데, 특히 다래에서는 다량의 화분이 들어온다. 화분채취기를 소문 앞에 설치하면 하루에 한 통에서 300g 이상의 화분을 채취할 수 있다. 이 시기에 로열젤리를 전문적으로 생산하는 양봉농가가 아니더라도, 가족들이 먹을 로열젤리를 간편하게 생산하는 방법을 소개하고자 한다.

우선 강군 벌통(10매들이)을 소비 개수 7:3으로 나누어 수직격왕판이나 격리판으로 칸막이를 한다.

한쪽의 소비 7장 영역에는 여왕벌과 봉개 · 육아소비를 넣고 다른 3장 쪽에는 알 또는 부화유충 소비를 삽입하여 변성왕대를 조성시키게 되는데 매일 저녁에 1.3:1의 당액을 급여하여야 좋다. 4일 후부터 매일 5~6개의 왕대에 저장된 왕유를 채수할 수 있다. 왕대의 애벌레를 핀셋으로 집어내고 왕유를 채취하여 가족들의 건강식품으로 애용할 수 있다.

왕대에서 집어낸 여왕벌 애벌레는 갈아서 유산균 음료와 섞어 먹거나, 얼굴 마사지 팩으로 써도 좋다.

2.8 도봉방지

도봉은 유밀기에는 없고 무밀기에 약군에서 발생한다. 이른 봄에 내검할 때 축소하고 남은 소비를 벌통 가까운 곳에 방치하여도 도봉의 원인이 되고, 심지어 내검 시 여왕벌을 찾느라 소비를 오랫동안 들고 있어도 도봉의 원인이 된다.

교미통에서 먹이가 부족하여 소량이라도 당액을 급여하면 도봉 발생은 필연적이다. 초심자들은 도봉을 쫓기 위해 벌통 앞에 훈연을 하는데 도봉은 일시적으로 연기를 피하여 후퇴는 하나, 약군의 문지기벌도 도망을 하므로 도봉을 도와주는 결과가 된다. 교미통에 먹이가 부족하면 강군에서 저밀소비를 꺼내어 붙어 있는 벌을 완전히 떨어내고 보충해 주어야 한다. 여의치 않을 때에는 소량의 설탕 가루를 직접 벌통 안쪽 깊은 곳에 넣어준다.

약군에 도봉이 생겼을 때 가장 효과적인 대책은 다음과 같다.

도봉이 생긴 벌통을 어두운 창고나 서늘하고 그늘진 곳으로 옮겨 놓고, 더위가 시작되는 6월경이라면 소문을 5cm 정도 열고 철망을 대준 후, 개포를 1/3 정도 접고 모기장을 씌워 3일간만 암실을 만들어 주었다가 먼저 있던 장소로 갖다 놓고 소문을 1cm 정도로 좁혀준다.

피도봉군을 다른 곳에 옮길 때는 빈 벌통에 물을 채운 소비 2장을 넣어서 피도봉군이 있던 자리에 놓아 주면, 도봉군들이 소문으로 들어가 허탕을 치고 돌아간다. 피도봉군만 옮기고 아무 대책이 없으면 도봉은 옆 벌통으로 번지게 된다. 이리하여 무밀기에 봉장 전체가 도봉으로 대혼란을 일으킬 수도 있다.

예전에는 무밀기라 할지라도 토종벌에 당액을 급여하는 일이 없었으나, 지금은 대부분 토종벌 사육농가들이 도봉에 대한 상식이 없이 대낮에 당액을 급여하거나 저녁이라도 과다하게 당액을 사양하여 도봉을 당하는 경우가 자주 있다. 도봉은 도봉을 유발하는 동기부여가 있었기 때문에 당하는 것이다. 도봉은 예방이 최선이다.

2.9 방서 대책

6월 하순경부터 더위가 심해지면 예전에는 가마니, 짚단, 풀단, 소나무가지 등을 벌통 위에 얹어 주었다. 그것으로 40℃까지 오르내리는 태양열을 피할 수 있다는 것은 잘못된 생각이다. 벌통 전체에 내리쬐는 태양 복사열로 인해 내부는 한증막과 같이 숨이 막힐 정도이므로 모든 작업이 중지되는 것은 당연하다.

여왕벌은 산란을 중지하고 일벌들은 육아를 중지하며 저녁에 해가 지면 많은 일벌들이 소문으로 나와 피서를 하다가 개구리, 두꺼비 등의 희생물이 되는 경우도 있다.

10여 통 정도의 사육 규모라면 그늘진 나무 밑으로 옮기기도 하고 또 벌통 주위에 시설물을 만들어 그늘지게 해줄 수도 있지만, 50통 이상만 되어도 어려운 일이다. 하물며 100여 통의 봉군은 속수무책으로 방관하기 쉽다.

근래에 들어서 비가림 양봉사로서 수십 미터 길이의 비닐하우스 차양막 또는 패널 지붕을 설치하여 여름철 시원한 그늘을 만들어, 벌통을 뜨거운 햇볕과 폭우로부터 보호하는 등 봉군 관리에도 편리하게 되었다.

이러한 시설이 쉽지 않을 때는 30mm 스티로폼으로 벌통 6면 전체를 외부 포장할 경우 외기온도가 38~40℃가 되어도 벌통 내부는 상대적으로 시원한 환경을 만들 수 있다.

이 방법은 한여름에는 방서(防暑), 방습(防濕),이 되고, 겨울에는 방한(防寒), 방풍(防風), 방음(防音)이 되므로 꿀벌들이 안정을 찾을 수 있다. 최근에는 여름철에 모든 봉군을 완제품 스티로폼 벌통으로 사육하여 여름을 나는 양봉가들도 있다.

2.10 장마 대책

장마가 계속되면 산야에 꽃이 없어 식량이 떨어지며, 여왕벌의 산란도 중지되고 육아가 중지된다. 더위로 또는 먹이 부족으로 인하여 봉아 육성이 부진하면 가을철 채밀은 물론이요, 월동군에까지 영향을 미친다.

군세에 따라 당액과 대용 화분떡을 공급해 주어야 하고 벌통의 뒷면을 앞면보다 5cm 정도 높게 하고 보온덮개를 3겹으로 접어 배열된 벌통 위에 덮고 방수포를 덮어 주면 비가림도 되고 방서도 된다.

가장 좋은 방법은 양봉사를 지어서 비가림도 하고 혹서에 대비시키는 것이다.

2.11 일벌의 여왕벌 공격

유밀기에는 여왕벌을 공격하는 것을 보지 못하였으나, 무밀기에는 간혹 일벌이 여왕벌을 공격하는 것을 목격할 때가 있다.

이는 혹서로 인한 자극, 먹이 부족으로 인한 자극, 도봉으로 인한 자극에서 발생한다고 보며, 예전에는 꿀벌응애 방제를 위한 훈연 처리로 인한 자극으로도 여왕벌을 공격하는 경우도 있었다. 그중 도봉으로 인하여 여왕벌이 공격을 받은 경우가 가장 많다.

2.12 프로폴리스

프로폴리스를 봉교(蜂膠)라고도 한다. 꿀벌이 식물의 진액을 수집하여 자신의 타액으로 가공한 후 큰턱으로 씹은 끈적끈적한 물질이 프로폴리스다.

본래 식물의 진액에는 살균력이 있어 꿀벌은 프로폴리스를 방부제로 소문에 바르고 또 소비 상잔과 개포 또는 벌방의 바닥 등에 바르기도 한다.

여왕벌이 산란하기 전에 일벌이 소방을 청소할 때에는 프로폴리스로 얇게 바르는 것이 필수적이다.

최근 프로폴리스가 여러 세균성 질환, 그리고 성인병에 유효하다는 사실이 밝혀져 많이 복용하고 있다. 특히 구강과 위장 내의 모든 염증에 효력이 크다.

사진 2.6   프로폴리스 채취망(좌)와 화분채집기(우)

프로폴리스 용액의 제조법

깨끗이 채취한 봉교는 환약으로 제조하여 복용하여도 유효하지만 소광대 또는 벌통 벽 등에 싸 바른 것을 하이브툴로 긁어서 수집한 것은 다소 불결하다.

보통 모기장 또는 프로폴리스 채취망을 개포 대용으로 덮어 두었다가 봉교를 싸 바르 면 이것을 냉동시켜 채취하는 방법을 쓰는데 비용이 저렴하면서도 간편한 방법이어서 권할 만하다.

봉교는 알코올에 녹여 유효성분을 추출하여야 하며, 물에는 용해되지 않는다. 에틸알 코올(주정 95%) 8 분량에 봉교 2의 비율(70%)로 용해시킨다.

봉교에는 밀랍이 혼입되어 있어 알코올에 봉교가 완전히 용해되려면 장시일이 소요 된다. 그러므로 냉암소에 3~5개월 정도 보관하였다가 복용한다.

벌통 내피에 붙은 봉교는 끈적끈적하여 채취할 수 없다. 겨울철에는 종이를 깔고 내 피를 비비면 떨어지나 여름에는 봉교가 붙은 내피를 냉동고에 1시간 정도 넣어 얼려서 종이를 깔고 비벼서 채취하여야 한다.

프랑스의 자연요법 연구가인 의학박사 '도나디외'는 프로폴리스를 35% 알코올에서 용해시키는 것이 좋다고 했지만, 이 알코올 농도에서는 유효성분 추출 효율이 떨어지므 로, 앞에 설명한 70% 농도로 용해하여야 한다.

프로폴리스의 효능

식물의 어린 순이나 상처 부위에서 분비하는 진액(봉교)은 살균력이 강하여 모든 염증에 유효하다.

위장 내 모든 염증(위염, 대장염, 십이지장염, 췌장염, 간염, 방광염, 요도염 등)에는 특히 유효하다. 또, 기관지염, 해소, 천식, 치통, 비후염, 중이염 등을 비롯하여 피부병인 무좀, 티눈, 습진, 여드름 등에도 유효하다.

성인병인 고혈압, 동맥경화, 당뇨병, 전립선염, 관절염에도 유효하나 장기간 복용하여야 한다.

프로폴리스 용액의 복용법

물 1.5ℓ(음료수병)에 프로폴리스 원액 33㎖(박카스®병의 1/3)를 희석하여 치료목적으로는 1일 3회(아침, 점심, 저녁 공복에) 1회 50㎖씩 복용하고 성인병의 예방으로 복용하려면 1일 1회 아침 공복에 복용한다. 물에 희석한 프로폴리스 액이 진해 보이면 물을 더 타서 복용한다.

무좀, 티눈, 여드름, 습진 등 피부병 환자는 원액을 약솜에 찍어 바르며 복용한다.

프로폴리스는 만병통치약은 아니다. 체질에 따라, 질환의 연수에 따라 연령에 따라 그 효능에 차이가 있다.

프로폴리스를 복용하면 피부에 가려움증이 생기며 붉은 반점이 생기는 체질이 있는데 이는 산성체질이다. 이런 산성체질에는 생감자즙을 내서 1일 2회, 1회 100㎖ 정도씩 2개월만 빠짐없이 복용하면 약한 알칼리성 체질로 변한다. 감자즙을 먹으며 물에 탄 봉교액을 20㎖ 정도에서 시작하여 반응을 보아가며 분량을 늘여 복용하면 되며, 10세 이내의 어린이는 성인의 1/2을 복용한다.

2.13   여름철의 주요 밀원식물

6월에 접어들면 찔레꽃, 다래덩굴꽃, 광대싸리꽃에서 화밀과 화분이 반입되며 대추나무에 이어 밤나무꽃이 피게 된다. 7월로 접어들면 피나무, 산초나무, 싸리, 금밀초에서 화밀이, 그리고 옥수수 화분이 반입되고 호박꽃에서도 화분, 화밀이 분비되지만, 지역에 따라서는 여름철에 특히 약군에서 먹이가 적어 굶어 죽는 사례까지 발생한다. 그뿐만 아니라 많은 질병과 해적으로 인하여 시달리게 된다. 양봉가들은 이때를 월하기(越夏期)라고 한다.

1980년대 초까지만 해도 여름철에 상당한 채밀을 기대할 수 있었으나, 목재 용도의 산림이 무성해진 이후에는 먹이를 조달하여 여름을 나기가 버겁다. 꽃이 피는 식물이 있더라도 별로 실속이 없는 때다.

여름철 주요 밀원식물

표 2.1

개화 시기	식물명	화밀	화분	개화 기간(일)	비고
6월 초	호박	대	대	90	1년 덩굴
"	찔레덩굴	"	"	10	다년 덩굴
"	다래덩굴	"	"	10	낙엽관목
"	광대싸리		"	10	1년에 4번
6월 중	토끼풀	대	소	60	숙근초
"	고추	소	"	60	1년 초본
"	멍석딸기	중	"	15	숙근만초
"	오이	소	"	60	1년 덩굴
"	가지	"	"	50	1년 초본
"	참외	"	"	40	1년 덩굴
"	수박	"	"	30	1년 덩굴
"	대추나무	중	중	10	낙엽교목
6월 하	조록싸리	"	소	10	해거리 심함
"	담배	"	"	10	1년 초본
"	밤나무	대	중	10	낙엽교목
"	담쟁이덩굴	중	소	10	다년 덩굴

(계속)

개화 시기	식물명	화밀	화분	개화 기간(일)	비고
6월 하	튤립나무	중	소	10	낙엽교목
″	질경이	소	″	15	숙근초
7월 초	피나무	대	″	15	낙엽교목
″	달맞이꽃	소	중	30	2년 초본
″	자주닭개비꽃	″	소	30	1년 초본
7월 중	산초나무	대	″	20	낙엽교목
″	참깨	중	″	20	1년 초본
″	옥수수		대	10	풍매화
″	우엉	소	소	7	숙근초
7월 중	물싸리	대	소	20	낙엽관목
7월 하	싸리	대	중	20	낙엽소관목
″	금밀초	″	″	50	숙근초
″	쉬나무	″	″	15	낙엽교목
″	코스모스	소	″	60	1년 초본
″	콩	″	소	30	″
″	목화	중	″	20	″
″	익모초	″	중	20	월년초
″	무궁화	소	″	50	낙엽소교목
″	바이텍스	대	″	60	″
″	도라지	소	소	20	숙근초
″	팥	″	″	30	1년 초본
″	엉겅퀴	″	″	30	숙근초
″	박하	″	″	10	1년 초본
″	과꽃	″	″	30	″

호박: 덩굴 초본

열대 아메리카가 원산지인 호박은 1년생 덩굴성 초본으로 우리나라 전역에 재배되며 잎과 순은 데쳐 쌈으로 먹고 애호박은 익혀서 야채로 먹으며 성숙한 호박 또한 식품으로 이용된다.

5월 초순경 파종하면 6월 하순경부터 꽃이 피며 많은 화밀과 화분을 분비한다.

암꽃과 수꽃이 나누어져 있어 꿀벌의 화분매개 없이는 수정되지 않는다.

도시 근교에서 애호박의 상품화로 많이 재배하는데, 경우에 따라 채밀과 화분 채취도 가능하지만 봉군의 증식 밀원으로 중요한 밀원식물이다.

찔레: 다년생 낙엽 덩굴

하천부지, 야산 기슭에 자생하며 키는 2m 정도, 덩굴이 뻗으며 줄기에 가시가 있고 잎은 어긋나기 한다.

고온다습한 일기가 지속되면 화밀과 화분의 분비가 잘 된다. 이때 같이 개화하는 다래꽃, 광대싸리꽃 등의 화분을 같이 채취할 수 있다.

아직 더위가 심하지 않아서 찔레꽃 개화 시기에는 여왕벌의 산란이 왕성하다.

다래: 낙엽관목

낙엽관목으로 등나무 덩굴처럼 옆으로 뻗어 나가며 교목 등을 좌회전으로 감으면서 올라간다.

6월 초순경 초롱 모양의 꽃이 하향으로 피며 많은 양의 화밀과 화분을 분비한다. 주로 산간 오지에 자생한다. 9월 중순경 파란 열매가 성숙하면 따서 과일주를 담근다.

밀원 2.1 찔레

밀원 2.2 다래(국립수목원©)

광대싸리: 낙엽관목

전국의 산에 흔하게 자라며 중국과 일본에도 분포한다. 가지가 많이 갈라지고, 보통 1~3m이지만 10m까지 자라기도 한다. 꽃은 6~7월에 암수딴그루로 피며, 잎겨드랑이에 모여 달리고, 노란빛이 난다. 수꽃은 2~12개씩 모여 피며, 꽃자루는 2~4개이다. 암꽃은 1~3개씩 피며, 꽃자루가 5~10mm로서 수꽃보다 길다. 열매는 조금 납작한 공 모양으로 익으면 3갈래로 갈라진다. 약용으로 쓰인다.

6~7월 초순 무밀기에 풍부한 화분원이다. 광대싸리 꽃에서는 화밀 분비가 없으므로 화분을 수집하러 나갈 때 소방에 저장된 꿀을 한 모금 먹고 나가 반죽해 가지고 오기에 전날 저녁에 소량의 당액을 급여해 주는 것이 유리하다.

토끼풀: 다년생 숙근초

클로버(Clover)라고도 한다. 클로버에는 알사익 클로버, 크림손 클로버, 화이트 클로버, 레드 클로버 등이 있는데 우리나라에는 화이트 클로버(흰꽃)과 레드 클로버(붉은꽃)의 2종이 있다.

번식력이 매우 강하여 씨앗 번식보다는 덩굴로 번식하며 5월 하순 경부터 7월 하순경까지 구상(球狀)의 두상화(頭狀花)로 화병(花柄)이 길게 자라며 개화하는데 화밀의 분비량이 많아 꿀벌들이 떠날 줄을 모른다.

토끼풀은 다년생 숙근초이므로 하천부지 또는 도로변 등지에 띄엄띄엄 한 번만 식재하면 3년 이내에 밀생하게 된다.

목장에서는 밭에 별도로 심어 사료로 공급하고 있다. 클로버의 꿀은 담황색이며 결정이 빠르나 상급 꿀로 취급된다.

밀원 2.3 광대싸리(류장발 · 장정원©)

밀원 2.4 토끼풀

대추나무: 낙엽교목

남부 유럽이 원산지이며 우리나라 전역에 식재되어 있으며 주로 뿌리로 번식한다.

키는 5m 정도며 햇가지에 가시가 듬성듬성 있고, 6월 중순경 묵은 가지 끝에서 잎줄기(葉莖)가 2~3개 또는 4~5개 나온다. 그 줄기에서 잎이 4~5장씩 어긋나기 하며 잎의 겨드랑이에서 좁쌀알 정도의 작은 꽃봉오리가 2~3개씩 달린다.

7월 초순경 녹황색의 꽃이 피는데 화밀이 늦게까지 분비되어 어둠이 깔릴 때까지 벌들이 떠날 줄을 모른다. 대추나무 꽃에 독성이 있다는 양봉가도 있으나 사실무근이다.

열매는 청색이나 성숙하면 적색이 된다. 식품과 한약재로 사용된다.

밤나무: 낙엽교목

재배역사가 오래된 과수 중의 하나로 유럽, 북아메리카, 아시아의 온대 지방에 분포되어 있으며 우리나라에는 전국 방방곡곡, 마을 주변과 산야에서 자생 또는 재배되고 있다.

수꽃은 가늘고 긴 수상화서(穗狀花序)를 이루고, 암꽃은 꽃자루가 없고 수꽃의 축에 2~3개씩 붙어 개화한다.

꿀은 다소 떫고 쓰지만 화분과 화밀의 분비량이 많아 꿀벌을 유인한다. 기후조건만 양호하면 군당 2회 채밀에서 10ℓ까지도 채밀할 수 있다. 꿀 색깔은 암갈색이며 맛이 씁쓸하여 메밀 꿀과 같이 인기가 없던 꿀이었으나 민간에서는 해소, 기침, 설사 환자에게 권장하여 왔다. 최근에는 오히려 기능성 꿀로 비싼 꿀이 되었다.

밀원 2.5   대추나무   밀원 2.6   밤나무

피나무: 낙엽교목

깊은 산간에 자생하는데 나무의 높이 20m 둘레 2m에 달하는 큰 나무이다. 7월 하순 경부터 8월 초순경까지 개화하는데 일조 조건만 양호하면, 엄청나게 많은 꿀을 채밀할 수 있으나 해거리하는 경향이 많다. 꿀 색깔은 회담색이며 결정하면 백색이 된다. 맛이 약간 쌉쌀하며 자극적이다.

산초나무: 낙엽관목

키는 높이 3m 정도에 달하며 가지에 많은 가시가 있다. 잎이 잘고 가장자리에 잔 톱니가 있으며 7월 중순경에 개화하는데 화밀 분비량이 비교적 양호하다.

미숙한 파란 열매를 풋김치에 넣어 향기를 돋우고 완숙한 씨앗은 머릿기름으로 사용하였다. 야산에 많이 자생한다.

밀원 2.7 피나무(류장발 · 장정원©)   밀원 2.8 산초나무(류장발 · 장정원©)

옥수수: 1년생 풍매화

과거 함경도, 평안도, 강원도 등 산간 오지의 화전민들이 산에 불을 지르고 감자, 고구마, 옥수수 등을 심어 주식으로 하였다.

7월 하순경 두상(頭上)에서 수꽃이 피어 가루가 아래로 떨어지면, 줄기의 잎겨드랑이에 있는 암술이 수분(受粉)이 된다.

꿀벌들이 이 옥수수 화분을 수집해 온다. 옥수수 화분은 색깔이 희끔하고 잘 부서진다. 단백질 함량이 낮아 화분의 품질로서는 낮은 등급에 속하고 이 화분을 먹여 키운 일벌도 체질이 약하고 또 분비한 로열젤리도 효능이 약하다고 한다. 그러나 여름철 무화기에 화분 공급원으로 한 몫을 단단히 하고 있다.

싸리: 낙엽관목

우리나라 전역 산지에 자생한다. 잎은 타원형이며 3개씩 짝을 이루고 어긋나기 한다.

7월 하순경 자줏빛, 홍자색 꽃이 나비 모양으로 차례로 피는데 야산 지대에서는 화밀의 분비량이 적고 일교차가 큰 고산지대일수록 화밀의 분비량이 많다.

산림녹화정책에 의하여 산림이 우거지면서 싸리나무는 사라지기 시작하여, 지금은 싸리 꿀을 생산하기 어렵다. 싸리 꿀의 색깔은 담황색이고 포도당 성분이 많아 겨울에 곧 결정되어 유백색이 된다. 가뭄이 계속되면 총채벌레가 꽃에 생기며 화밀 분비가 중지된다.

금밀초: 다년생 숙근초

금밀초(金蜜草)는 미국에서 도입한 국화과에 속하는 다년생 숙근초로서 메마른 땅에서도 씨나 뿌리로 잘 번식한다.

7월 하순경에 노란 꽃이 피며 화밀과 화분의 분비량이 많아 온종일 벌들이 꽃에서 떠날 줄을 모른다. 제2의 '꿀풀'이라고도 불릴 만하다.

밀원 2.9　싸리(류장발 · 장정원ⓒ)　　　　밀원 2.10　금밀초

쉬나무: 낙엽교목

높이 7m에 달하는 낙엽성 소교목으로 '꿀 나무'라고도 한다.

7월 하순경 새로 성장한 가지의 순에서 잔잔한 꽃들이 피는데, 화밀의 분비량이 많아 벌들이 모여들어 흡사 분봉난 것을 방불케 한다. 밀식한 곳이 없어 채밀은 어려우나 봉군 번식에 큰 도움이 된다.

이 나무 열매에서 디젤 연료를 추출하였으며 석유의 대체 연료로서 가능성이 있다고 알려진 바 있다.

코스모스: 1년생 초본

멕시코가 원산지인 코스모스는 7월 하순경부터 서리가 내릴 때까지 흰색, 분홍색, 자주색의 꽃이 계속 피는데, 화밀의 분비량은 적고 화분의 분비량은 중상 정도이다.

쑥 화분과 같이 월동군 양성에 도움이 되고 저장된 화분은 다음 해 봄벌 양성에 필수 먹이가 된다.

무궁화: 낙엽소교목

무궁화는 우리나라의 국화로, 7월 하순경부터 9월 중순경까지 이른 아침에 5엽의 꽃이 피었다가 정오경이 되면 꽃잎이 말리며 시들어진다. 화밀도 약간 분비되지만 화분의 분비량이 많다.

보라색 꽃이 주종을 이루나 지금은 개량되어 흰색 등 다양한 색상의 꽃이 피고 있고 겹꽃도 있다.

밀원 2.11   쉬나무

밀원 2.12   코스모스

바이텍스: 낙엽소교목

산기슭 바위 지대에 자라는 떨기나무이다. 줄기는 가늘고, 가지가 많이 갈라지며, 높이 2~3m이다. 어린 가지는 네모가 지며, 털이 난다. 잎은 마주나며, 작은 잎 4~5장으로 된 손바닥 모양 겹잎이며, 잎자루는 1~5cm이다. 작은 잎은 피침형 또는 긴 타원으로 가장자리가 깊게 갈라진다. 꽃은 7~9월에 가지 끝의 원추꽃차례에 피며, 연한 보라색이다. 꽃받침은 종 모양이고 5갈래다. 화관은 깔때기 모양, 끝은 입술 모양인데 아랫입술이 더 크다. 열매는 핵과이며, 둥글고, 검게 익는다. 우리나라 중부 이남에 자생한다. 중국에 분포한다. 우리나라에는 유사한 종으로 '좀목형'이 있다.

아프리카가 원산지며 우리나라에는 우수 밀원식물로 인식하여 미국 등 외국으로부터 도입하였다.

청색 꽃이 7월 하순경부터 서리가 내리는 9월 하순경까지 오랫동안 피는데 추위에 약하고 추위가 심하면 다음 해 뿌리에서 지상 줄기가 나와, 새싹이 돋아 그해에 꽃이 피며 많은 화밀을 분비한다.

밀원 2.13 무궁화

밀원 2.14 바이텍스

제**3**편

가을철 양봉관리

    찌는 듯한 더위에 시달리던 일벌들은 가을에 접어들며 싸리꽃, 산초나무 꽃 등에 자극을 받으며 활기를 되찾는다.

    아침·저녁으로 산들바람이 불기 시작하는 가을철에 접어들면 여왕벌의 산란활동도 다시 활발해지기 시작한다. 8월 중순경 붉나무꽃에 이어 메밀꽃, 들깨꽃이 피면 꿀벌 봉군은 더욱 활기에 넘치게 된다.

    꿀벌의 해적인 장수말벌로부터 보호해 주어야 하고, 저밀소비로 인해 산란소비가 압축되었다면 발취 채밀을 하여 산란소비를 확보해 주는 등 월동군 양성에 주력해야 한다.

    채밀은 8월 말까지 끝내고, 9월부터는 소비를 점차 축소하며 산란을 많이 받아서 월동 자격군을 양성하는 데 힘써야 한다.

3.1 장수말벌

장수말벌은 호봉(胡蜂), 대추벌 또는 왕퉁이라고도 한다. 장수말벌은 우리나라 벌 종류 가운데 몸집이 가장 크고 힘도 가장 세므로 숲속의 왕자로 군림한다.

몸의 길이는 40mm 정도이고 날개를 펴면 폭이 70mm 정도에 이른다. 머리는 노란 바탕에 적갈색이고 가슴은 흑갈색에 암갈색의 무늬가 있고, 배는 7환절로 환절마다 황갈색의 무늬가 있다.

우거진 숲이나 땅속에 나무껍질로 집을 층층이 짓고 서식한다. 주로 나무의 진으로 집을 짓고 살고 번식기에는 꿀벌을 습격한다. 애벌레와 벌집은 노봉방(露蜂房)이라 하여 한방에서 강장제로 사용한다.

7월 하순경 또는 8월 초순경 양봉장에 한 마리가 다녀가면, 곧 5~6마리가 내습하여 벌통 입구에 자리를 잡고, 소문으로 드나드는 꿀벌을 앞발과 큰턱으로 마구 죽인다.

꿀벌은 경보 페로몬을 분비하여 동료들에게 적의 내습을 알린다. 외역봉은 물론이요 내역봉까지 소문으로 나와 대적하나 역부족이므로 꿀벌은 전멸한다. 일벌들에 에워싸여 질식하거나 목 부위를 침에 쏘인 장수말벌도 3~4마리 정도는 죽는다.

말벌의 수는 더욱 늘어나며 다른 벌통으로 번진다. 장수말벌이 많이 서식하는 지역 (특히 참나무가 많은 곳)에서는 1주일이면 10통 이상이 완전 폐사하므로 피해방지 대책을 마련하여야 한다.

사진 3.1 벌통을 습격하는 장수말벌(좌)과 장수말벌을 방어하는 일벌(우)

장수말벌 포살법(1)

1990년대 전북 남원의 초등학교 교사가 연구한, 매우 효과적인 방법이어서 널리 보급된 적이 있다. 특히 불가피하게 봉장을 비워야 할 때 아주 좋은 방법이다.

첫째, 완숙한 포도(약간 상하기 시작한 것이 더 좋다)를 잘 으깬 다음 그늘에서 3일간 발효시키거나, 유산균 음료를 역시 음지에서 3일간 발효시킨다. 가급적 오래 발효시키는 것이 더 좋다.

둘째, 투명한 플라스틱병(1.5ℓ짜리 음료수병처럼 클수록 좋다) 밑바닥에 지름 4cm 정도의 구멍을 뚫고, 병뚜껑을 잘 막은 다음 뒤집어서 밑바닥 구멍으로 발효시킨 과즙을 1.5홉 넣는다. 꿀벌 5통 사이마다 벌통보다 30cm 정도 높게 말뚝을 세우고 병을 거꾸로 매단다.

봉장에 내습한 장수말벌, 황말벌, 나나니벌 등 야생 벌들이 유기산과 알코올 냄새에 유인돼 병으로 들어가 되돌아 나오지 못하므로 죽게 된다. 말벌이 병이 넘치도록 많이 들어갔을 때는 물속에 완전히 담가서 포살하고 다시 과즙을 담아 매달아 놓아야 한다.

만일 며칠간 봉장을 비워둘 때 병이 작으면 말벌이 넘쳐버려 또 다른 말벌로부터 공격을 받을 염려가 있으므로, 되도록 큰 병을 쓰도록 하고 더 많은 과즙 병을 매달아 놓아야 한다. 유인제는 과즙이나 유산균 음료 외에 막걸리를 발효시켜 사용해도 된다.

최근에는 다양한 말벌 포획기와 유인액이 제품으로 판매되고 있다.

사진 3.2 시판되는 말벌 포획기(좌), 끈끈이 트랩(우)을 이용한 말벌 방제

장수말벌 포살법(2)

첫째, 접시에 꿀을 1/2숟갈 정도 떠 놓고 가루살충제를 탄다.

둘째, 5cm 길이의 실을 물에 적신다.

셋째, 나비채로 장수말벌을 사로잡아 빠른 동작으로 허리 또는 뒷발에 젖은 실을 매고 살충제를 탄 꿀을 칠하는 즉시 놓아 주면 말벌은 곧장 자기 집으로 돌아간다.

동료들은 물론 유충까지 살충제에 중독되어 전멸한다. 생태계 보호와 말벌집의 농약 잔류를 우려하여 사용을 자제하는 경우가 많다.

장수말벌 포살법(3)

최근에 비교적 효과적인 대책으로 가장 많이 사용하는 방법은 쥐잡이 끈끈이(또는 시판 중인 말벌 구제용 끈끈이)를 이용하는 방법이다. 끈끈이를 펼쳐서 벌통 위에 설치한 후, 장수말벌을 한두 마리 잡아 산 채로 이 끈끈이에 붙여 놓으면, 이 말벌에 유인되어 많은 수의 말벌이 포살된다. 장시간 양봉장을 비우게 될 경우에 말벌의 집중 공격을 피할 수 있는 방법으로 많이 활용하고 있다.

말벌 방어 그물

장수말벌을 포살하기 위해 과즙이나 유산균 음료수를 발효시켜 투명한 음료수병에 넣어 봉장에 설치해 놓거나 살충제를 탄 꿀을 적신 실을 매달아 날려 보내도 효과는 있으나 말벌의 수가 많을 때는 음료수병이 넘치는 경우도 있고, 관리에 소홀하면 말벌 공습에 대한 불안을 떨쳐버리지 못한다. 또 온종일 말벌과 씨름하기도 귀찮은 일이므로 아예 벌통 전체를 그물로 덮는 '말벌 방어망'을 설치하는 방법도 있다.

이때 그물은 바다에서 고기를 잡을 때 쓰는 어망이어야 한다. 참새 잡는 그물은 말벌의 거센 턱에 견뎌내지 못하기 때문이다. 어망으로 벌통을 덮어 씌워놓으면 꿀벌은 지장 없이 통과하지만 체구가 큰 말벌은 통과하지 못한다.

배열한 벌통에 방어 그물을 씌우고, 유인제가 든 페트병을 달아 주면 더욱 좋다.

요즈음엔 양봉 기구를 판매하는 양봉원에서 말벌 방어용 중고어망을 판매하는 경우도 있다. 말벌의 내습이 심할 때는 그물을 덮어씌워 '말벌 방어망'을 구축하는 것이 좋지만 간혹 찢어진 그물 틈으로 말벌이 들어와 큰 피해를 주고, 일벌들이 그물 틈으로 드나드는 수고를 해야 하는 것이 단점이다.

만일 말벌피해 예방대책을 세우지 않았을 때에는 어디서나 쉽게 구할 수 있는 배드민턴 라켓으로 직접 말벌을 잡는 방법이 있다. 소문 앞에 앉아서 두리번거리며 공격대상 꿀벌을 겨냥하고 있는 말벌을 배드민턴 채로 살짝 누르면, 옆에 있던 일벌은 틈으로 모두 빠져나가지만 말벌은 꼼짝 못하고 잡히고 만다. 살충제를 탄 꿀에 적신 실을 매달아 보내는 말벌도 이 방법으로 생포하면 좋다.

3.2 말벌 술

말벌의 생태

우리나라 말벌이 7종이 있는데, 이 중에서 장수말벌은 지방에 따라 호봉, 왕퉁이, 대추벌로 불리는데 여기서는 여러 종류의 말벌 중에서 장수말벌(이하 말벌)에 대해 이야기 하고자 한다.

말벌은 10월 하순경이 되면 수컷은 죽고 암컷(여왕벌)만이 고목이나 낙엽 밑, 작은 동굴 등에서 월동을 하여 이듬해 봄까지 살아남는다.

날씨가 온화한 5월 초순경에 토굴이나 석벽에 혼자서 집을 짓고 산란과 육아를 계속하여 7월 중순경이 되면 식구가 수백 마리로 급격히 불어나며 8~9월에는 전성기를 이룬다. 색깔은 암적갈색이며 길이가 25~40mm 정도여서 벌 가운데 가장 크고 힘도 세어 위력이 대단하다.

봉장에 내습한 말벌이 꿀벌을 공격할 때에는 턱에서 딱딱 소리가 날 정도이다. 말벌 한 마리가 봉장에 침입했다 돌아가 동료 말벌에 연락하면 몇 분 이내에 그 숫자가 4~5마리로 증가한다. 벌통 소문 부근에 4~5마리가 떼를 지어 자리 잡으면 삽시간(약 한 시간 정도)에 그 벌통의 외역봉의 2/3가량은 물어 죽인다. 늦여름과 초가을에 봉장을 비워두면 전체 봉장이 그야말로 쑥밭이 되고 마는 경우가 허다하다.

말벌에 의해 죽임을 당하는 일벌들은 경보 페로몬을 분비하여 동료들에게 공습경보를 발신한다. 이에 자극을 받은 벌통 안에 있던 외역벌들이 떼를 지어 몰려나와 말벌과

사진 3.3 말벌 집(좌), 말벌로 담근 술(우)

대적하지만 힘에서 역부족이다. 침입한 말벌 한 마리를 죽이려면 약 1,000마리의 꿀벌이 희생당한다.

말벌 독과 말벌 술의 약효

개똥도 약에 쓸 때가 있다는 속담이 있듯이, 우리가 애지중지하는 꿀벌을 물어 죽이고 때로는 사람이나 가축에게 치명적인 위해를 가하는 말벌의 독이 한때는 심장의 부정맥증(不整脈症)에 효능이 있다는 사실이 밝혀져 일본에서 말벌 붐이 일었던 적이 있다.

말벌의 독에서 아미노산 화합물 펩타이드(peptide)의 일종을 분리하는 데 성공한 후 일련의 동물실험에서 그 효과를 확인 발표했기 때문이다. 말벌 독에서 펩타이드 일부 성분을 추출하여 토끼에게 실험한 결과 심장 박동속도를 늦추게 하여 부정맥증에 효과가 있다는 것이었다.

말벌 독의 효능

꿀벌의 무서운 적으로 매년 가을이면 봉장에 침입하여 큰 피해를 주고 있는 말벌 독의 약효가 판명되자 말벌을 소주에 담가 만든 말벌 술이 인기가 있다. 학술적인 자료와는 별도로 일반적으로 소개되고 있는 말벌 술의 효능과 복용법은 다음과 같다.

▶ 피로회복(10cc, 1일 1회)
체질에 따라 따뜻한 물에 타서 마신다.

▶ 고혈압(10cc, 1일 1회)

때때로 혈압을 재어보고 만일 혈압이 내리기 시작하면 양을 반으로 줄인다. 많은 양을 마시게 되면 저혈압이 되는 결과가 발생하는 수도 있으므로 주의해야 한다.

▶ 신경통 · 류마티스(10cc, 1일 2회)

일주일간 복용하면 통증이 멎는다.

▶ 정력증강(10cc, 1일 1회)

▶ 전립선비대증(10cc, 1일 1회)

2~3일만 복용해도 젊은이들처럼 소변을 시원스럽게 배설할 수 있어 기분이 상쾌해진다.

▶ 심장병 전반(10cc, 1일 1회)

심장발작이 때때로 일어나는 사람은 벌꿀에 말벌을 담갔다가 1일 10cc씩 복용하는 것이 좋다.

▶ 불면증, 잠잘 때 땀을 많이 흘리는 사람(취침 전 10cc, 1일 1회)

심한 변비증에 특효, 로열젤리, 화분, 프로폴리스도 변비에는 탁월한 효과가 있다.

▶ 천식

말벌을 담근 벌꿀을 어른은 10g씩 1일 2회, 어린이는 5g씩 1일 2회 복용한다.

▶ 몸을 유연하고 가볍게 하고자 할 때(5cc, 1일 1회)

▶ 신체기능 개선(5cc, 1일 1회)

체질에 따라 복용량을 조절해야 하며 어떠한 경우라도 강력한 효과를 기대하여 다량 복용하는 행위는 절대 금물이다.

말벌 독 추출 술 제조법

과실주 제조용 35%짜리 소주 1.8ℓ(한 되)에 생포한 말벌 40마리를 집어넣은 다음 단단히 봉한다. 이것을 약간 어두운 곳에서 10개월 이상 보관하였다가 마신다. 냄새가 역해서 마시기가 좋지 않으므로 오래 묵힐수록 좋다. 죽은 말벌은 약효가 적다.

말벌 독 추출 벌꿀 제조법

벌꿀 2.4kg(한 되)에 생포한 말벌 40마리를 산 채로 집어넣은 다음 잘 봉한다. 10개월 이상 저장하였다가 말벌이 붕해된 다음에 복용한다. 특히 허약한 사람에게 권장하고 싶다.

말벌 독의 이용

꿀벌의 독은 화농성 종기를 비롯하여 신경통, 류마티스 등 현대 의학에서 치료하기 어려운 질병에 탁월한 효과가 있어 일본, 중국은 물론 우리나라에도 동호인들이 폭발적으로 늘어나는 추세에 있다. 특히 중국에는 봉침을 전문으로 연구하고 치료에 이용하는 봉료의원(蜂療醫院)까지 있다고 한다.

말벌 1마리의 독소는 꿀벌 550마리분에 해당한다고 하니 그 위력은 대단한 것이다. 꿀벌에 자주 쏘여 면역력이 생긴 양봉가일지라도 말벌에 쏘이게 되면 곧바로 병원에 가서 적절한 치료를 받아야 할 경우도 생긴다. 우리나라에서는 매년 말벌에 쏘여 죽는 사고가 자주 발생한다.

말벌을 산 채로 집어넣으라고 한 것은 가급적 독액을 많이 분비토록 하는 것이나 꼭 산 채로 잡지 않아도 괜찮을 것으로 생각한다. 금방 때려잡아 죽인 말벌이라면 산채로 잡은 것보다 몇 마리 더 집어넣으면 될 것이다.

3.3 초가을 채밀

8월 초순경부터 산초, 싸리 등에서 화밀이 들어오고 중순경에는 붉나무 꿀이 들어온다. 유밀이 잘 되는 곳에서는 8월 하순경에 채밀이 가능하고 또 9월 초에 2차 채밀까지도 할 수 있다.

가을철에는 도봉이 극심하므로 채밀하는 날에는 이른 아침에 소문을 차단하고 채밀하는 게 좋다. 개포를 들춰 2~3차 강하게 훈연을 하고 저밀소비를 꺼내어 탈봉을 한다. 이때에는 꿀의 농도가 좋으므로 강하게 힘을 주고 탈봉을 해도 꿀이 잘 흘러내리지 않는다. 그러므로 개포를 열고 강하게 훈연을 하였기 때문에, 저밀 소방에 고개를 처박고 있는 일벌들을 떨어내기 위해 힘주어 소비를 상하로 흔들어야 한다.

탈봉할 때 벌통 밖으로 떨어진 벌들은 소문 앞으로 모여들어 통 안으로 들어가려고 하므로 채밀장으로는 잘 몰려들지 않는다. 많은 벌통을 채밀할지라도 오전 중에 일찍 채밀을 끝내고 곧바로 소문을 열어 주어야 한다. 늦도록 소문을 닫아두면 벌들이 소동을 일으켜 질식하게 된다.

여름철에는 소문을 완전히 닫고 1시간만 지나도 안 되지만 가을철에는 11시경까지는 무난하다. 가을 채밀을 할 때는 채밀장에 반드시 모기장 등을 쳐야지 아까시꽃 대유밀기처럼 아무데서나 채밀하다가는 도봉을 유발시켜, 잘못하면 봉장을 쑥밭으로 만들어 버리는 경우가 있으므로 특히 주의해야 한다.

발취 채밀

저밀소비만을 골라서 꿀을 채취하는 것을 발취 채밀(拔取 採蜜)이라고 한다. 늦은 봄철에는 소비 위쪽에 꿀이 많이 들어있으면 산란과 육아가 진행 중인 소비일지라도 함께 채밀해도 온도가 높아서 산란과 육아에 큰 지장이 없으나, 9월에 접어들면 아침과 저녁 기온이 차기 때문에 알과 유충의 발육에 결정적인 타격을 받을 수도 있다. 산란 및 육아소비는 건드리지 않고 저밀소비만을 골라내어 채밀을 해야 월동군 양성에 아주 유리하다.

저밀소비만 골라내어 채밀하는 것이 바로 발취 채밀인 것이다. 그러나 특수한 상황이 아니면 채밀은 8월 말까지 모두 끝내고 9월 초부터는 월동군 양성에 주력하는 게 가장 현명한 양봉가의 자세다.

3.4 가을 채밀

가을철 채밀은 월동군에 해롭다고 하지만 싸리, 붉나무, 옹굿나물, 금밀초 등에서 많은 화밀이 반입됨으로써 소비에 산란할 장소가 부족하여 월동군 양성에 지장이 있을 정도라면, 발취 채밀을 하여 산란권을 확대해 주어야 한다.

가을철 채밀을 삼가라는 뜻은 월동군의 먹이도 부족할 정도인데 채밀을 한 후, 또 당액을 급여하여 월동군에 노동을 강요시켜서는 안 된다는 말이다. 그러므로 산란에 지장이 있을 정도로 화밀이 많이 반입될 때에만 발취 채밀을 하고, 될 수 있으면 삼가는 것이 월동에 유리하다.

오래전에 경기도 남부지방에서 9월 중순 이후에 무리한 채밀을 했다가 월동에 실패하여 양봉을 그만둔 양봉가가 있다. 가을철 채밀은 위험하다는 사실을 입증시킨 값진 교훈이라고 생각한다.

3.5 채밀 시 도봉 방지법

가을철은 무밀기라 채밀을 하면 도봉이 발생한다. 가을철 무밀기에 채밀을 해도 도봉이 발생치 않는 방법을 소개한다.

무밀기에 먹이를 급여하여 유밀기를 가상으로 체험시킨 후 채밀을 하는 것이다. 채밀하기 직전에 설탕 용액을 급여하면 불량 꿀이 되므로 채취하였던 꿀에 2배의 물로 묽게 희석하여, 채밀 3일 전부터 매일 0.5ℓ 정도씩 저녁 무렵에 급여하여 유밀기를 가상시킨 후 채밀했더니 도봉이 별로 없었다.

30군 규모라면 꿀 3되면 되는데 벌에 먹이는 꿀보다 훨씬 많은 꿀을 얻을 수 있고 도봉도 방지할 수 있으므로 아낌없이 투자하는 것도 바람직하다.

3.6 합봉

2군 이상의 봉군을 하나로 합쳐 주는 것을 합봉(合蜂)이라고 한다.

양봉을 하다 보면 봉군의 세력이 약하여 채밀 자격군이 못될 때도 있고 또, 월동 자격군이 안 되는 봉군도 있다. 질병에 걸리거나 말벌 등 해적의 피해로 인해 약군이 된 봉군, 여왕벌이 망실되거나 늙어서 세력이 약화된 봉군은 과감히 합봉을 단행하여 강군으로 만들어야 한다.

초심자는 합봉을 하면 한 통이 줄어드는 것을 애석하게 생각하여 합봉을 주저하기도 하지만 오히려 합봉을 함으로써 얻는 이익이 훨씬 많다.

같은 봉장 안에서 합봉을 할 때는 합봉해야 할 벌을 피합봉군에 접근시켰다가 합봉하는 것이 바람직하나, 사정이 허락하지 않으면 합봉할 봉군을 2km 이상 떨어진 곳으로 1주일 정도 옮겼다가 되돌려와 합봉시키는 것이 좋다. 그리고 되도록이면 합봉망이나 신문지 합봉법을 택하는 것도 좋다.

유밀기에는 합봉이 비교적 쉬우나, 무밀기에 합봉을 하려면 당액을 급여하여 꿀벌들에게 유밀기를 가상시킨 후 단행하는 것이 올바른 합봉법이다.

합봉 전후에는 언제나 훈연을 하는 것이 좋다. 합봉 방법은 직접 합봉과 간접 합봉으로 크게 구별되는데, 신문지 합봉, 합봉망 합봉, 격리판 합봉, 훈증 합봉, 훈연 합봉 등은 모두 간접 합봉이다.

직접 합봉법

두 봉군 이상을 한 봉군으로 곧바로 합치는 것을 말하는데 무밀기에는 안 되지만 유밀기에는 가능하다.

유밀기에 여왕벌이 망실되었을 때 또는 구왕을 인위적으로 제거한 후 하루가 지나면 일벌들은 여왕벌을 그리워하며 찾게 된다. 이때 무왕군을 유왕군에 곧바로 합치면 성공한다. 유밀기에 무왕군을 유왕군에 직접 합봉하고 소문 앞에 훈연 정도는 해 주는 것이 안전하다.

신문지 합봉법

신문지 합봉법에는 두 가지가 있다.

첫째, 유왕군인 피합봉군의 소문 앞에 2~3차 훈연을 하고 뚜껑과 개포를 제거한 후 사양기 또는 격리판을 밖으로 들어낸다. 준비한 신문지 반장에 못으로 구멍을 20개 정도 내고 피합봉군의 외곽에 신문지를 부착시켜 벌이 나오지 못하게 한 후 합봉군(무왕군)의 착봉소비를 넣어 주고 들어낸 사양기를 대준다. 그 후 원상태로 개포와 뚜껑을 덮고 또 소문 앞에 2~3차 훈연을 해 준다. 신문지는 묵은 것보다 새것일수록 잉크 냄새가 나기 때문에 좋다.

신문지를 사이에 둔 적대적인 두 봉군이 신문지의 구멍을 통해 친밀해지고, 구멍을 갉아서 넓히는 동안 적개심이 없어져 서로 싸우지 않고 합봉이 된다. 합봉은 대낮에 하는 것보다 해 질 무렵에 하는 것이 좋으며, 합봉 후 내검을 하면 벌들이 불안해하므로 이틀 이내에는 내검을 하지 않는 것이 좋다.

둘째, 계상 합봉을 할 때는 단상과 계상 사이에 구멍을 뚫은 신문지를 씌우고 합봉군(무왕군)을 위쪽에 올려놓는다. 위통에 갇힌 무왕군의 일벌들은 신문지를 갉으며 아래 유왕군의 벌들과 친해진다.

합봉망 합봉법

피합봉군인 유왕군의 격리판 또는 사양기를 빼내고 합봉망을 설치하고 벌통 벽과의 틈새를 테이프로 발라 벌들이 왕래하지 못하게 한다. 그다음 합봉군인 무왕군의 착봉

사진 3.4　합봉망(좌)과 격리판(우)를 이용한 합봉 장면

소비들을 대주고 원상태로 정리한 후 마지막으로 소문 앞에 훈연을 2~3차 해 준다. 이틀만 지나면 친숙해지므로 이틀 후 저녁에 합봉망을 철거해 준다.

격리판 합봉법

합봉망이 없을 때 대신 격리판을 사용하는 것인데 방법은 합봉망 합봉에 준한다.

분무 합봉법

여왕벌을 유입할 때 또는 합봉을 할 때 여왕벌 페로몬의 냄새보다 강력한 향기를 벌통 안에 뿌려 주어 먼저 있던 여왕벌의 냄새를 혼동시킨 후 합봉하는 방법이다. 박카스, 소주 등을 분무하는데 중국에서는 양파를 썰어 벌통 안에 뿌려 주기도 한다.

꿀벌응애 구제용으로 사용하는 마이카트 희석액 등 약제를 분무하는 것도 효과적이다. 응애 방제용 약제를 적정량으로 희석하여 소비 양면에 가볍게 2~3차 분무한 후 여왕벌을 유입하거나 합봉을 하면 된다. 유밀기에는 약제가 잔류할 수 있어 사용하면 안 된다.

과거 초보자가 주로 사용하던 신문지 합봉법, 합봉망 합봉법은 이제는 특별한 경우 외에 거의 사용하지 않는 시대적 유물로 되고 있다.

※ 여왕벌 유입이나 봉군의 합봉 또는 꿀벌응애 방제를 위한 훈연, 훈증, 분무는 비 오는 등 궂은 날은 피해야 하고 언제나 청명한 날 실시하여야 한다.

훈연 합봉법

봉군을 합칠 때 연기를 쏘인 후 합봉하는 것을 말한다.

꿀벌은 연기를 싫어하므로 훈연을 하면 저밀 소방에 머리를 박고 꿀을 먹으므로 유순해지며, 연기 냄새에 의해 일시적으로 여왕벌 페로몬에 대한 감각이 둔해지므로 합봉이 가능하다. 그러나 유밀기에나 가능하지 무밀기에는 적용이 안 되는 방법이다. 훈연재료는 쑥이 으뜸이다. 박스용 골판지 등은 유해 화학성분이 있으므로 적당치 않고 말린 쑥은 독성이 없어 양봉가들이 주로 이용한다.

3.7 여왕벌의 유입법

한 봉군에는 반드시 한 마리의 여왕벌이 있어야 한다. 예기치 못한 일로 여왕벌이 망실되거나 늙어서 쓸모가 없어졌을 때, 건강한 새 여왕벌 또는 다른 곳에서 분양받은 우수한 혈통의 여왕벌로 교체할 때가 있다.

양봉가들은 여왕벌을 봉군에 유입하기 전에 먼저 여왕벌의 유입 습성을 알아두어야 한다.

① 유밀기에는 여왕벌의 유입이 쉽다.

② 무왕군이 된 지 이틀이 지나면 일벌들은 여왕벌을 가장 그리워한다.

③ 교미통의 핵군은 무왕군이 된 지 12시간만 지나도 유입이 쉽다.

④ 처녀왕이나 신왕이 있던 곳에 구왕의 유입은 비교적 쉽다.

⑤ 구왕이 있던 곳에 처녀왕이나 신왕의 유입은 비교적 어렵다.

⑥ 구왕을 제거하고 다른 통의 구왕을 곧바로 유입하는 것도 쉬운 일은 아니다.

⑦ 무밀기에는 유입이 어려우므로 2~3일간 당액을 급여하여 유밀기를 가상시킨 후 유입하는 것이 안전하다.

⑧ 산란성 일벌이 발생한 봉군은 유밀기라 할지라도 처녀왕이나 신왕의 유입은 어려우며 구왕의 유입은 가능하다.

⑨ 어린 일벌일수록 적의가 없어 잘 받아들이나 늙은 일벌일수록 배타성이 강하다.

⑩ 외적의 습격을 받았거나 도봉을 당한 봉군은 경계심이 강하여 여왕벌의 유입이 매우 어렵다.

사진 3.5　복롱(좌)과 왕롱(우)을 이용한 여왕벌 유입

복롱(伏籠) 유입법

벌통 뚜껑의 환기창에 사용하는 방충용 철망을 가로세로 6cm씩으로 자르고 4면의
바깥쪽 올을 1.5cm 정도가 되게 뺀 후 4면을 접어 됫박모양으로 만든다. 이것을 복롱이
라고 한다.

여왕벌을 꿀이 있는 소비 면에 놓고 5~6마리의 일벌과 같이 복롱으로 씌워 철사가
소방에 0.7cm 정도 들어가도록 눌러 주면, 무밀기라 할지라도 30시간만 지나가면 친숙
해진다. 일부 일벌들은 로열젤리를 공급하기도 하고 소방을 갉으며 구출작업을 하기도
한다.

복롱에 매달려 철선을 물고 늘어지는 일벌이 없으면 친숙해진 것이므로 복롱을 벗겨
주어도 되지만 무밀기에는 하루 더 두었다가 내놓는 것이 안전하다.

왕롱(王籠) 유입법

여왕벌을 일벌 10여 마리와 함께 왕롱에 가두고 왕롱의 먹이 구멍에 설탕분말을 꿀에
갠 연당을 채워 소비 상잔 위에 얹어두거나 소비 사이에 끼워두면, 일벌들이 밖에서 연
당을 먹으며 안으로 들어가고 안에서도 연당을 먹으며 밖으로 나오면서 서로 친숙해
진다.

무밀기에는 왕롱의 먹이 구멍을 열어 주지 말고 2일간 저녁에 당액을 급여하여 유밀
기를 가상시킨 후 열어 주는 것이 안전하다. 유입한 여왕벌의 안부가 궁금하여 자주 내
검을 하면 일부 늙은 일벌들이 불안하여 여왕벌을 공격할 때도 있다.

종이 원통 유입법

중국 연변 조선족 자치주에서 펴낸 『양봉기술(김요인 편저)』에 나와 있는 방법이다.

신문지 따위의 종이를 길이 10cm, 폭 5cm 정도로 잘라 손가락에 둘둘 말아 둥근 통(원통)을 만들고 아랫구멍을 비틀어 막고 여왕벌을 원통 안에 넣은 후 윗구멍도 비틀어 막는다.

못으로 6~7군데 공기구멍을 뚫어 주고 원통의 주위에 진한 당액 또는 꿀을 발라 소비 사이에 끼워두면 일벌들이 원통에 묻은 당액을 빨아 먹으며 종이를 갉아 안에 갇혀 있던 여왕벌이 밖으로 나오면 친숙해진다. 다시 말해서 일종의 신문지 합봉법이다.

여왕벌 페로몬의 발산

무왕군에 여왕벌을 유입시키면 일벌들이 새로운 여왕벌을 배척하는 것은 먼저 있던 여왕벌 페로몬 냄새와 다르기 때문이다.

여왕벌을 제거하고 30시간만 지나도 소비에 배어있던 여왕벌 물질의 냄새는 소멸되며 만 2일만 지나면 일벌들은 여왕벌을 그리워한다. 여왕벌 물질은 불안정하여 1일만 지나면 분해된다고 한다.

여왕벌을 제거하고 소비 간격을 2cm 정도씩 떼어 주면 소비 면에 배어있던 여왕벌 물질의 냄새가 1일 이내에 발산된다. 2일간 정도 지난 후 가장자리 소비 한가운데에 유입코자 하는 여왕벌의 몸에 꿀을 발라 놓아주고, 다음 날 아침에 소비를 원상태로 접근시켜 정리한다.

핵군 이용 유입법

강군 벌통에서, 어린 벌이 많이 붙는 소비 2장을 선별하여 1장은 외역벌을 모두 떨어뜨려 1장의 핵군을 만든 후, 나머지 1장은 핵군 벌통의 소문 앞에 벌을 떨어뜨려 준다.

외역봉들은 원통으로 돌아가고 어린 벌들이 핵군으로 들어갈 때, 소문 앞에 여왕벌을 놓아주면 여왕벌은 어린 일벌들과 함께 핵군 벌통으로 들어간다. 만 3일이 지나면 핵군의 여왕벌은 산란하기 시작한다. 이때 원통의 여왕벌을 제거하고 2일간 당액을 사양한 후 합봉을 하는데 이 경우에는 신문지 합봉법이 가장 안전하다. 먼 곳에서 우송해 온 여왕벌은 소문 앞에 놓아 주지 말고 왕롱의 먹이 구멍을 열어서 핵군의 밑에 넣어준다.

이상에서 여러 가지 여왕벌 유입방법을 소개하였는데 유밀기에는 매우 용이하나 무밀기에는 일단 핵군을 거쳐 신문지 합봉법을 통하여 유입하는 것이 가장 좋다.

3.8 월동군 양성과 월동 식량 확보

유밀이 잘 되는 해에도 8월 말경까지는 채밀을 마치고, 9월부터는 월동군을 양성해야 한다.

4장 이하의 약군은 합봉을 하고 강약을 막론하고 소비 1장씩을 축소한다. 산란유충 소비를 중앙으로 전환하고 1.3:1 당액을 0.5ℓ 정도씩 격일로 사양한다. 9월 20일경에는 일시에 많은 당액을 급여하고 다음 날에도 또 급여한다. 유밀이 잘되는 해에는 두 번만 당액을 사양해도 월동 먹이가 되지만 유밀이 부진한 해에는 세 번을 공급해 주어야 한다.

9월 말경에 내검하여 먹이를 가늠해 보고 부족해 보이는 봉군에는 당액을 더 급여한다. 10월 10일경 내검하고 소비 1장씩을 또 축소하여 빼낸 꿀소비로 먹이를 조절한다.

축소한 봉군의 사양기 뒤로 반 장벌 이상이 넘어와 있을 뿐만 아니라 축소한 소비 6~7장 중에서 중앙의 3장에는 15 × 10cm 정도의 봉개 면적이 형성되어 있다.

10월 10일 이후 먹이가 부족해 보이면 당액으로 보충하지 말고 빼놓았던 꿀소비로 보충해 주어야 한다. 늦가을까지 당액을 급여하면 불량 식량이 되고 습기가 많아 월동 중 설사를 한다.

사진 3.6 당액 사양 모습(좌), 월동 식량이 저장된 벌집(우)

3.9 월동포장

예전에는 월동포장을 할 때 소비를 축소하고 벌통 안에 생긴 빈 공간에 보온물을 채웠으나, 스티로폼을 이용한 새로운 내부포장에서는 보온을 위해 다른 물품으로 공간을 채울 필요가 없어졌다. 그리고 외부포장을 할 때는 볏짚이나 가마니, 왕겨 등으로 방한 조치를 해 주었으나 스티로폼을 이용하면서 그런 번거로운 작업이 필요 없게 되었다.

내부포장

30mm 스티로폼을 벌통 내부에 꼭 맞도록 2장을 만든다. 그 가운데 한 장을 모기장 천이나 헌 옷으로 싸서 벌들이 갉아내지 못하도록 미리 조치한 다음(견고한 우드락은 직접 사용 가능), 한쪽 내벽에 바짝 붙이고 착봉소비 5~6장(꿀이 많이 저장된 소비는 중앙에 배치)을 나란히 넣어준 후 격리판이나 사양기를 바짝 붙여 준다.

그리고 적당한 크기로 자른 담요 한 장을 덮고 한쪽 자락은 격리판 밑까지 완전히 늘어뜨리고, 신문지로 잘 싼 또 하나의 스티로폼을 붙인 다음 담요 한 장을 덮어 내린다.

소문과 반대쪽 뒷면 한쪽 구석에 담요를 3cm 정도 접어 환기 공간을 내고 벌통 전체를 개포로 덮는다. 옆에 생긴 공간에는 아무것도 넣지 않는다. 개포용 담요를 덮기 전에 새끼손가락만큼 굵기의 막대기를 4~5개 걸쳐 놓아 겨울 동안 벌들의 이동통로로 이용하도록 한다.

꿀벌은 초겨울에는 앞쪽 아래 소문부근에 봉구를 이루는 데 봄이 가까워져 오면 위쪽으로 이동하다가 식량을 따라 서서히 뒤쪽까지 이르게 된다. 그러므로 막대기가 걸쳐 있어야 개포 밑으로 옮겨 다닐 수 있다.

양봉가들 중에는 축소할 때에 빼낸 소비를 격리판 뒤에 있는 공간에 넣어두는 경우도 있는데 결코 잘하는 일이 아니다. 겨울 동안 벌들이 그쪽으로 꿀을 먹으려고 갔다가 돌아오지 못하고 동사(봉구에서 이탈했기 때문)하는 수도 있기 때문이다. 월동준비를 하면서 빼낸 저밀소비나 빈 소비는 빈 벌통에 넣어 보관한다.

외부포장

30mm 스티로폼을 벌통 6면에 맞도록 재단하여 앞뒤와 양쪽 옆, 뚜껑 위, 밑바닥에 고루 대고 패킹을 끼운 7푼 못으로 고정시킨다. 이때 주의할 것은 앞면은 방수포 등으로 싸서 고착시키고 뚜껑 또한 빗물이 스며들 염려가 없도록 방수포를 덮어서 고착시켜야 한다는 점이다.

본격적인 겨울이 닥쳐오기 전에 미리 완벽한 월동준비를 해 두었다가, 기온이 −5℃로 떨어지는 날 원하는 장소로 옮겨 놓으면 된다.

3.10 노제마병 예방

노제마병은 이른 봄철과 싸늘한 가을철에 발생한다.

이 노제마병 예방과 치료에 세계적으로 널리 쓰이는 약제로 퓨미딜-B®가 있다. 항생제의 일종으로 부작용이 없고 효과가 우수하여 전 세계 양봉가의 필수품이 되어있다.

우리나라 양봉가들은 노제마병의 증세를 뚜렷이 파악하고 있지 못한 편이다. 그저 일벌이 소문 밖에서 기는 증상쯤으로 이해하고 있다. 노제마병인지 아닌지는 실험실에서 정확히 현미경으로 조사해야 하므로 양봉가들이 제대로 파악하기는 어렵다.

노제마에 심하게 감염되어도 초기에는 특이한 증상은 없지만 점차 일벌들의 활동이 둔화되어 날지 못하고 기어 다니는데, 특히 봄철에 흔히 볼 수 있는 증상이다. 극심할 경우에는 복부가 팽배하고, 여기저기에 배설 자국을 남긴다. 병원균은 소화관에 증식하여 영양 불균형을 초래함으로써 일벌의 수명과 생산성을 감소시킨다. 여왕벌이 감염되면 산란력이 감소하고, 심하면 산란 중단 후 사망하게 된다.

월동준비를 할 때 이유 없이 일벌들이 배가 부른 채 기어 다니지 않는가 유심히 관찰해 보고, 만일 그런 증세가 나타나면 즉시 각 도에 있는 가축위생시험소 등에 벌 시료를 보내어 확인하도록 하고, 감염이 확인되면 치료 조치를 하여야 한다. 평소에 사전 예방을 위해, 봉군을 강군으로 유지하고 봉군의 영양관리와 온도 유지에 유의하여야 한다.

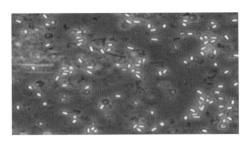

사진 3.7　현미경으로 관찰한 노제마 병원균 포자(좌), 노제마병으로 활동이 둔화된 일벌(우)

3.11　꿀벌응애 방제

우리나라뿐 아니라 세계적으로 양봉에서 가장 큰 피해를 주는 것은 꿀벌응애라고 볼 수 있다. 우리나라에서는 1970년대에 최초로 피해가 나타나기 시작한 꿀벌응애와, 1992년 중국에서 유입된 중국가시응애의 피해는 날로 심각해지고 있다.

꿀벌에 기생하는 이들 응애가 만연하면 꿀벌의 발육이 부진하고 정상적 활동을 못하며 수명이 현저히 감소하고 불구벌이 속출하고, 다른 질병이 동시에 발생함으로써 결국 봉군이 모두 폐사하고 만다.

8월 초순경에 일주일 간격으로 3회 이상 약제 처리(주로 스트립, 분무, 훈증)를 하고 10월 초와 월동 직전에 다시 방제를 해야 한다.

월동 직전 모든 육아가 정지되고 마지막 봉개 번데기가 출방한 다음 꿀벌응애를 방제하면, 약제가 모든 응애에 접촉함으로써 가장 높은 방제 효과를 기대할 수 있다. 이 시기가 일 년 중 꿀벌응애를 방제하는 최적기라 할 수 있다.

3.12　월동 양봉장의 선택

봄, 여름, 가을에는 꿀벌이 활동하고 번식해야 하는 계절이므로 우선 밀원이 많아야 하는 게 봉장을 선정하는 가장 중요한 조건이다.

겨울철에는 모든 산야가 얼어붙고 꿀벌 또한 봉구를 형성하여 정태 상태로 지내야 하기 때문에 봉장 선정에 별다른 조건은 없을 것처럼 생각할 수 있지만 결코 그렇지 않다. 꿀벌의 월동 성패는 다음 해 양봉 사업의 성패가 달린 것이므로 관점에 따라서는 다른 계절의 양봉장보다 월동 양봉장의 위치 선정이 더 중요하다고 할 수도 있다.

월동 양봉장의 위치를 선정할 때에는 다음 사항에 유의해야 한다.

첫째, 뒤쪽이 산으로 둘러싸여 있고 동남향으로 바람이 적고 온화한 장소

둘째, 습지가 아니며 양지바른 곳, 최근에는 양지에서 월동하면 따뜻한 날에 벌들이 외부 활동을 하기 때문에 좋지 않다고 하여 소문을 북쪽으로 향하게 하여 그늘지도록 하는 양봉가도 있으나 최소한 습한 곳은 피해야 한다.

셋째, 도로변이나 공장지대, 학교 등 소란스러운 곳에서 충분히 떨어진 장소.

넷째, 돼지 축사와 공장 연기 등의 악취가 풍기지 않는 곳.

다섯째, 어린이 놀이터 근처는 물론 겨울철 청소년들의 운동장이 될 곳에서 가급적 떨어진 곳.

여섯째, 화재의 위험이 없는 곳, 특히 아이들이 불장난할 위험이 없는 곳.

이러한 장소를 월동 양봉장으로 택하여 폭 150cm, 높이 30cm 정도의 낮은 언덕을 만들되 앞쪽을 약간 경사지도록 하여 물이 잘 빠져 겨울비에 피해가 없도록 미리 대비해야 한다.

월동 양봉장에 관한 준비는 추위가 닥쳐오기 전에 미리미리 해 두어야 한다. 준비를 게을리 했다간 갑자기 몰아닥친 추위로 땅이 얼어붙어 벌통을 올려놓을 언덕과 배수용 도랑을 만들기 어려운 상황에 부딪힐 염려가 있기 때문이다.

만반의 준비를 마친 다음 추위가 닥치면, 곧 월동양봉장으로 꿀벌을 옮겨 꿀벌들이 편안하게 겨울을 날 수 있도록 해야 한다. 이하는 제4편 겨울철 양봉관리를 참조하기 바란다.

3.13 가을철의 주요 밀원식물

8월은 여름이 최절정에 달하는 달이지만, 심산유곡에서는 중순부터 가을을 느낄 수 있다. 계절에 민감한 꿀벌들은 벌써 가을맞이 채비에 바쁜 나날을 보낸다.

우리나라 옛 문헌을 보면 봄꿀과 가을꿀이란 말이 나온다. 중국에서 유래된 말로 중국에서는 아직도 일부에서는 이 말이 쓰이고 있다. 부추꽃이 피기 이전에 채밀하는 꿀을 봄꿀이라 하고, 부추꽃이 핀 이후에 모아들인 꿀을 가을꿀이라고 하였다.

옛날에는 부추꽃이 피기 전에 채밀한 봄꿀을 가을꿀보다 품질이 좋은 상품(上品)으로

쳤다. 향기가 훨씬 좋았기 때문이었다. 문헌에는 부추꽃 꿀에서 비릿한 냄새가 나서 그렇다고 했으나 가을꿀에는 싸리와 메밀이 주밀원이었던 시절이라, 메밀꿀의 쓴 냄새 때문에 그러한 것이 아니었나 하는 생각이 든다.

8월에 가장 손꼽는 밀원식물은 싸리나무지만 지금은 잊혀져가는 밀원이 되고 있다. 1980년대 초까지만 해도 유채, 아까시나무와 더불어 3대 밀원이었고 1960년대 이전에는 메밀과 더불어, 우리나라 최대 밀원식물이었던 싸리는 1980년대 초 이후로 급격히 사라지고 있다. 지금은 일부 지역에서 겨우 밀원으로 명맥을 유지하고 있는 싸리 꿀은 아직도 많은 양봉가의 심중에 주요 밀원으로 꼽히고 있다.

8월 초순에는 싸리꽃이 피고 잇따라 중순경에는 붉나무꽃, 해바라기꽃을 선두로 들국화, 코스모스가 산들바람에 한들거리며 쑥에서는 계속 화분이 반입되고, 하순경에는 싸리보다 먼저 밀원으로 잊혀가는 메밀꽃이 피기 시작한다.

연백국화도 피어 일벌들의 소문 나들이가 끊이지 않는 가운데, 여왕벌의 배는 커지고 산란할 곳을 찾아 벌방을 기웃거리면 시녀 일벌들은 로열젤리를 분비하며 여왕벌 곁을 떠나지 않는다. 여왕벌은 무더위 속에서 뜸했던 산란을 재개하여 하루 1,000여 개씩 알을 낳는다.

무위도식하던 수벌은 점차 일벌들에 의해 소문 밖으로 쫓겨난다. 겨울을 대비하기 위해 벌 무리를 재편하는 것이다.

가을철 주요 밀원식물
표 3.1

개화 시기	식물명	화밀	화분	개화 기간	비고
8월 초	더덕	중	중	20	숙근초
8~9월	부추	소	소	15	〃
〃	참싸리	중	중	25	낙엽관목
8월 중	붉나무	대	중	10	낙엽교목
〃	벼	–	소	10	풍매화
〃	해바라기	대	대	20	1년 초본
〃	연꽃	중	중	10	숙근수초
8월 하	물봉선화	중	소	20	1년 초본

(계속)

개화 시기	식물명	화밀	화분	개화 기간	비고
8월 하	쑥	–	대	15	숙근초
"	댑싸리	–	대	15	1년 초본
"	사루비아	소	소	20	"
"	연백국화	대	대	40	숙근초
9월 초	들깨	대	중	15	1년 초본
"	메밀	대	중	25	"
"	고들빼기	중	소	15	숙근초
10월 초	황금초	중	중	20	숙근초
"	향유	중	중	15	1년 초본

더덕 : 다년생 숙근초

인삼에 버금간다는 뿌리식물이 더덕이다. 초롱꽃과에 속하는 다년생 숙근초이며 우리나라 각지에 분포한다. 뿌리는 식용 또는 약용으로 널리 이용된다.

3월 초순경에 해빙과 더불어 싹이 트며, 방추형 덩굴은 가까이 있는 나무를 좌회전하며 감고 올라간다. 8월 초순경에 초롱 모양의 꽃이 아래를 향하여 피는데 화밀과 화분을 많이 분비하여 황말벌, 호박벌 등이 모여든다.

일부 산간지방에서는 밭에 더덕을 재배하여 많은 소득을 올리는데 양봉가들 가운데에는 더덕을 심어 채밀도 함으로써 일거양득의 효과를 보는 사람도 있다.

붉나무 : 낙엽 교목

옻나무과에 속하는 붉나무는 우리나라 전국에 널리 분포하고 있다. 싸리나무가 밀원 구실을 제대로 할 수 없게 되면서 대체 밀원으로 각광을 받기에 이르렀다.

화밀 분비가 양호한데 8월 중순경 아침·저녁으로 시원한 바람이 일기 시작하면 꽃줄기가 사방으로 갈라지며 꽃이 밀생(密生)하는 자웅이주(雌雄異株) 식물이다. 해거리를 잘하지만 일조 조건만 좋으면 많은 화밀을 분비한다. 꿀의 색깔은 노란색을 띠는데 투명한 용기에 담아놓고 내려다보면, 흡사 자동차 엔진오일처럼 연하면서도 맑은 푸른색을 띠기도 한다.

밀원 3.1 더덕(류장발 · 장정원©)

밀원 3.2 붉나무(류장발 · 장정원©)

물봉선화: 봉선화과에 속하는 일년초

물봉숭아라고도 한다. 하천가 습지에서 자생하는 줄기와 꽃이 모두 붉으며 꿀 또한 붉은색이다. 결정된 꿀도 분홍 색깔을 띠는데 8월 하순경 우거진 숲속에서 봉숭아와 같은 홍자색의 꽃이 핀다. 월동 먹이에 많은 도움이 된다.

쑥: 국화과에 속하는 숙근초

하천변, 논두렁, 밭두렁, 도로변 등 주로 들에 나는 다년생 숙근초이다. 7～10월에 담홍자색 관상화(管狀花)로 된 두화(頭花)가 정생(頂生)하여 피는데 화분이 많다. 봄철에 연한 잎은 뜯어서 국거리, 쑥떡, 차 등으로 널리 쓰이고 한약재로도 쓰인다. 무성한 쑥은 베어 말려서 훈연 재료로 많이 쓰인다.

밀원 3.3 물봉선화(류장발 · 장정원©)

밀원 3.4 쑥(류장발 · 장정원©)

연백국화: 국화과의 다년생 숙근초

줄기 높이 60cm 내외로, 밀생했을 경우 1.5m 정도까지 크게 자란다. 뿌리에서 바로 나오는 입은 총생(叢生)하며, 9~10월에 흰색 두상화가 밀집한 방상으로 핀다. 주로 들에 나는데 야산에도 더러 보인다. 귀화식물로 전국적으로 널리 분포돼 있고 어린잎은 식용한다.

양봉가들에게 연백초(蓮白草)라고 알려진 밀원식물이다. 경기도 연천군 백학면 일대에 집단 밀원이 형성되고부터 붙여진 이름이다. '옹굿나물'이란 유사한 자생식물이 있는데 꽃이 작고 어린 순은 나물로 먹는다.

연백국화를 집단으로 심은 연천군 백학면에서 어느 양봉농가가 관찰한 바에 따르면, 8월 하순경부터 10월 초순까지 40여 일간 들국화 모양의 흰색 꽃이 피는데 화밀과 화분 분비량이 풍부하여 일기만 좋으면 7,000평 밭에서 꿀벌 120통으로 2.5드럼을 채밀할 수 있다고 한다. 그뿐만 아니라 화분을 200kg 이상 채취한다고 하므로 가을철 밀원으로는 매우 흡족한 것이다.

씨앗으로 번식시키면 이듬해 가을에 꽃은 피나 유밀이 시원치 못한데, 뿌리로 번식시키면 그해 가을에 채밀과 채분이 가능하다고 한다. 밀원 부족을 탓하지 말고 공한지 등에 밀원을 조성해 볼 만하다.

들깨: 꿀풀과의 일년생 초본

동부 아시아 원산으로 한국, 인도, 중국, 일본 등지에서 널리 재배한다.

5월 하순에 파종하여 7월 중순에 이식한다. 잎은 넓고 달걀 모양으로 둥글며 가장자리에 톱니가 있다. 줄기는 모가 지며 키는 80~100cm, 잎에는 독특한 향이 있어 식용으로 널리 쓰인다.

8월 하순부터 하얀 잔 꽃이 피는데 화분은 적지만 화밀의 분비량이 많아 채밀이 가능하다. 씨앗은 볶아서 조미료로 쓰기도 하고, 기름을 짜서 식용, 공업용으로 널리 쓰인다. 들깨에는 불포화지방산이 풍부하여 최근에는 건강식품으로 주목받고 있는데, 특히 꿀에 개어 '꿀 들깨'라는 상품이 나온 적이 있다.

꿀의 색깔은 진노랑색이며 초본식물의 꿀이지만 결정이 더디게 된다.

메밀: 마디풀과의 일년생 초본

아시아 중북부가 원산이다. 줄기는 30~90cm 높이로 붉은 빛을 띠며, 흰꽃이 초가을에 총상(總狀) 화서로 핀다. 비교적 한랭한 지역에서 생육이 잘 된다.

예전에는 화전민들이 산에 불을 지르고 밭을 일구어, 봄철에는 감자, 옥수수 등을 재배하고 후작으로 8월 초순에 메밀 씨앗을 뿌렸다. 9월 상순부터 가지가 뻗으며 아래에서부터 위로 꽃이 피는데 화밀분비량이 많다. 과거에 정부에서 화전민 정리사업을 시행하기 전까지는 싸리와 함께 가장 중요한 밀원이었다.

꿀의 색깔은 암갈색이고 결정이 아주 잘 되므로 예전에는 2등급 꿀에 속하였으나, 최근에는 항산화와 항균작용이 뛰어나고 호흡기에 좋은 것으로 알려져 인기가 높지만, 생산량이 많지 않다.

밀원 3.5　연백국화　　　　　밀원 3.6　메밀

황금초: 다년생 숙근초

북미가 원산지인 황금초(黃芩草)는 다년생 숙근초로 씨와 뿌리로 번식한다.

아침저녁으로 산들바람이 불기 시작하는 9월 중순경이 되면 이삭이 늘어나며, 10월 하순경 서리가 내릴 때까지 자주색 꽃이 피며 화밀을 분비한다. 미국이나 일본에서는 채밀도 한다고 하나 우리나라에서는 너무 늦어서 채밀은 못하고 겨울 먹이에 큰 보탬이 된다.

향유 : 꿀풀과의 일년초

잔털이 있고 줄기는 방형(方形)이고 높이는 60cm 가량이다. 산이나 들에 자생하여 전국 어디에서나 볼 수 있다. 9~10월부터 꽃이 피기 시작하는데 꽃의 색깔은 홍자색이다. 서리를 맞으면서도 피는 마지막 밀원식물로서, 한낮에 기온이 올라가면 꿀벌들이 많이 모여드는데 늦가을 날씨가 좋은 해에는 월동 먹이에 크게 도움이 된다.

밀원 3.7 황금초

밀원 3.8 향유(류장발 · 장정원ⓒ)

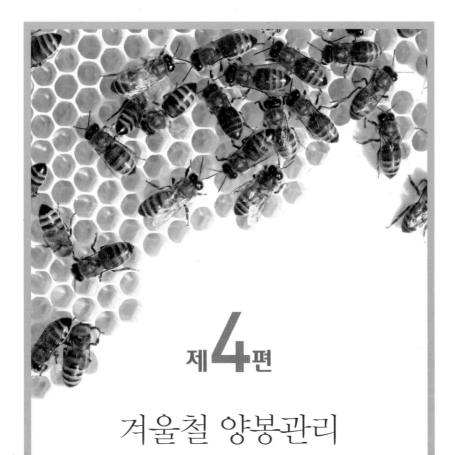

제4편

겨울철 양봉관리

　겨울철은 양봉가의 휴가 기간이다. 꿀벌 관리를 위해 할 일이 많지 않다. 늦가을에 월동포장 준비를 마친 후에, 월동 봉장 또는 암실 창고로 벌통을 옮겨 보온과 방습에 유의하며 한겨울 동안 꿀벌들이 편히 쉴 수 있도록 해 주면 된다. 다만, 노지 월동을 하는 경우에는 화재에 주의하고 소음과 진동에도 각별히 유의해야 한다. 그뿐만 아니라 야생동물과 가축이 양봉장에 접근하지 못하도록 해야 한다.

4.1 월동 봉군의 내부포장과 소문 위치

10월 중·하순경 축소한 월동군의 소비 수가 5매인 봉군이라면 벌통의 좌측 또는 우측의 벽으로 소비 5장을 몰고 격리판 또는 사양기(사양기의 방향을 돌려 주어 벌들이 사양기안으로 들어가지 못하게 하고 내부는 단열재를 채운다)를 대 주고, 보온 내피 2장을 5매에 씌워 격리판에서 바닥까지 꺾어 내린다. 아래로 내린 보온 내피는 바닥에서 1cm 정도 모자라게 하는 것이 좋다.

공간에 두께 50~80cm로 스티로폼을 재단하여 채우고, 벌이 있는 뒤쪽 보온 내피를 3~4cm 정도 접어 환기 구멍을 만들어 준다. 벌들이 뚜껑 밑으로 올라오지 못하도록 모기장을 씌워준다. 소문에서 들어간 공기가 환기 구멍을 통하여 빠져나가야 월동군에 습기가 제거된다.

월동군에 습기가 있으면 꿀도 산패하고 소비에 곰팡이가 생길 뿐 아니라, 이것을 먹은 벌들은 설사를 하며 봄철이 오기 전에 죽기도 하고, 때에 따라서는 소문이 막혀 질식하기도 한다. 그러므로 월동군에 환기 구멍은 필수적으로 만들어 주어야 한다.

5장의 착봉 소비를 좌측에서부터 배열하면 꺾어 내린 내피가 21cm 정도까지 오게 된다. 소문은 우측 8.5cm 지점에서 3~4cm 정도 내준다.

소문과 월동봉구까지는 5cm 정도의 거리가 생기며 자동적으로 소문 조절기 안쪽으로 터널이 된다. 즉, 벌통의 송판 두께가 1.8cm이므로 1×1.8cm에 길이 5cm의 터널이 생기면 벌들은 이 터널을 통하여 출입하게 된다. 겨울에 죽은 벌로 터널이 막힐 때도 있다.

사진 4.1 월동 양봉장(좌), 볏짚으로 전면을 포장한 월동 봉군(우)

사양기 뒤에 대준 스티로폼의 모서리를 각지게 3cm 정도 잘라 주면 안전하다.

겨울철 온화한 날씨에 소문 앞에 햇볕이 닿으면 벌들이 소문으로 나와 비행하다가 많은 벌들이 희생된다. 소문에 공간을 내주면 직사광선이 월동군에 미치지 못하고 또 암실이 되면 월동군은 자극을 적게 받아 안전하다. 다시 말해서 월동군에 직사광선도 들어가지 않거니와 찬바람도 곧바로 미치지 못하여 안전한 월동을 할 수 있다.

4.2 암실창고 월동

12월 초순경 바깥온도가 −5℃ 이하로 떨어지면 즉시 소문을 닫고 어두운 창고나 지하실 등에 옮겨 놓고 벌통 수에 따라 3~4층씩 포개놓는다. 20~30분 정도 시간이 지난 후 군세에 따라 소문을 4~5cm 정도 열어 준다. 이때 몇 마리의 벌이 소문으로 나오기도 하지만 훈연을 해서는 안 된다. 암실이 되면 스스로 도로 들어가므로 문을 닫고 나오면 조용해진다.

외기온도가 한랭하여도 암실에 난로를 피우거나 난방을 해서는 안 된다. 창고인 경우 환기구 또는 쥐구멍으로 연탄가스나 장작 연기가 스며들면 꿀벌은 전멸하게 되므로 철저히 주의해야 한다.

우리나라에서는 제주도를 제외하고 영호남지방에서도 암실 월동을 시킬 수 있다. 창고 면적이 10평 정도만 되어도 100여 통은 무난히 쌓아 올릴 수 있다. 벽은 샌드위치 패널로 만들거나, 시멘트 블록을 쌓아 올리되 단열재로 50mm 스티로폼을 4면 벽에 대고 천장까지도 스티로폼을 대준다. 천장에 꼬부라진 환기 구멍을 내주고 출입구는 물론 창문까지 보온덮개로 가리어 암실을 만든다.

12월 초순경 −5℃로 바깥기온이 떨어지는 날 저녁에 벌통의 소문을 막고 암실 창고로 옮겨 5단씩 포개어 쌓고 20~30분 후 봉군이 안정을 이루면 소문을 4cm 정도씩 열어 준다. 며칠 후 야간에 찬 공기를 유입하거나, 온도조절이 되는 경우 일단 창고 안의 온도가 영하로 떨어지게 조절한다. 이후에 창고 내부온도를 2℃~5℃로 유지하는 것이 좋다. 창고 월동은 중부지방에서 특히 좋은 성적을 올릴 수 있다.

북미지역에서는 실내 월동을 많이 하는데 그곳에서는 자동 온도조절기와 제습기를 필수적으로 설치하고 있다. 계상을 내려 10장 봉군으로 월동에 들어가면 다음 해 봄에 6

장 이상은 무난하다고 한다. 월동창고에 저온 · 제습 시설을 갖추게 되면 월동 성공률은 지금보다 훨씬 높일 수 있을 것이다.

4.3 노지암실 월동

12월 초순경이 되면 외기온도가 −5℃ 이하로 내려가게 된다. 미리 준비한 봉장 부지에 폭 150cm의 방수포를 깔고 그 위에 짚이나 보온재를 10cm 정도 깐 후, 소문을 닫고 벌통을 조용히 이동한다.

10cm 간격으로 벌통을 배열하고 벌통과 벌통 사이에 짚이나 보온재를 끼워 주고 3통 간격으로 구석에 쥐약을 놓아준다. 보온덮개로 벌통 전체를 씌워 암실을 만들고 그 위에 방수포를 가려준다. 30분 정도 지나 벌들이 안정되면 소문을 4~5cm 정도로 열어 주고 보온덮개와 방수포를 내려 암실을 만들어 주되, 보온덮개는 벌통 앞에서 30cm 늘어지게 덮어 주고 방수포는 지면에서 15cm 높이로 덮어준다. 방수포도 지면에 닿도록 덮어 주면 공기유통이 안 된다. 그다음 보온물이 바람에 날리지 못하도록 줄로 묶거나 돌을 매서 앞뒤로 늘어뜨려 준다.

4.4 월동포장 관리

월동 중 주위가 불안하면 벌통 안에서 소요가 일어나고 식량을 많이 소모하여 체력이 떨어지므로 절대로 안정이 필요하다. 봉장을 가끔 돌아보고, 가축이나 짐승들이 접근하지 않나 가급적 자주 살펴보아야 한다.

노지 월동군이나 창고 월동군은 한 달에 한 번 정도 죽은 벌로 소문이 막혀 질식하지 않도록, 끝을 구부린 철선을 소문으로 넣어서 죽은 벌을 끌어내는 청소를 해 주어야 한다.

간혹 월동 중 소문 앞에 자극을 주어도 반응이 없으면 실내로 옮겨 대책을 마련해 주는 사람도 있는데 이것은 옳지 못한 방법이다. 이상이 생긴 1통을 회생하려다 다른 많은 벌통에 자극을 주면 피해는 더욱 확산되기 때문이다.

4.5 월동 실패의 원인

초심자 중에는 월동군의 외부포장을 잘해 주었는데도 벌들이 먹이를 남긴 채 얼어 죽었다고 호소한다. 이러한 월동군의 실패 원인을 살펴보면,

첫째, 젊은 일벌을 양성치 못하고 중노동에 시달린 늙은 벌로 월동하였을 때,

둘째, 늦게 당액을 급여하여 미숙한 꿀로 월동하였을 때,

셋째, 환기가 안 되고 습기로 인해 죽은 벌이 부패했을 때(월동 시 노지 월동군은 소문을 3cm 정도, 실내 암실 월동은 4cm 정도로 조절하되 개포 뒤쪽을 3cm 정도 접어서 환기가 잘되도록 해 주어야 한다),

넷째, 주위가 소음과 진동으로 소란하거나 역한 악취가 날 때,

다섯째, 보온덮개를 덮지 않은 노지 월동군은 소문 앞에 직사광선이 비치지 않도록 소문 터널 또는 광선 차단장치를 설치해 주어야 한다.

여섯째, 한 달에 한 번 정도 끝을 구부린 철선으로 소문을 막아버릴 염려가 있는 죽은 벌을 긁어내 주어야 한다.

일곱째, 실내 암실 월동군은 며칠에 한 번씩 −5℃ 이하로 외기온도가 떨어지는 날을 택해 캄캄한 밤에 창문을 적당히 열어서 실내공기를 서서히 냉각시키며 환기를 해 주어야 한다.

여덟째, 약군(5,000마리 이하)은 봉구 온도를 유지하지 못해 식량을 남기고 동사하는 경우가 많다.

4.6 꿀벌의 동사

월동 중 꿀벌이 얼어 죽는 것을 동사라고 한다. 동사한 꿀벌은 바닥에 떨어져 죽고 아사한 꿀벌은 소방에 머리를 박은 채 죽는다. 꿀벌은 강군이라야 하고, 먹이만 충분하면 웬만큼만 월동포장을 해 주어도 동사하는 일은 없다.

꿀벌은 월동 과정에서 봉구를 이루고 봉구온도(약 21℃)를 유지하며 월동하는데, 봉구의 온도가 떨어지면 꿀을 먹고 가슴근육을 움직여 열을 발산하여 봉구온도를 조절한다.

동사는 월동 봉군뿐만 아니라 이른 봄 산란과 육아가 진행될 때 소비를 제대로 축소하지 않았거나, 소문 조절이 잘못되어 급격한 외기온도의 변화로 소비 면에 퍼져 있던

벌들이 다시 봉구로 뭉치는 과정에서, 바깥에 위치하여 저온에 노출된 알이나 유충은 동사하게 된다. 이와 같은 홍역을 한 번이라도 치루고 나면 군세는 좀처럼 회복이 안 되므로, 봄벌의 관리는 소비 1장에 4,000~4,500마리 이상이 빽빽이 붙도록 벌을 강하게 밀집시켜야 한다.

또 4월 중순경, 어린 햇벌들이 비행연습을 나왔다가 갑작스러운 한파로 인하여 어린 벌들이 소문으로 들어가지 못하고, 봉장 부근에 떨어져 죽는 경우도 있다. 이 경우는 동사라기보다 낙봉(落蜂)이라고 한다. 꿀벌이 봉구를 형성하고 안정된 상태에서는 시베리아와 캐나다 북부지방의 −57℃에서도 월동에 성공한 기록이 있으므로 정석대로만 월동시킨다면 얼어 죽지 않는다.

제 5 편

꿀벌의 생태와 습성

꿀벌 봉군은 여왕벌, 일벌, 수벌 계급으로 구성된다. 세 계급과 일벌의 일령에 의해 봉군의 여러 활동이 분업으로 이루어진다.

꿀벌의 발육과 번식과정을 이해하고 생태와 습성에 맞추어 봉군관리를 하는 것이 중요하다. 모든 양봉기술은 꿀벌의 생태와 습성에 관한 폭넓은 지식에서 출발한다.

5.1 꿀벌의 종류

화석기록에 의하면 꿀벌은 4천만 년 전인 신생대 3기 에오세기에 지구상에 출현한 것으로 추정한다.

꿀벌은 곤충분류학상 벌목(目), 꿀벌과(科)에 속하는 5,800여 종의 벌종류 중에서, 연중 무리를 이루고 꽃에서 꿀을 수집하여 먹이로 저장하는 꿀벌속(屬)에 속하며 전 세계에 걸쳐 7종(種)이 알려져 있다.

이 중에서 우리나라에는 사람이 직접 벌통 안에서 사육, 관리할 수 있는 동양종꿀벌과 서양종꿀벌 두 종이 있다. 꿀벌은 식물의 꽃에서 자신들의 식량인 꿀과 화분을 수집하는 과정에서 식물의 꽃가루 수정을 돕는 화분매개 역할을 한다. 선사시대에 야생 꿀을 채취하는 데에서 시작하여, 사람이 직접 벌통으로 꿀벌을 키우며 사육하는 이른바 양봉을 통해 꿀, 밀랍, 로열젤리, 화분, 프로폴리스를 생산하고, 시설하우스나 과수원에 화분매개를 위해 벌통을 임대하는 등, 꿀벌을 이용한 일련의 양봉산업이 발달하여 왔다.

인도대형종

이 벌은 동남아시아 인도, 미얀마, 스리랑카, 말레이시아, 자바 등에 서식한다. 체구가 큰 종으로 몸의 길이가 여왕벌이 18~21mm, 수벌이 17mm, 일벌이 16~18mm에 달한다.

머리와 가슴의 색은 흑색이고 복부의 등 쪽 앞에서부터 2~3절은 황색을 띠고 다른 부분은 암갈색을 띠고 있다. 그래서 이 벌은 몸의 앞쪽은 흑색으로 보이고 다른 부분은 황색으로 보인다. 여왕벌의 몸빛은 일벌보다 진하며 몸이 약간 더 길다.

이 벌 종의 집은 반원형으로 된 단엽(單葉)으로 암굴 또는 나뭇가지에 늘어뜨려 짓는다. 관찰에 의하면 길이 150~180cm, 폭 90~120cm에 달하는 것도 있다고 한다. 이 벌은 보통 지상 30~40m의 높은 곳에 집을 지으며, 어떤 원시림에 65개 이상의 벌집이 한 나뭇가지에 늘어져 있었다는 기록도 있다. 또한 환경이 불리해지면 벌집을 버리고 다른 곳으로 옮겨가는 성질이 있어 밀원이 없어지면 다른 밀원을 찾아 멀리 옮겨가 다시 새집을 짓는다. 이들이 지은 밀랍은 질이 좋은 것이어서, 주민들은 깊은 산중에서 이 벌집을 수집한다고 한다.

사진 5.1　인도대형종꿀벌(좌)과 나무에 달린 여러 봉군(우)

옛날에는 레드클로버의 화분매개를 위해 독일에서는 이 벌을 인도로부터 수입하여 키우려 했지만 이 벌 혀가 불과 4.5mm로 짧고 도망하는 성질이 있기 때문에 실패로 끝났다. 또한 그 후 서양종꿀벌과의 교배에 의하여 품종을 개량하려 시도하였으나 목적을 달성하지 못하였다.

인도소형종

이 벌도 인도, 스리랑카, 자바 등에 야생하고 있다. 숲이 우거진 밀림지대 관목 또는 지상의 얕은 나뭇가지에 집을 짓는다. 소형의 꿀벌 종으로서 몸의 폭은 2mm이며 여왕벌의 몸길이는 13mm, 수벌은 12mm, 일벌은 8mm 정도이다.

여왕벌과 일벌은 황갈색이고 수벌은 흑색이다. 이 벌도 역시 단엽으로 집을 짓는데

사진 5.2　인도소형종꿀벌(좌)과 봉군(우)

밀집된 관목에 집을 지어 늘어뜨린다. 성질은 비교적 온순한 편이다.

꿀 수집량이 아주 적고, 환경이 불리하면 도망을 잘하여 농가에서 사육할 수 없다. 주로 원주민들이 숲속에 들어가 집을 따서 먹기도 한다.

동양종꿀벌

동양종꿀벌은 원산지인 인도 외에도 중국, 한국, 일본과 동남아시아에 걸쳐 넓게 분포한다. 우리나라에는 삼국시대부터 동양종꿀벌에 관한 기록이 있는데, 재래꿀벌, 토종벌, 토봉(土蜂), 한봉(韓蜂) 등으로 불리고 있다.

아시아 지역의 동양종꿀벌은 크게 인도를 위시한 태국, 말레이시아, 인도네시아, 필리핀 지역의 인도아종(亞種), 히말라야 산맥 주변 고원 지역의 히말라야아종, 우리나라를 포함한 중국 대부분 지역의 동북아종, 일본의 일본아종 등으로도 구분하고 있다.

동양종꿀벌의 여왕벌과 수벌은 진한 흑색을 띤다. 일벌은 서양종에 비하여 체구가 작으며 몸 전체가 회색 또는 흑색을 띠고 배의 환절에 흰 털 띠가 있다.

부지런하여 이른 봄부터 늦가을까지 활발한 활동을 하며, 내한성이 높아 겨울철 월동을 잘한다. 활동에 필요한 꿀의 소모량이 적어 겨울철에 적은 먹이로도 월동이 가능하다.

가장 큰 장점은 질병에 대한 저항성이 높아, 서양종꿀벌에서 흔하게 보이는 부저병이나 백묵병이 나타나지 않는데, 특히 꿀벌응애나 가시응애의 기생률이 극히 낮아 특별한 방제 노력이 없이도 사양관리가 가능하다. 하지만 2010년대에 들어서면서 낭충봉아부패병 바이러스가 우리나라에 크게 발생하여 대다수 봉군이 폐사하는 피해를 받았다.

한편으로 꿀벌부채명나방의 유충인 소충(巢蟲)에 매우 약하여 벌통 내에서 소충이 일단 발생하면 방어하지 못하고 벌통을 포기한 채 쉽게 도망한다.

일반적으로 재래식 통나무 벌통이나 다단 사각 벌통에서 벌집 꿀을 채취하는 사육방식을 쓰고 있다. 최근 개량식 벌통에서 액상 꿀을 채밀하는 관리방법이 증가하고 있다.

동양종꿀벌의 연 평균 꿀 수밀량은 서양종에 비해 1/5 이하로 극히 저조하다.

표 5.1 우리나라 동양종꿀벌과 서양종꿀벌의 형태 비교(평균값)

형 질	동양종꿀벌	서양종꿀벌
허 길이(mm)	5.3	6.5
앞날개 길이(mm)	8.4	9.1
앞날개 폭(mm)	2.9	3.1
주맥 지수	5.5	2.4
시구(翅鉤) 수(개)	18.7	21.9
뒷다리 길이(mm)	7.8	8.1
배등판 3+4절 길이(mm)	4.2	4.6

성질이 온순하여 약간의 훈연 정도로도 복면포를 쓰지 않고 관찰할 수 있으나 환경이 불리하면 도망을 잘 간다. 서양종꿀벌은 여왕벌이 망실되면 부화한 지 3일 이내의 부화 유충방에 왕유를 공급하여 왕대를 조성하고 후계 여왕벌을 키워내나, 동양종은 미련 없이 도망하는 수가 많다. 동양종꿀벌은 서양종꿀벌과 서로 다른 종으로서 생식적으로 격리되어, 둘 사이에서 잡종을 얻는 것은 불가능하다.

동양종꿀벌이 수집한 꿀은 토종꿀로 불리며 토종이라는 이미지로 인해 상대적으로 비싸게 유통된다.

사진 5.3 동양종꿀벌 여왕벌과 일벌(좌), 재래식 사각 벌통으로 사육하는 봉장(우)

서양종꿀벌

서양종꿀벌은 편의상 양봉(洋蜂)이나 개량종 또는 유럽종으로도 불린다.

아프리카와 서부 유럽이 원산지인 서양종꿀벌은 신대륙을 위시한 전 세계로 확산하여 양봉산업을 발전시킨 꿀벌 종이다. 원산지 고유의 서양종은 약 26 아종으로 구분되는데, 이들은 열대 아프리카, 북아프리카, 서유럽, 지중해 등 크게 4개 그룹으로 구분하기도 한다.

열대 아프리카 그룹 중 아프리카꿀벌은 아프리카 동부의 고지대에서 에티오피아까지 분포하는데 외부 자극과 동료의 경보페로몬에 매우 민감하고 집단공격성이 매우 강한 것이 특징이다. 1950년대 육종 목적으로 브라질에서 탄자니아의 아프리카꿀벌을 도입하였는데 이 꿀벌이 도망하여 야생에 정착하면서 많은 인축을 공격하여 일명 '살인벌'로 알려진 적이 있다.

서유럽을 대표하는 북구흑색종은 피레네산맥, 스코틀랜드, 우랄, 스칸디나비아 남부에 분포하는데 겨울철 −45℃의 저온에서도 생존한다.

지중해 그룹 중에서 코카시안종, 카니올란종, 이탈리안종은 각각 독특한 특성과 우수한 유전형질을 갖고 있어 서양종꿀벌의 표준종으로 전 세계로 확산하였고, 양봉이 성행하는 대부분 나라에서는 이 꿀벌들을 기본 혈통으로 하고 있다. 우리나라의 서양종꿀벌은 대부분은 황색 이탈리안종과 흑색 카니올란종, 코카시안종이 잡종화된 벌이다.

서양종꿀벌을 크게 몸의 색깔로 구분해 볼 때 황색 계통에는 이탈리안종, 이집트종, 사이프리안종, 시리안종 등이 있고, 흑색 계통에는 카니올란종, 코카시안종, 아프리카종, 독일종, 화란종, 프니크종, 북구흑색종 등이 있다. 전체적으로는 황색 계통보다 흑색 계통이 비교적 많은 편이다. 복부의 황색 유전자가 흑색 유전자에 대한 우성이기 때문에 이들 간 잡종일 경우 일벌의 색채는 황색으로 나타난다.

이탈리안종(Italian)

이탈리안벌은 이탈리아 리구리아(Liguria) 지방이 원산지로서 리구리안벌이라고도 불린다. 원산지의 분포지역은 아주 좁게 형성되어 있다. 이탈리안종 벌의 머리, 가슴 밑, 배의 뒷부분은 흑색이나 배의 3, 4, 5, 6 환절은 황색이다. 몸 전체가 황색을 띠는 것이 선발되어 울트라엘로우벌로 불린다. 미국으로 건너가 개량된 이탈리안종은 그 색깔이 황색이 선명하여 골든이탈리안벌로 불린다. 표준종 중에서 전 세계에 가장 넓게 보급된 종으로 우리나라도 대부분이 이 벌의 잡종이다.

황색종이며 성질이 온순하고 다양한 환경에 적응력이 우수하여, 수백 년간 근대 양봉 발전에 기여한 우수한 계통이다. 이탈리안벌은 일찍이 미대륙 등 다른 지역으로 확산 보급되면서 양봉가들의 애호를 받아왔고, 현재 전 세계에 걸쳐 가장 많이 보급되었다. 이탈리안벌을 이용한 교배육종이 많이 이루어져서 다양한 품종으로 개량되었다.

일반적으로 배의 배판과 등판에 황색 띠가 나타나는데 이 부위에 난 빽빽한 짧은 털도 황색이다. 허 길이가 6.3~6.6mm로 긴 편에 속한다.

이탈리안벌은 행동이 점잖고 온순한 특징을 가지고 있다. 유밀기에 왕성한 수밀 활동을 할 뿐 아니라 분봉성이 적게 발생하여 봉군당 채밀 성적이 우수하다. 원산지인 지중해와 같이 겨울이 짧고 따뜻하며, 장기간 유밀이 되는 건조한 여름을 가진 기후가 사육에 적합하다. 추운 지역에서는 식량 소모율이 높고 상대적으로 월동력이 약하다. 유밀기에 왕성한 수밀 활동은 뛰어나지만 다른 벌통에서 꿀을 빼앗아 오는 도봉성이 강하고 다른 벌통으로 표류하기 쉬운 결점도 가지고 있다.

미국에서는 개량 육종을 통해 미국부저병에 저항성인 품종도 개발하였다. 우리나라에서 사육되는 서양종꿀벌 대부분이 이탈리안벌인데, 고유 순수 계통이 보존되지 못하고 심하게 잡종화되었다.

사진 5.4 이탈리안종 여왕벌, 일벌, 수벌(좌), 폴란드의 이탈리안종 양봉장(우)

카니올란종(Carniolan)

서양종꿀벌 표준종의 하나로 흑색종 중 비교적 체구가 크다. 오스트리아 남부와 유고슬라비아 북부지역, 발칸반도, 알프스, 흑해, 우크라이나에 걸쳐 분포하고 온순하며 다양한 환경에 잘 적응한다. 봄철 봉세 증가가 순조롭고 수밀력이 우수하다.

몸 전체는 흑회색이고 몸의 털은 빽빽하고 복부 2, 3 환절 등판에 갈색 점이 있다. 수벌은 완전 흑색이다. 혀가 6.4~6.8mm로 비교적 긴 편이어서 레드클로버에서도 수밀활동을 할 수 있다. 이탈리안벌과 비슷할 정도로 몸집이 크고 넓은 배는 폭이 크다. 소비 위에서 조용하고 습성이 온순하여 취미 양봉가들이 선호하는 벌이다.

월동 중 저밀 소모량이 적으며 약군으로도 월동을 잘하며 봄철에 세력이 급속히 성장한다. 이러한 특징을 갖추고 있어 추운 지방에서 적합하다. 여름철에 일정한 봉군 세력에 달하면 분봉열이 쉽게 생기는 것이 결점이지만 육종에 의해 이점이 보완된 분봉성이 적은 품종이 보급되고 있다.

방위 감각이 발달하여 다른 벌 종에 비하여 상대적으로 표류현상이 잘 일어나지 않으며 다른 벌통에서 꿀을 훔쳐오는 도봉하는 성질도 적다.

카니올란벌은 프로폴리스를 적게 사용하며 밀랍을 분비하여 조소 작업을 하는 속도가 느리지만 순백의 밀랍으로 밀개를 하므로 벌집 채 꿀을 생산하는 이른바 벌집꿀(소밀) 생산에 적합하다. 겨울에도 꿀을 적게 소모하며 월동을 잘한다.

유럽부저병에 비교적 강하고 잡종강세를 이용한 교배육종을 통해 우수한 품종이 개발되어 있다. 우리나라에 1980년대에 도입, 보급된 알타종은 코넬대학 모스(Roger A. Morse) 박사가 이 꿀벌의 수벌을 이탈리안종 여왕벌에 인공수정시켜 육성한 품종이다.

사진 5.5   원산지 슬로베니아의 카니올란종 홍보 사진(좌), 전통식 양봉사(우)

코카시안종(Caucasian)

전 세계 표준종의 하나로 러시아 중앙의 코카서스 지방의 높은 계곡에서 발달한 벌이다. 카니올란종과 유사한 형태지만 더 짙은 회갈색을 띠고 있다. 일벌은 흑회색과 황색이 약간 섞이기도 하는데 카니올란종과 구별이 어렵다.

긴 혀를 갖는 것이 특징이다. 혀 길이가 7mm 이상, 최대 7.2mm에 달하여 표준종 중에서 혀가 가장 길다. 따라서 다른 꿀벌 종이 꿀을 모으지 못하는 꿀샘이 깊은 꽃에서도 수밀 작업을 한다. 복부 솜털이 있는 부위의 폭이 넓고 털이 짧으며 몸은 흑색이다. 온순하고 수밀력이 좋으며 프로폴리스를 과다하게 사용하여 관리가 불편한 점이 있지만 이 벌을 이용하여 프로폴리스 생산에 주력할 수가 있다. 겨울철에는 스스로 프로폴리스와 수지로 벌통 문을 축소하는 습성이 있다.

몸집이 약간 작은 편이고 카니올란종에 비하여 배의 흑색 부분이 더 짙은 색을 띠며 몸체가 가늘고 길다. 성질이 온순하며 봄철 봉군 발달 속도가 더디지만, 여름철까지는 왕성한 세력을 갖춘다. 프로폴리스를 많이 사용하고 분봉성이 적은 것이 특징이다. 일반적으로 내한성은 있으나 가을에 일찍 산란을 중지함으로써, 강군으로 월동하는 경우가 적다. 성충이 노제마병에 감수성이어서 추운 지역에서 월동 성적이 좋지 못한 경우가 있다. 밀개(꿀 덮은 밀랍)가 밋밋하고 흑색이어서 벌집 꿀 생산에는 적합하지 않다. 일벌의 표류가 심하고 도봉성이 심한 것도 결점이다. 외적에 대한 방어력이 강하고 부저병에 강한 것이 장점이다. 코카시안벌을 주축으로 잡종강세 육종을 통해 생산성이 높은 품종이 보급되어 있다.

사진 5.6   코카시안종의 여왕벌과 일벌(좌), 유럽의 초창기 벌통(우)

5.2 꿀벌의 형태

일반적 특징

꿀벌은 다른 곤충과 마찬가지로 몸이 마디로 구성되고 머리, 가슴, 배로 나누어져 있다. 머리에는 먹이 섭취와 감각 기능이 발달하고, 가슴은 3마디로 되어 있어 다리 한 쌍과 두 쌍의 날개를 갖고 운동에 적합한 근육이 발달해 있다. 배는 7마디로 구성되고 내부에 소화기관, 호흡기관, 순환기관, 신경기관 등이 자리해있다.

꿀벌은 꽃에서 꿀과 화분을 수집하고 밀랍으로 벌집을 짓기에 적합한 저작·흡즙형 입 구조와 활발히 날기 위한 날개와 근육, 먹이를 찾기 위한 많은 감각기관이 특별히 발달하였다.

소화기관 위의 앞쪽에 꿀주머니(밀위, 蜜胃)가 있어 꽃꿀을 수집하여 운반하기에 적합하다. 또한 뒷다리 종아리마디 바깥쪽에는 화분을 뭉쳐 운반하기에 적합한 센 털로 된 화분바구니가 발달해 있다. 외적을 방어하기 위해 일벌의 복부 말단에는 화살촉 구조의 벌침과 내부에 독낭이 있다.

로열젤리를 분비하는 일벌의 하인두샘과 집합페로몬과 성페로몬, 일벌의 난소 발육을 억제하는 여왕벌 물질을 분비하는 여왕벌의 큰턱샘, 일벌 복부 제7번째에 있는 향선은 일벌들 간 자신의 위치를 알리고 집합을 유도하는 페로몬을 분비하는 대표적 외분비샘이다.

부위별 특징

꿀벌은 곤충이다. 따라서 곤충의 특징인 머리, 가슴, 배의 세 부분으로 구분된다.

머리

머리에는 한 쌍의 겹눈과 세 개의 홑눈이 있는데, 겹눈은 먼 곳의 물체를 볼 수 있고 단안은 가까운 곳의 물체를 볼 수 있다. 또 한 쌍의 더듬이가 있어 자유롭게 전후좌우로 움직이며 촉감과 냄새를 판별한다.

입에는 길고 둥근 혀가 있어 꽃에서 화밀을 빨아들이기 알맞으며 또 큰턱샘이 있어서 여왕벌은 이곳에서 여왕벌 물질을 분비하여 꿀벌 조직사회를 통솔한다. 일벌들이 동료를 판별하는 것은 이 여왕벌 물질의 냄새로 인한 것이다.

일벌은 머리샘에서 로열젤리를 분비하고 인후선을 통해 어린 유충의 먹이를 공급한다.

가슴

가슴은 3마디로 구성되어 있고 마디마다 한 쌍씩의 다리가 있고 근육이 크게 발달해 있다. 가슴의 1~2번째 마디의 등쪽에는 2쌍의 날개가 있다. 앞날개와 뒷날개를 연결시켜 주는 시구(翅鉤)가 있어 빠른 속력을 낼 수 있다. 또 가슴에는 3쌍의 기문이 있어 호흡을 한다.

배

배는 총 7마디로 구성이 되어 있으며 자유롭게 전후좌우로 움직일 수 있고, 3, 4, 5, 6마디 아래에는 총 4쌍의 밀랍샘이 있다. 또 마디마다 1쌍의 기문이 좌우로 있어 호흡의 통로가 되며, 배의 내부에 공기주머니가 있어 몸을 가볍게 하고 공기를 비축하는 역할을 한다. 뱃속의 꿀주머니에서는 각종 전화효소가 분비되어 꽃꿀을 포도당과 과당으로 전화시켜 꿀을 만든다

배의 끝에는 향선(香腺)이 있는데 평상시에는 7번째 마디에 가려져 있다가 비상시에는 꽁무니를 들고 이를 노출시켜, 길을 잃은 동료에게 냄새를 풍겨 길잡이 역할을 한다.

사진 5.7 외부로 노출된 향선으로 집합페로몬을 분비하는 일벌(좌), 페로몬을 맡고 기어서 이동하는 장면(우)

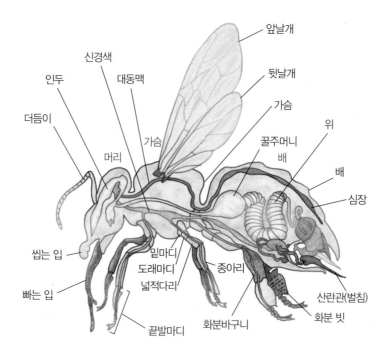

사진 5.8 꿀벌(일벌) 몸의 외부와 내부 구조

5.3 꿀벌의 계급

꿀벌 무리(봉군)는 여왕벌과 일벌, 수벌의 세 계급으로 구성되고 각 계급은 고유한 역할을 담당한다.

여왕벌

애벌레는 독특하게 생긴 여왕벌 방(왕대)에서 일벌이 하인두샘에서 분비하는 로열젤리를 먹고 발육하는데, 이 먹이는 배수체 수정란이 부화하여 일벌이 아닌 여왕벌로 분화하는 결정적 요인이 된다. 처녀왕은 태어나서 5일~10일이 되면 맑고 따뜻한 오후에 공중에서 10마리 이상의 수벌들과 다중교미를 한다. 교미 후 5일 정도가 지나면 알을 낳게 되며 하루에 최대 3,000개 이상의 알을 낳는다. 벌통마다 한 마리 여왕벌이 전체 벌 무리를 번식시키는데 여왕벌 수명은 5년 이상이지만 대부분 1~2년 후에는 산란능력이 떨어지기 때문에 전문 양봉가들은 매년 새로운 왕으로 교체한다.

수벌

몸집이 일벌보다 조금 크고 두툼하다. 수벌은 벌 무리를 위해 특별한 일은 하지 않고 처녀 여왕벌과 공중에서 교미하는 일만 한다. 보통 여왕벌이 왕성하게 산란하는 번식기간에는 수벌의 수가 수백 마리에 이르지만, 가을철 기온이 떨어지면 그 수가 줄어들고 겨울에는 벌 무리 중에는 수벌이 한 마리도 없다.

일벌

꿀벌 봉군에는 수만 마리의 일벌이 있는데 어린 시기에는 주로 벌통 안에서 일벌, 수벌, 여왕벌의 애벌레를 키우고 집을 짓고 청소를 하는 등의 일을 하며, 보름 정도 지나면 꿀과 화분을 수집하는 바깥일에 종사한다. 늙은 일벌은 벌통 문을 지키는 일을 하는 등 일령(나이)에 따라 모든 작업을 분업을 통해 하고 있다. 외부 활동을 하지 않는 겨울 기간에는 4~5개월을 살지만, 활동기의 일벌 수명은 30~45일이다.

꿀벌은 개체로서가 아닌 개체들이 모여 형성된 집단(봉군)으로서 그들의 사회성을 증대시킨다. 다시 말해 집단의 생존과 번식의 성공을 위하여 집단이 하나의 유기적인 단위로 움직인다. 따라서 꿀벌은 개체로서가 아니라 하나의 사회를 구성하고 있는 군집으로 이해하고 관찰할 필요가 있다.

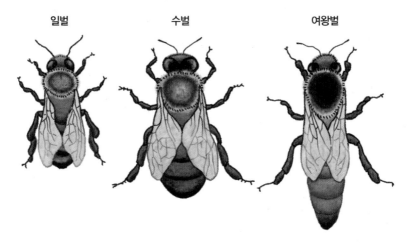

사진 5.9　꿀벌의 세 계급

5.4 꿀벌의 출생과 발육

여왕벌은 수정란과 무정란이라는 두 종류의 알을 낳는데, 수정란에서는 여왕벌과 일벌이 발생하고 무정란에서는 수벌이 발생하는, 이른바 단위생식(單爲生殖)이 이루어진다.

갓 낳은 알은 3일 후에 부화하여 애벌레가 되고 어린 애벌레는 유백색을 띠고 몸은 반원형으로 굽어 있으나, 유충이 자라면서 벌방에 가득 찰 정도가 되면 머리가 벌방의 위쪽을 향한다.

애벌레가 벌방 안에서 다 자라면 변태하여 번데기가 되면서 실크와 밀랍, 화분을 섞어 벌방 위에 고치를 만들어 벌방을 덮는다. 번데기 덮개(봉개)에는 미세한 구멍들이 있어 호흡을 하는 데 지장이 없다. 이후에 번데기 몸이 점차 굳어져 갈색으로 변하고 날개와 털이 생기면서 어른 벌(성충)로 발육한다. 성충이 되면 몸을 움직이면서 번데기 덮개를 입으로 물어뜯고 벌방을 빠져나온다.

꿀벌은 여왕벌, 일벌, 수벌의 번데기 기간이 달라 알에서 성충 벌이 될 때까지의 총 발육기간이 각각 16일, 21일, 24일이다. 발육과정을 자세하게 살펴보면 다음과 같다.

첫째, 여왕벌은 알에서 3일, 왕유 보육기간 5.5일, 왕대가 봉개된 후 결식기간 1일, 마지막 5회 탈피를 하고 2일간 휴식을 취하고, 1일간에 걸쳐 변태하여 번데기가 되었다가 3.5일 후 탄생한다. 그러므로 알에서 봉개까지 8.5일이 소요되고 봉개 후 출방까지 7.5일이 걸려 알에서부터 16일 만에 출방한다.

둘째, 일벌은 알에서 3일, 왕유 보육기간 3일, 일반먹이 보육기간 3일, 결식기간 2일, 마지막 탈피를 하고 2일간 휴식을 취한 후 1일간 변태하고 번데기가 되었다가 7일 후 탄생한다. 그러므로 알에서 봉개까지 9일이 소요되고 봉개 후 출방까지 12일이 걸려 알에서부터 21일 만에 출방한다.

표 5.2 꿀벌의 계급별 총 발육기간

계급	알	애벌레	봉개 · 번데기	합계
여왕벌	3일	6일(5.5일)	7일(7.5일)	16일
일벌	3일	6일	12일	21일
수벌	3일	6일(6.5일)	15일(14.5일)	24일

표 5.3   꿀벌의 발육과 탄생 과정

발육단계(일) ＼ 계급	여왕벌	일벌	수벌	참고
알기간	3	3	3	알기간은 모두 같다.
왕유 보육기간	5.5	3	4	여왕벌은 많이 먹는다.
일반먹이 보육기간	–	3	2.5	여왕벌은 안 먹는다.
고치 형성 기간	1	2	1.5	고치를 짓는다.
휴식기	2	2	3	쉰다.
화용기	1	1	1	번데기로 변한다.
번데기 기간	3.6	7	9	
[계]	16	21	24	알~성충까지 총 발육기간
알에서 봉개까지	8.5	9	9.5	
봉개 후 출방까지	7.5	12	14.5	
출방 후 출상까지	3~6	7~15	8~15	

셋째, 수벌은 알에서 3일, 왕유 보육기간 4일, 일반먹이 보육기간 2.5일 소방이 덮개된 후 1.5일간 결식을 한다. 마지막 탈피를 한 후 3일간 휴식을 취하고 1일간에 걸쳐 번데기로 변하고 9일 후 탄생한다. 그러므로 알에서부터 봉개까지 9.5일이 소요되고 봉개 후 출방까지 14.5일이 걸려 알에서부터 24일 만에 출방한다.

여왕벌의 출생

여왕벌은 아래의 4종류 왕대에 의해 탄생하므로 왕대별 출생과정을 살펴보기로 하자.

첫째, 자연왕대에 의한 탄생

둘째, 변성왕대에 의한 탄생

셋째, 갱신왕대에 의한 탄생

넷째, 인공왕대에 의한 탄생

자연왕대에 의한 탄생

3월 초순경 3매 강군이었다면 4월 중순경 몇 마리의 수벌이 보이기 시작하고, 하순경에는 일벌이 만상이 되며 소비의 옆 또는 아래 후미진 곳에 왕완을 짓는다.

여왕벌은 이 왕완에 산란을 한다. 알에서 3일 만에 부화한 유충은, 어린 일벌(6~10일령)들에 의하여 먹이로 로열젤리를 공급받는다. 유충이 성장함에 따라 왕대도 높여 짓다가 5.5일 후 봉개된다.

봉개된 유충은 왕대 안에서 엷은 실을 토하여 고치를 짓고 마지막 5회 탈피를 한 후, 2일간 휴식을 취하고 다시 번데기가 된다. 번데기는 4.5일 후 껍질을 벗고 처녀왕으로 출생한다. 다시 말해서 알에서 3일, 유충에서 5.5일, 고치와 탈피 1일, 휴식 2일, 번데기 기간 4.5일 총 16일 만에 탄생한다.

변성왕대에 의한 탄생

여왕벌이 망실(亡失)되었거나 또는 인위적으로 여왕벌을 제거하면, 일벌들은 후계 여왕벌을 옹립하기 위하여 부화된 지 3일 이내의 일벌 유충 방을 선택하여, 소방을 확장 개조하고 왕유를 공급하여 왕대를 조성한다.

이를 변성왕대 또는 급조왕대라고 한다. 부화 유충방을 선택하여 왕유를 공급한 이후의 출생과정은 자연왕대와 동일하다.

갱신왕대에 의한 탄생

여왕벌이 늙고 산란력이 떨어지면 일벌들은 어미 여왕벌을 교체할 목적으로 자연왕대와 유사한 왕대를 소비의 측연 또는 하연에 조성한다. 어미 여왕벌이 산란하기를 거부하면 날개, 다리, 더듬이 등을 물고 끌어다 산란하기를 강요한다.

이처럼 강제로 일벌들에 의해 조성된 왕대를 갱신왕대라고 하는데 왕완에 산란한 후부터는 자연왕대의 발육과정과 동일하다.

인공왕대에 의한 탄생

예전에는 밀랍을 녹여 왕완을 제작하여 사용하였으나 근래에는 플라스틱 왕완을 사용하고 있다. 왕유 생산용 채유광의 플라스틱 왕완에 부화 유충을 이충한다. 그리고 강군의 한편에 칸막이로 무왕군을 조성하고 채유광을 삽입하여 변성왕대를 조성하게 한다.

처녀왕이 출방하기 1일 전에 봉개된 왕대의 플라스틱 왕완을 교미군에 이식하여 처녀왕을 출방케 한다.

일벌의 탄생

알

육아 온도가 지속되면 여왕벌은 일벌이 청소한 소방에 산란을 한다. 갓 낳은 알은 소방 바닥에 곤두세워지며 처음에는 약간 푸른색이나 하루가 지나면 약간 옆으로 기울어지며 유백색으로 변하고, 이틀이 지나면 회백색이 되며 바닥에 눕게 된다. 3일째는 알이 부풀며 부화한다. 알 기간은 3일이다.

유충

알이 부화하기 하루 전부터 일령 6~10일 된 어린 벌에 의하여 소방에 왕유가 공급된다.

알이 부화하면 유모(乳母) 벌들은 하루에도 1,000여 번씩 교대해 가며 보살핀다. 부화 유충은 왕유에 파묻혀 잘 보이지 않는다. 4일째 되는 날부터는 일령 3~5일 되는 어린 벌들에 의하여 꿀과 화분을 반죽한 먹이가 공급된다. 즉 일벌 유충은 3일간 왕유를 먹고 3일간은 꿀과 화분을 먹은 후 봉개가 된다.

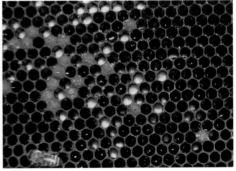

사진 5.10 갓 산란한 일벌의 알(좌), 일벌 유충과 봉개 번데기(우)

번데기

일반적으로 애벌레 소방에 덮개(봉개)가 생기면 번데기라고 하는데 덮개가 되었다고 번데기가 된 것은 아니다. 덮개 후 고치를 만드는데 2일, 휴식 2일, 번데기로 변태하는 데 1일, 총 5일 후 번데기가 되었다가 7일 후 출방하는 어린 벌을 유봉이라고 한다.

유봉(幼蜂)

처음 세상에 나온 어린 일벌은 언니 일벌로부터 한 모금 꿀을 얻어먹고 기운을 차린 후 자기 혼자서 몸을 단장한다. 유봉의 출방은 온도, 먹이 환경에 따라 하루 늦기도 하고 빠르기도 하나 이는 불량한 일벌로 몸도 약하고 수밀력도 떨어지기 쉽다.

일벌이 하는 일

① 분봉 여부를 결정한다.

② 여왕벌에 왕유를 공급하고 알과 유충을 보호한다.

③ 육아 온도를 유지하여 알과 유충을 보호한다.

④ 일령에 따라 왕유 공급과 꿀과 화분을 혼합한 먹이를 조절한다.

⑤ 소방을 청소하여 여왕벌로 하여금 산란케 한다.

⑥ 꿀과 화분을 타액과 물로 반죽하여 일벌과 수벌의 유충에 먹인다.

⑦ 화밀에 전화효소를 섞어 되새김질하여 꿀로 전화시킨다.

⑧ 왕완을 조성하고 여왕벌 유충이 성장함에 따라 왕대를 구축한다.

⑨ 유충이 성숙하면 이들을 도와 왕대 또는 소방을 봉개한다.

⑩ 소방을 건설한다.

⑪ 벌통 소문을 지켜 외적의 침입을 방어한다.

⑫ 선풍을 하여 화밀의 수분을 발산시키고 꿀을 농축시킨다(수분발산선풍).

⑬ 벌통 내 공기가 탁해지면 선풍을 하여 환기를 촉진한다(환기선풍).

⑭ 여름철에 벌통 안이 건조하고 더워지면 물을 운반하여 소비광 상부에 저장하고 선풍을 하여 습기와 더위를 조절한다(청량선풍).

⑮ 꽃에서 화밀과 화분을 수집하고 수목에서 봉교(프로폴리스)를 수집한다.

⑯ 밀원을 발견하면 원무 또는 꼬리 춤을 추어 동료에게 밀원의 위치를 알려준다.

⑰ 외적의 침입, 먹이의 부족, 소음이 심하거나 심한 악취가 나는 등 생활환경이 불량해
　지면 무리 전체가 벌통을 탈출하여 도망하도록 유도한다.

⑱ 식구가 늘어나 벌통 안이가 비좁아지면 왕대를 조성하고 분봉을 꾀한다.

⑲ 번식기가 지나면 무위도식(無爲徒食)하는 수벌을 배척한다.

⑳ 벌집을 파괴하는 소충을 물어낸다.

㉑ 여왕벌이 망실되면 변성왕대를 조성하여 후계 여왕벌을 양성한다.

㉒ 여왕벌이 늙어서 쓸모가 적어지면 갱신왕대를 조성하여 어미왕을 교체한다.

㉓ 여왕벌이 망실된 후 알이나 부화 유충이 없으면, 일벌 스스로 알을 낳는다. 이를 산
　란성 일벌이라고 한다.

㉔ 벌통 내 온도가 떨어지면 꿀을 먹고 동태온도를 유지하고, 월동 중에는 열을 발산하
　여 봉구의 정태온도를 유지한다.

㉕ 분봉하기 직전에 길잡이 벌을 파견하여 분봉 나갈 자리를 탐색한다.

㉖ 분봉할 때 3일 정도 견딜 수 있는 꿀을 먹고 나가 새 장소에서 새집을 짓는다.

㉗ 무밀기에 먹이가 부족하면 약군에 침입하여 꿀을 훔쳐온다.

㉘ 산란할 소방과 저밀할 소망이 없어지면 태업(怠業)을 한다.

㉙ 월동 중 또는 여름철 장마기에 먹이가 떨어지면, 자신들은 굶어 죽으면서도 여왕벌
　이 먹을 먹이를 남겨 종족보존의 의무를 다한다.

수벌의 탄생

　여왕벌이 수벌방에 산란을 하면 3일 후 부화하며, 4일간 왕유가 공급된다. 이후 2.5
일간 꿀과 화분을 반죽한 유충 먹이를 공급받아 자라서 덮개를 한다. 봉개된 유충은 가
는 실을 토하여 1.5일간 고치를 짓고, 마지막 5회 탈피를 하고 3일간 휴식을 취한 후 하
루 동안에 걸쳐 번데기로 변한다. 번데기는 9일 후 성충이 되어 덮개를 뚫고 소방에서
나온다.

　탄생한 지 10여 일이 지나면 발정을 하며 교미능력이 생긴다. 수벌은 처녀왕과 교미
를 마치면 생식기 일부가 이탈되어 그 자리에서 죽게 된다.

5.5 육아권

발육 중인 봉군에 있는 소비의 중앙에는 타원형의 영역에 알과 애벌레, 봉개 번데기가 있다. 이를 육아권 또는 봉아권이라고 한다. 육아권 주위에는 화분이 저장되어 있고 그 주변 상단에 저밀 소방들이 있다. 계상벌은 아래통이 주로 육아권이고 계상이 저밀권이 된다.

소비 양면의 육아 수를 산출하려면 다음의 공식을 적용하면 된다.

$$N = \pi \times \frac{a}{2} \times \frac{b}{2} \times 4 \times 2$$

(N = 육아 수, π = 3.14, a = 육아권의 장경, b = 육아권의 단경, 4 = 1cm² 면적 내 소방 수, 2 = 소비 양면을 산출할 경우)

가령 가로 a = 30cm, 세로 b = 15cm의 육아권이라면 3.14 × (30/2) × (15/2) × 4 × 2 = 2,826개가 된다.

타원형의 면적을 산출하는 공식을 적용하여 산출한 육아 수는 실제 관찰한 수와 엇비슷하였다. 실제로는 1cm² 소비 내의 소방의 수를 4.15로 계산해야 하나 간혹 소방에 산란이 건너 뛰는 것을 감안하여 4로 계산한 것이다.

사진 5.11   일벌의 수밀 활동(좌), 벌집 중앙의 타원형 육아권(우)

표 5.4   육아권 크기별 육아 수 조견표

장경 cm 단경 cm	3	5	7.5	10	12.5	15	17.5	20
3	28	47	70	92	117	141	164	188
5	47	78	177	157	196	235	374	314
7.5	70	117	176	235	294	352	412	417
10	94	157	235	314	392	471	549	628
12.5	114	196	294	392	490	588	686	785
15	141	235	352	471	588	706	823	942
17.5	164	274	412	549	686	823	960	1.098
20	188	341	471	628	785	942	1.098	1.256

장경 cm 단경 cm	22.5	25	27.5	30	32.5	35	37.5	40
3	212	235	259	282	306	329	353	376
5	353	392	431	471	510	549	588	628
7.5	529	588	647	706	765	824	883	942
10	706	785	863	942	1.020	1.099	1.177	1.256
12.5	883	981	1.079	1.177	1.275	1.373	1.471	1.570
15	1.059	1.177	1.295	1.143	1.530	1.648	1.766	1.884
17.5	1.236	1.373	1.511	1.648	1.785	1.923	2.060	2.198
20	1.413	1.570	1.727	1.884	2.040	2.198	2.355	2.512

5.6   꿀벌의 수명

꿀벌은 성(性)과 계급에 따라 그 수명을 달리한다. 수명의 계산은 소방에서 출방하여 죽는 날까지로 한다.

여왕벌의 수명

여왕벌은 알에서 3일 만에 부화되며 5.5일간 왕유만을 먹고 자라서 유충이 성숙하면, 소방이 봉개 되었다가 7.5일 만에 출방한다. 출방한 지 4일이 지나면 발정하고 출방 7~10일 후 교미를 마친 지 3일이 되면 산란하기 시작하는데, 산란을 계속하는 한 시녀 일벌이 왕유를 공급한다. 유밀기에는 산란이 왕성하고 무밀기에는 산란이 점차 줄어들다가 중지된다. 젊은 여왕벌일수록 산란력이 왕성하다.

산란하기 시작한 지 만 1년이 지나면 산란력이 저하되므로 일벌들은 어미 여왕벌을 교체할 목적으로 갱신왕대를 조성하는 경우가 생긴다. 처녀왕이 출방하면 어미와 딸이 동거(同居)하다가 딸이 교미를 마치고 산란하기 시작하면 일벌들은 어미 여왕벌을 제거한다. 그러므로 유밀 기간이 긴 열대지방의 여왕벌은 수명이 짧고 한대지방의 여왕벌은 수명이 길다.

다시 말해서 강군의 여왕벌보다 약군의 여왕벌일수록 그 수명이 길다. 학자들은 여왕벌의 수명을 3년 또는 5년 이상도 살 수 있다고 하나 현실적으로 3년 이상 생존하는 여왕벌을 보지 못했다.

일벌의 수명

일벌은 알에서 3일 만에 부화하며 3일간 왕유를 먹고, 3일간은 꿀과 화분을 반죽한 먹이를 먹는다. 유충이 성숙하면 소방이 봉개되고 12일 만에 출방한다. 소방에서 출방한 일벌은 일령(日令)에 따라 벌통 안에서 일을 하다가 12일령이 되면 기억비행을 마치게 된다. 15일령 무렵이 되면 외역에 참여하여 화밀, 화분, 물, 봉교 등을 수집한다.

일벌의 일령에 따른 중요한 작업을 살펴보면,

첫째, 발열하여 보온하는 일벌은 온도가 낮아지면 꿀을 먹고 근육을 움직여 열을 발생한다.

둘째, 왕유를 분비하여 유충을 보육한다. 출방한 지 6~10일 된 내역봉은 꿀과 화분을 먹고 왕유를 분비하여 여왕벌의 유충에게는 5.5일간, 일벌의 유충에게는 3일간, 수벌의 유충에게는 4일간 왕유를 먹이고 산란 중의 여왕벌에게 계속 왕유를 공급한다.

셋째, 밀랍을 분비하여 조소하는 일, 출방한 지 10~12일령의 일벌은 배의 3, 4, 5, 6 환절에는 밀랍을 분비하여 벌집을 건설한다.

넷째, 화밀, 화분, 봉교를 수집한다. 출방한 지 15일이 지나면 외역에 참여하여 화밀과 화분을 수집하고 필요에 따라 물과 봉교도 수집한다. 화밀은 전화효소를 가미하여 포도당과 과당으로 전화시키는데 이것이 꿀이다.

일벌은 이외에도 여러 가지 일을 하는데 지나친 노동은 수명을 단축한다. 즉 왕유의 분비를 강요시키는 일, 무리하게 조소를 시키는 일, 화밀이나 화분을 많이 수집하고 꿀로 전화시키는 일 등은 수명을 단축시킨다.

활동기에 일벌의 정상적인 수명은 출방 후 60일 정도인데 지나치게 노동을 한 일벌은 40일 정도 생존한다. 월동기를 앞두고 9월 초순경부터 산란과 육아에 시달리지 않은 일벌은 다음 해 4월 초순까지도 살 수 있다. 특히 월동 중에는 노동이 적고 반동면을 하기 때문인데, 포장이 잘못되었거나 지나치면 꿀도 많이 소모할 뿐아니라 수명도 단축된다.

수벌의 수명

수벌은 무정란에서 3일 만에 부화하며 4일간 왕유를 먹고 2.5일간은 꿀과 화분을 먹은 후 유충이 성장하면 덮개를 한다. 봉개된 후 14일 만에 소방에서 출방을 하는데 출방 이후 10여 일이 지나야 발정하여 교미가 가능하다. 여왕벌은 알을 낳고 일벌은 봉군 사회의 모든 일을 담당하게 된다. 수벌은 무위도식(無爲徒食)하다가 번식기에 처녀왕과 교미하는 일만 하고, 교미를 마친 수벌은 생식기가 이탈하여 죽는다.

수벌은 번식기가 지나가면 일벌들에 의하여 배척을 당하여 소문 밖으로 밀려나기도 하고, 눈치를 살피며 한쪽에 몰려 굶어 죽기도 한다. 월동기를 앞둔 10월 중순경이 되면 벌통 내에서 수벌을 찾아보기 어렵다.

5.7 꿀벌의 민주주의

꿀벌의 집단생활을 얼핏 살펴보면 여왕벌을 중심으로 한 군주주의 집단체로 보이지만, 자세히 살펴보면 민주주의적이라는 것을 발견할 수 있다.

첫째, 분봉은 일벌의 의사에 따른다. 꿀벌 사회가 번창하여 벌통 내부가 비좁아지면 왕완이 조성되고 왕대가 봉개된 지 4일이 지나면 시녀벌들은 분봉 나갈 여왕벌에게 왕유 공급을 차단한다.

둘째, 처녀왕이 출방하기 이틀 앞두고 아침에 길잡이벌을 사방으로 파견하여 새 집터를 모색한다. 그동안 일벌들은 꿀을 먹고 길잡이벌이 돌아오기를 기다렸다가 길잡이벌이 돌아오면 소문으로 조수(潮水) 같이 몰려나가 봉장 위를 돌며 여왕벌이 나오기를 기다린다.

셋째, 여왕벌이 소문에서 나오면 일단 인근 나뭇가지나 집 추녀 등에 뭉쳐서 무리를 이룬다. 2시간 이내에 수용치 않으면 길잡이벌을 따라 새 집터로 이동한다.

넷째, 빈 통에 수용하거나 새 집터로 이동하여 안정을 이루면 그때부터는 여왕벌의 의사를 존중한다. 또 여왕벌이 늙어서 여왕벌로서 제구실을 못 하게 되면 일벌들은 어미 여왕벌을 교체할 목적으로 소비의 옆면이나 아랫면의 후미진 곳에 왕완을 조성한다. 여왕벌이 이 왕완에 산란하기를 거부하면 일벌들은 다리, 날개, 더듬이 등을 물고 늘어져 결국 왕완에 산란을 해야 놓아준다. 분명히 늙은 여왕벌의 의사는 무시되고, 일벌들의 의사에 여왕벌도 순종한다는 것을 발견할 수 있다.

5.8 꿀벌의 표류

같은 봉장 내에서 또는 유밀기에 밀원지와 봉장의 중간 위치에 남의 봉장에 있으면, 수밀해 오던 일부 외역봉이 그리로 잘못 들어간다. 이러한 현상을 꿀벌의 표류라고 한다.

표류의 원인

일벌이 출방하여 12여 일이 지나면 날갯짓을 익히고 자기 집의 위치를 기억하기 위하여, 청명하고 온화한 날 13~15시경 소문으로 나와 벌통 1~2m 앞에서 머리를 집 쪽으로 향하고 날갯짓으로 오르내리며 웅성거린다. 이를 유희비상(遊戲飛翔) 또는 놀이벌이라고 한다.

이때 어린 벌들은 옆 통으로 잘못 들어가는 경우가 많다. 더욱이 강풍이 불면 많은 수의 벌들이 남의 통으로 잘못 들어간다. 어린 벌들은 적의가 없어 이웃 벌통의 문지기벌이 아무런 검문도 없이 잘 받아들인다. 표류가 일어날 경우는 다음과 같다.

첫째, 먼 곳에서 이동해 온 벌들은 자기 집을 모른다. 기억비행을 나왔다가 옆통 또는 앞줄의 벌들이 웅성대는 벌통으로 휩쓸려 들어간다

둘째, 봉장과 밀원지 중간에 남의 봉장이 있으면 거리가 300m 이상이 되어도 중간의 봉장으로 표류한다.

셋째, 뒷줄의 벌들이 앞줄로 몰린다.

넷째, 높은 지대의 벌들이 얕은 장소의 벌통으로 몰린다.

다섯째, 바람 부는 봉장의 벌들이 바람이 적은 온화한 장소로 몰린다.

여섯째, 소란한 장소를 피하고 안정된 장소를 택한다. 그러므로 천막 근처 등 사람의 왕래가 잦은 곳을 싫어한다.

일곱째, 소음이 심한 비행장 근처, 공장지대, 냄새가 심한 화장실 근처, 양계장, 목장 근처는 적지가 못 된다.

여덟째, 약군의 벌들은 강군의 벌통으로 몰린다.

아홉째, 무왕군의 벌들은 유왕군의 벌통으로 몰린다.

열째, 먹이가 부족하여도 먹이가 많은 벌통으로 몰린다.

표류의 예방

첫째, 양봉장과 밀원지의 중간 지역에 남의 봉장이 있으면 안 된다.

둘째, 같은 봉장일 경우 앞줄과 뒷줄은 3m 이상 떨어져야 하지만 그래도 환경과 조건에 따라 표류할 경우가 있다.

셋째, 벌통과 벌통의 간격을 30cm 이상 떨어뜨려 놓으면 도움이 되나 실제로 관리하기 어려우므로 색종이를 벌통 앞면에 부착하거나 벌통의 색깔을 달리하면 도움이 된다.

넷째, 봉사(蜂舍)를 설치하면 앞, 뒷줄의 간격이 1m만 떨어져도 표류 예방에 도움이 된다.

5.9 일벌의 산란

꿀벌 사회는 여왕벌, 일벌, 수벌로 구성되어 있는데 여왕벌과 일벌은 유정란(有精卵) 또는 수정란(受精卵)에서 출생하고 수벌은 무정란(無精卵)에서 출생한다.

여왕벌이 될 유충과 일벌이 될 유충은 성장 과정에서 먹이가 다르다.

학자들은 여왕벌의 대시(어금니)에서 분비하는 여왕벌 물질에 의하여 일벌의 난소가 억제되었다가, 여왕벌이 없어지면 일벌의 억제 퇴화되었던 난소가 재발육하여 일벌이 알을 낳게 된다고 한다. 알을 낳는 일벌을 산란성 일벌이라고 한다.

산란성 일벌이 발생하는 경우에는 무왕군 상태가 20여 일만 지속되어 일부 일벌들이

사진 5.12　산란성 일벌이 소방에 무더기로 산란한 알(좌), 정상 산란한 알(우)

알을 낳게 되는데, 이 알은 물론 무정란이며 여기서 작은 수벌이 나온다.

　실례를 들어보면 채밀을 할 때 잘못하여 여왕벌이 죽은 것을 모르고 방치해두면 변성왕대가 조성되고 여기서 처녀왕이 출방하는데, 처녀왕이 교미에 실패하게 되면 그 봉군에는 알도, 애벌레도 없다. 무왕군이 된 지 20여 일이 지났기 때문에 산란성 일벌이 발생한 봉군은 자멸하게 된다.

　산란성 일벌이 발생한 봉군은 처녀왕이나 신왕의 유입은 받아 주지 않고, 1년 이상된 늙은 여왕벌은 받아 주지만 최소한 4일 이상이 지나야 산란을 한다.

　산란성 일벌은 일벌방에 산란하게 되므로 이 소방에서 성장한 수벌은 체구가 작다. 이 소형 수벌의 교미능력 여부는 불분명하다. 인도 아리바하 수의과대학 밀렌(Millen) 박사는 산란성 일벌에서 출생한 소형 수벌도 정상적인 교미능력이 있다는 실험결과를 보고한 바 있다.

5.10　꿀벌의 춤

　꿀벌의 의사소통 수단에는 화학적인 수단과 물리적인 수단으로 구분할 수 있다.

　주로 물리적인 의사소통 수단을 꿀벌의 언어라고 하는데 오스트리아태생 독일 동물행동학자 칼 프리쉬(Karl von Frisch, 1973 노벨생리의학상 수상, 1886~1982) 박사에 의하여 밝혀졌다.

　꿀벌의 화학적인 언어는 각종 페로몬과 여왕벌 물질을 들 수 있고, 물리적 언어는 둥글게 원을 그리며 의사를 전달하는 원무춤과 엉덩이를 흔들어 의사를 전달하는 꼬리춤이 대표적이며 그 외에 초생달춤, 경보춤, 환희춤, 청소춤 등이 있다.

원무

밀원식물에서 꽃꿀이나 꽃가루를 수집하여 집안으로 돌아온 일벌이 수비와 밀원지가 90m 이내의 근거리에 위치할 때, 그 방향과 거리를 동료들에게 알려 주기 위한 춤을 원무(圓舞)라고 한다.

춤을 자세히 관찰하면, 때에 따라 오른쪽과 왼쪽으로 제멋대로 돌아가는 것을 볼 수 있는데, 관찰자에 따라 제멋대로인 것처럼 보일지는 모르지만 이것이 바로 꿀벌 간의 의사소통 수단의 하나인 원무이다. 일벌의 춤은 컴컴한 벌통 안에서 이루어지는데, 춤을 추는 벌 옆에 있던 벌들이 총총걸음으로 뒤를 따르며, 춤을 추는 벌이 향선(香腺)에서 분비하는 물질과 행동(춤)으로 전해 주는 메시지를 감지한다.

원무는 경우에 따라 몇 초에서부터 1분 정도까지 계속하기도 하고, 같은 소비 면에서 장소를 옮겨가며 추기도 한다. 춤추기를 마친 일벌은 다시 먼저 갔던 밀원을 찾아간다. 이 일벌로부터 정보를 얻은 또 다른 일벌들도, 외역에 나갔다 오면 같은 행동을 반복한다.

꼬리춤

밀원이 있는 곳이 100m가 넘은 먼 거리에 있을 때는 엉덩이를 심하게 흔들며 꼬리춤을 추어 밀원의 방향과 거리를 알려준다.

배를 좌우로 흔들면서 곧바로 나가다가 왼쪽으로 돌고 다시 원점으로 돌아와, 이번에는 오른쪽으로 반원을 그리며 돌기 때문에 8자춤이라고도 한다.

원무와 확연히 구별되는 꼬리춤을 출 때는, 다른 일벌들이 뒤따르며 밀원이 있는 장소의 방향과 거리를 알아낸다.

꼬리를 흔들며 직선으로 나가는 방향이 태양과 벌통과 밀원이 이루는 각도와 일치한다. 춤의 방향이 위쪽으로 중력(重力)의 방향과 일치할 때는 밀원이 태양의 방향과 일치함을 뜻한다. 밑쪽으로 향한 춤은 밀원이 태양의 반대쪽에 위치하고 있음을 뜻한다.

밀원이 있는 곳까지 거리가 100m 이상이면 원무를 추던 벌도 꼬리춤으로 바꾸고, 꼬리춤을 추는 일벌들도 직선으로 나가면서 15초당 9~10회 흔든다. 500m 이상의 거리

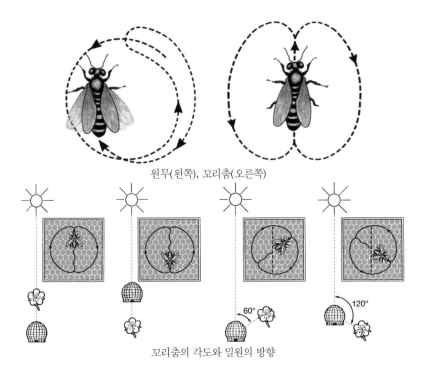

원무(왼쪽), 꼬리춤(오른쪽)

꼬리춤의 각도와 밀원의 방향

사진 5.13 밀원의 위치를 전달하는 꿀벌의 춤

일 때는 6회, 1km일 때는 4~5회, 2km일 때는 2회씩으로 거리가 멀어질수록 흔드는 횟수가 줄어든다.

꽃가루를 수집하는 일벌들도 꽃꿀을 수집하는 일벌들과 마찬가지로 원무와 꼬리춤을 춘다. 분봉을 할 때 길잡이벌도 새 집터의 방향과 거리와 위치를 춤을 추어 전달한다. 그러므로 꿀벌의 언어란 바로 꿀벌의 춤을 뜻한다.

삐-삐-소리

처녀왕이 왕대에서 출방하면 한 모금의 꿀을 먹고 기운을 차린 후, 벌집에 배를 깔고 삐-삐-소리를 낸다. 그리고 벌통 안을 순시하며 적의 유무를 즉, 다른 처녀왕의 유무를 살핀다. 상대가 있으면 격투가 벌어지는데 대개 먼저 출방한 처녀왕이 승리한다.

삐-삐-소리는 왕대에서 출방한 처녀왕만이 내는 것이 아니라 왕대 안에 성숙한 처녀왕도 같은 소리를 낸다. 먼저 나온 처녀왕은 왕대에 접근하여 큰턱으로 봉개 부위를 물어뜯으며 왕대의 중앙지점에 석침을 가한다.

처녀왕이 내는 소리가 어디서 나는가는 아직도 논쟁 대상이 되고 있는데 기문에서 낸다고도 하고, 일반 곤충과 같이 날개를 비벼서 낸다고도 한다. 왕대 내의 성숙한 처녀왕도 소리를 내는 것으로 보아 기문에서 낸다고 보는 것이 옳을 것 같다. 왕대 안은 협소하여 성숙한 처녀왕이 날개를 비빌 만한 여유가 없기 때문이다.

처녀왕이 소방에 엎드려 소리를 낼 때 보면 부동자세를 취하고 소리를 낸다. 귀뚜라미, 베짱이 등은 날개를 비벼서 날개 음을 내고 매미는 배의 울음막으로 소리를 내는데 이는 짝을 찾는 소리다. 맹수가 한 지역을 점령하면 호성(呼聲)으로 강산을 울린다. 영역을 주장하는 위협의 소리다. 처녀왕도 삐-삐-소리로 자기의 존재를 다른 처녀왕이나 일벌들에게 과시하여 왕으로서의 위엄을 보이는 것으로 볼 수 있다.

늙은 여왕벌이나 일벌도 때에 따라 삐-삐-소리를 내는데 이 소리는 위협이 아니라 비명의 소리다.

5.11 꿀벌의 선풍

꿀벌이 날개를 흔들어 바람을 일으키는 것을 선풍이라고 하는데 선풍에는 환기선풍, 수분발산선풍, 청량선풍, 계도선풍, 불안선풍, 환희선풍 및 경보선풍 등이 있다.

환기선풍

동물은 산소를 흡입하고 탄산가스를 배출함으로써 신진대사를 진행하여 생명을 유지한다. 벌통 안의 식구가 늘어나면 공기가 혼탁해진다. 이때 외역봉들이 소문으로 나와 머리를 소문쪽을 향하고 배를 치켜든 후 날개를 흔들어 바람을 일으켜, 실내의 탁한 공기를 맑고 신선한 공기로 바꾼다. 이 작업을 환기선풍 작업이라고 한다.

수분발산선풍

유밀기에 화밀이 폭주하거나 월동 먹이로 당액을 사양기 가득히 급여하면 일벌들은 화밀과 당액을 꿀로 전화시키면서 날개로 바람을 일으켜 수분을 발산시킨다. 이를 수분발산선풍이라고 한다.

아까시꽃이 만발한 대유밀기에 저녁을 먹고 봉장을 순시하다 보면, 일벌들의 선풍 하는 소리가 매우 요란할 경우, 다음날 이른 아침 소문으로 물이 흐르는 것을 볼 수 있다.

사진 5.14 꼬리춤을 추는 중앙의 일벌(좌), 꿀벌의 선풍 작업(우)

청량선풍

7월에 들어서면 무더위가 기승을 부리게 된다. 햇볕을 받는 벌통의 일벌들은 물을 운반하여 소비 상잔의 소방에 저장하고, 날개로 바람을 일으켜 수분을 발산시키며 벌통 내부를 시원하게 한다. 이를 청량선풍이라고 하는데 해가 떨어지면 일벌들은 소문 앞에 뭉쳐있다. 일벌의 2/3 이상이 소문으로 나와 들어가지 않으면 봉아 육성에 장애가 될 때도 있다. 뭉쳐있는 벌 무리에 맑은 물로 가볍게 분무해 주는 것도 효과적이다.

계도선풍

합봉할 때 또는 교미군 등 약군의 소문 앞에 착봉 소비를 털 경우, 먼저 소문을 발견한 일벌들은 꽁무니를 높이 치켜들고 복부 끝의 향선에서 페로몬을 분비하고 날개로 바람을 일으켜 냄새를 풍긴다. 벌통으로 가는 길을 찾는 벌들은 냄새를 따라 소문 앞으로 모여들어 차례로 벌통에 들어가는데 이를 계도선풍이라고 한다.

불안선풍

오직 하나뿐인 여왕벌이 망실(亡失)되거나 임의로 제거하면 일벌들은 힘없이 날개를 떨며 여왕벌의 행방을 찾는다. 이때 날개를 흔드는 것을 불안선풍이라고 한다.

환희선풍

무왕군에 여왕벌을 넣어 주거나 처녀왕이 출방하면, 날개를 떨면서 여왕벌의 주위로 모여든다. 이를 환희선풍이라고 한다.

노벨상을 수상한 프리쉬 박사는 꿀벌의 의사소통 수단인 이 춤을 환희춤이라고 하였다.

경보선풍

말벌 등 외적의 침입을 받았거나 벌통 안으로 유독물질이 들어오면, 일벌들은 향선에서 독특한 물질을 분비하고 날개로 바람을 일으켜 전 봉군에 전한다.

이 물질의 냄새는 계도선풍을 할 때 분비하는 냄새와 다르며 동료들은 긴장하며 외적에 대비하기도 하고 유독물질 제거에 집중한다. 이런 경우에 대해 프리쉬 박사가 벌의 의사소통 수단의 하나인 '경보춤'이라고 명명했던 바, 계도선풍 때 분비하는 물질과 경보선풍 때 분비하는 물질이 어떻게 다른지 연구할 필요가 있다.

5.12   교미분봉

교미통에서 분봉이 발생하는 것을 말하는데, 두 가지 유형이 있으나 둘 다 드문 일이다.

교미통에 두 개의 왕대가 있을 때

예비로 왕대를 두 개 남기거나 또는 두 개를 이식하고 외역봉이 원통으로 돌아갈 것에 대비하여, 출방 직전의 봉개 봉판에 지나치게 어린 벌들을 많이 보충해 주었다면 핵군은 어린 벌로 꽉 차게 된다.

이때 이식한 왕대에서 처녀왕이 출방하여 다른 왕대를 공격하려 하나 일벌들은 교미상의 내부가 비좁으므로 분봉할 계획으로 처녀왕의 왕대 접근을 철저히 방비한다. 그러므로 먼저 나온 처녀왕은 자기가 분봉을 하게 되는데 이를 교미분봉이라 한다.

교미통에 변성왕대가 생겼을 때

봉개소비와 육아 소비를 2장 넣어주고 외역봉이 원통으로 돌아갈 것에 대비하여 어린 벌을 지나치게 많이 보충해 주었다면 봉개 봉판에서 어린 벌들이 출방하지 않았어도 핵군은 강군이 된다. 이런 상황에서 유입한 처녀왕이 교미에 실패하였다면 일벌들은 곧바로 부화한 지 3일 이내의 유충 방을 개조하여 변성왕대를 조성한다.

12~13일 후 변성왕대에서 처녀왕이 출방할 무렵에는 봉개 봉판의 일벌들도 전부 출방하여 교미상의 핵군은 초만원이 된다. 먼저 출방한 처녀왕이 다른 왕대를 공격하려 하지만 일벌들이 철통같이 왕대를 보호하여 먼저 나온 처녀왕은 연습비행도 하지 못한 상태에서 분봉을 한다. 이것도 교미분봉이다.

5.13 양봉사

벌통에 비나 눈이 맞지 않게 하고, 바람을 막고 햇볕을 조절해 주는 집을 양봉사라 한다.

양봉사를 지을 장소는 산사태나 침수가 일어나지 않도록 높고 평평한 곳에 위치하고 물빠짐이 좋은 사질양토가 좋다. 또한 바람이 적고 아늑한 곳이 겨울철 월동에도 적합하다. 양봉사의 방향도 중요한데 특히 이른 봄철 번식기에 햇볕이 잘들고 여름철 혹서기에 더위를 피하기 위해서는, 정남향으로 벌통을 배치할 수 있도록 동서 방향으로 길게 짓는 것을 권장한다.

양봉사는 다양한 재료를 이용하여 여러 가지 형태로 지을 수가 있다. 대부분 양봉가는 한 줄로 길게 벌통을 배치할 수 있도록 좁고 길게 짓는 경우가 많고, 일부는 앞뒤로 소문 방향을 반대로 하여 두 줄로 벌통을 놓을 수 있도록 폭을 조금 넓게 짓기도 한다. 실제 벌통을 배치할 면적보다 폭과 길이를 여유 있게 짓게 되면, 빈 벌통과 양봉 자재를 쌓아둘 수 있는 공간을 확보할 수 있다.

짓는 재료로는 시설하우스 파이프를 골조로 비닐과 차광망 또는 보온덮개 지붕을 덮는 법, 철골 기둥과 골조 위에 샌드위치 패널 또는 슬레이트나 함석지붕으로 짓는 방법이 주로 쓰이고 있다. 양봉장의 환경과 양봉 규모, 경제적 여건에 따라 다양한 형태로 지을 수 있다. 주변의 양봉사를 견학하여 조언을 구하여 합리적이고 경제적으로 짓도록 철저한 준비를 하는 것이 필요하다.

양봉사를 지어 봉군을 관리할 경우 많은 장점이 있는데 이를 열거하면 다음과 같다.
① 봄벌의 양성이 잘 된다.
② 여름철 혹서에도 더위를 덜 타며 산란이 계속된다.
③ 표류현상이나 도봉 현상이 한결 적다.

④ 비가 와도 내검과 채밀을 할 수 있다.

⑤ 비바람과 강풍이 불더라도 큰 영향을 받지 않는다.

⑥ 언제든지 편하게 내검을 할 수 있다.

사진 5.15 시설하우스 구조(좌)와 패널 구조(우)의 양봉사

제6편

벌통과 양봉기구

표준벌통은 꿀벌의 생태와 습성에 맞추어 합리적 양봉관리와 생산을 위해 오랫동안 과학적 관찰과 시행착오를 통해 전수한 역사적 산물이다.

벌통과 아울러 양봉관리에는 다양한 양봉기구가 필요하다. 요즘에도 양봉기술의 발전에 따라 양봉기구들이 새롭게 등장하거나 용도에 맞게 개량되고 있다.

6.1 표준벌통과 소광의 발명

1851년 미국인 양봉가 랑스트로스(Langstroth, 1810~1895)는 종래의 환태식 벌통을 가지고서는 내검을 할 수 없을 뿐 아니라, 너무나 취급이 불편한 점을 시정하기 위해 사각 통에 꿀벌을 수용하고 벌집틀(소광, 巢框)을 사각형으로 만들어줘서 벌들 스스로 틀에 맞춰 자연 벌집을 짓게 하였다. 이것이 오늘날 우리가 사용하고 있는 벌통과 벌집틀의 시초가 되었다. 또한 그는 벌통 안에서 벌집 간격이 8mm일 때 꿀벌들이 가장 이상적으로 활동할 수 있음을 알아냈다.

이렇게 고안된 벌통이 소위 랑스트로스식(라식) 벌통이라 불렸고 오늘날 라식 벌통은 국제적 표준벌통이 되어, 이 벌통 규격에 맞는 가동식 소광과 소초가 보편화되었다. 이 라식 벌통은 종래의 고착 벌집 벌통에 비해 다음과 같은 장점을 갖게 되었다.

1. 벌통 안을 자유로이 관찰할 수 있다.
2. 벌집틀은 같은 규격으로 되어 있어 어느 벌통에나 사용할 수 있다.
3. 벌집 기초(소초)를 넣어 주어 균일하고 정교한 벌집을 만들게 할 수 있다.
4. 인공적으로 분봉시킬 수 있고, 인공적으로 여왕벌을 양성할 수 있다.
5. 일정한 시기에 필요한 수벌의 발생을 제한할 수 있다.
6. 여왕벌이 망실되었을 때 다른 여왕벌을 쉽게 유입할 수 있다.
7. 벌집이나 유충을 희생시키지 않고 채밀할 수 있다.
8. 두 봉군을 쉽게 합봉할 수 있다.
9. 벌통 내부를 늘 청결하게 유지할 수 있다.

소초의 발명

소초(벌집 기초)는 일벌들이 밀랍을 분비하여 벌집을 짓는데 기초로 넣어 주는 얇은 밀랍 판을 말한다. 이 소초가 없이도 꿀벌은 집을 짓기는 하나, 함부로 짓는 습성으로 인해 이 집은 자연소(自然巢)로서 수벌방을 많이 짓는다. 또한 벌집을 짓는 데 많은 시간을 요할 뿐만 아니라, 벌집을 짓는 일벌들의 체력이 많이 소모되어 수명이 단축된다. 빈 소광만을 넣어 집을 짓게 하여도 마찬가지로 좋은 소비를 축조할 수 없다. 따라서, 이와 같은 난점을 덜기 위해 여러 양봉가가 인공적으로 소초를 만들려고 애써 왔다.

사진 6.1 　랑스트로스식 벌통과 소광(좌), 소초를 수동으로 제작하는 장면(우)

1857년 독일인 메링이 두 개의 견고한 목판에 넓은 금속판을 붙여 여기에 벌집의 모형을 조각하고 얇은 납판을 두 개의 목판 상에 끼워, 여기에 녹인 밀랍을 압출시킴으로써 인공 소초를 제작하는 데 성공하였다.

종래에는 채밀을 할 때마다 벌집을 뭉개어 파괴하였으나, 소초가 발명된 이후에는 벌집을 장기간 사용하게 되어 꿀벌의 노동을 줄이고, 양봉관리가 편리하게 되었다.

채밀기의 발명

채밀기란 저밀소비로부터 꿀을 분리하기 위해 사용하는 기구이다. 저밀소비를 채밀기에 넣고 회전시키면 원심력에 의하여 꿀이 쉽게 분리되어 흘러나오게 된다.

사진 6.2 　유럽의 구형 채밀기(좌)와 국내의 최신 전동 자동채밀기(우)

　　1865년 오스트리아 양봉인 루스카는 원심력을 이용한 채밀기를 발명하여 소비에 저장된 꿀을 분리하는 데 성공하였고 이후에 여러 가지 면에서 개량을 거듭하여 오늘날에는 다양한 형태의 채밀기가 제조 이용되고 있다.

　　이상 벌통과 소광, 소초, 채밀기의 발명은 근대 양봉관리의 3대 기본 요소가 되었다.

6.2　양봉기구 목록 및 주요 용도

표 6.1

기구명	해설
벌통(소상)	꿀벌을 키우는 상자, 벌집(소비) 수를 조절할 수 있다.
표준벌통	국제 표준규격으로 라식 벌통이라고 한다.
계상	밑판이 없는 벌통으로 단상 위에 포갠다.
반고계상	표준 벌통의 ½높이의 계상으로 채밀용으로 사용한다.
교미상	처녀왕의 교미를 위하여 제작한 벌통
4군상	벌통을 4칸으로 칸막이한 교미상
소비 운반수레	채밀할 때 저밀소비를 운반하는 수레
소광	소비광을 만들기 위한 사각형 나무틀
소초	밀랍으로 찍어낸 벌집의 기초(42×21cm)
소초광	소광에 소초를 부착시킨 것
소비	벌집 소초에 벌들이 집을 지은 것
소비광	소비가 있는 소광
채밀기	소비광에 저장된 꿀을 원심력에 의해 채취하는 기계
자동 탈봉기	채밀 시 소비에 붙은 벌을 회전 솔로 털어내는 장치
밀려기	채밀할 때 꿀의 불순물을 걸러내는 채
밀도	소비의 덮개를 벗기는 칼
수벌 포크	수벌 번데기를 제거하는 포크 모양의 도구
왕롱	여왕벌을 가두는 철망통

(계속)

기구명	해설
복롱	여왕벌을 유입할 때 소비 면에 씌우는 철망
격왕 출발롱	왕대와 처녀왕을 보호하는 왕롱
말벌 구제기	말벌의 피해를 예방하는 기구
소문 터널	월동 시 소문에 설치하여 직사광선과 한파 방지
소문 조절기	소문을 넓혔다 좁혔다 하는 막대기 또는 철대
화분채취기	꽃가루를 채취하는 기구
합봉망	봉군을 합봉할 때 사용하는 철망으로 된 격리판
왕대보호기	무왕군에 왕대를 이식할 때 보호 목적으로 사용함
탈봉기	한 방향으로 벌의 출입을 유도하는 기구
포봉기	분봉군을 수용하는 그물 또는 철망
분봉 방지기	소문 앞에 장치하여 여왕벌이 갇히게 하는 도구
수벌 포획기	수벌을 가두는 기구로 분봉 방지기와 같은 역할을 함
평면 격왕판	계상을 한 후 여왕벌이 위로 올라가지 못하게 중간에 설치하는 기구
수직 격왕판	벌통을 칸막이하여 여왕벌의 왕래를 제한시키는 기구
격리판	벌통 안에서 바깥 소비광에 대 주는 나무판
훈연기	연기를 뿜어 주는 금속으로 제작한 둥근 통
복면포	벌에 쏘이지 않게 하기 위해 얼굴에 쓰는 방충망 가리개
봉솔	소비의 벌을 쓸어내리는 빗자루
하이브툴	벌통 안의 소비광을 분리하거나 청소에 사용
사양기	당액을 급여하는 먹이 그릇
소문 급수기	소문으로 물을 공급해 주는 물통
매선기	소광에 소초를 부착시킬 때 사용하는 기구
왕완	왕대의 기초가 되는 여왕벌 집(밀랍 또는 플라스틱)
채유광	왕완을 부착시킨 틀로 로열젤리 채취 시 사용
채유스푼	왕유를 떠내는 스푼
이충침	부화 유충을 왕완에 옮기는 긴 바늘

벌통

한자어로 일명 소상(巢箱)이라고도 한다. 영어로는 하이브(hive)라고 한다. 벌통에는 가동식 벌통과 환태식 벌통이 있다.

가동식 벌통

소광을 자유롭게 넣었다 뺄 수 있어 봉군을 자유로이 조절할 수 있고 또, 채밀할 때 저밀된 소비만 빼다가 채밀기에 넣어 회전시켜 꿀만 분리시킨 후 원상태로 돌려놓을 수 있다.

가동식 벌통에는 여러 종류의 크기가 있는데 10매, 12매 들이가 있고, 계상과 교미상 등이 있는데 미국인 양봉가 랑스트로스씨가 제작한 10매 들이가 세계적인 표준벌통으로 사용되고 있다.

환태식 벌통

통나무 속이나 바구니, 토기에 벌이 스스로 집을 지어 살도록 만든 원시적 벌통으로서, 소광을 마음대로 움직일 수 없어 꿀을 뜰 때는 벌집 전체를 뭉개고 채취해야 한다.

사진 6.3 밀짚, 토기로 만든 유럽의 고대 환태식 벌통(좌), 가동식 현대 벌통(우)

표준벌통

우리나라에서 현재 사용하고 있는 모든 벌통은 미국 양봉가 랑스트로스씨가 소비광 10매가 들어가게 고안한 것으로서 국제 표준벌통이다. 이를 라식(또는 랑식) 벌통이라고 부른다. 유럽과 미국의 일부 양봉가들은 라식 벌통보다 훨씬 높은 29cm 높이의 소광을 사용하는 데이단트(Dadant)식 벌통을 사용하기도 한다.

표준벌통의 치수

표준벌통의 내부 치수는 폭 37cm, 세로 46.6cm, 깊이 24.2cm이며 밑판은 몸체보다 4~5cm 정도 앞으로 나오게 하여 소문 앞 착륙판을 겸하였다. 소문의 높이는 1cm로 하고 길이는 20cm로 하였다. 소문에는 소문 조절기를 설치하여 필요에 따라 넓게 또는 좁게 조절한다.

벌통 제작에 사용하는 재료는 송판, 나왕, 삼나무(스기목)을 주로 사용한다. 목재의 두께는 1.8cm 정도가 적당하다.

뚜껑의 치수

뚜껑은 벌통의 외부 치수보다 내부 치수가 1cm 정도 더 넓게 한다.

폭은 10cm 정도로 하며 뚜껑 내부에 4cm 정도에서 더 들어가지 못하게 2.5cm 각목을 대준다. 뚜껑의 양옆에 창문을 10cm × 4cm로 내고 안쪽에 철망을 친다.

계상

표준벌통과 몸통의 크기는 같으나 밑판이 없는 몸통만 있는 벌통으로, 단상의 벌이 넘쳐흐르면 단상 위에 포개놓은 벌통을 계상이라고 한다.

유밀기를 앞두고 단상의 벌이 늘어나며 분봉열이 발생할 염려가 있으면, 계상을 올려 분봉열도 방지하고 꿀도 많이 채취하기 위하여 사용한다.

반고계상

벌통의 크기는 일반 벌통과 같으나 높이가 반(半) 정도이다. 반고상(半高箱)이라고도 한다.

사진 6.4 저밀 반고계상 소비(좌, EastVan Bees©)와 플라스틱 소초광(우)

계상을 하기에는 봉세가 부족하고, 밀원도 부족할 때 분봉열도 예방하며 저밀권을 확보하여 좋은 꿀을 생산하기 위해 사용하는데, 별도의 소광(표준소광의 1/2 높이)을 만들어야 한다.

교미벌통

처녀왕의 교미를 목적으로 제작한 소형 벌통으로 교미상, 핵군상이라고도 한다.

많은 여왕벌을 일시에 많이 양성하려면 1장 또는 2장, 3장의 소비가 들어가도록 소형 벌통을 만들어 처녀왕을 교미시키는 데 사용하여야 한다.

4군상

일시에 많은 처녀왕을 교미시키려면 많은 수의 교미통이 필요하다. 그러나 기존 벌통을 2칸 또는 4칸으로 칸막이하여 교미통을 만들면 벌통이 많이 필요하지 않다.

한 벌통을 4칸으로 칸막이하여 4마리 처녀왕의 교미를 시키는 벌통을 4군상(4군교미벌통)이라 하며 소문의 방향을 동, 서, 남, 북으로 달리 정한다.

소광

가로로 철선을 건네고 소초를 붙여 벌집을 조성시키는 나무로 된 벌집틀을 말하는데 4개의 막대(상잔과 하잔, 양옆의 측잔)로 넓은 직사각형을 이룬다.

소광의 치수는 상잔 48.3cm, 측잔 23.2cm이며 상잔 폭은 3.3cm, 하잔 폭은 2cm다.

 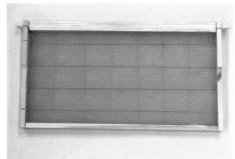

사진 6.5   4군 교미벌통(좌), 소초광(우)

소광을 만드는 재료는 소나무, 나왕, 삼나무이다. 일부 제품은 플라스틱으로 만들기도 한다.

  근래에는 편의를 위해 공장에서 직접 소초를 붙인 소초광으로 대부분 판매하고 있다.

소초

  밀랍을 녹여 소방의 골격을 주물이나 롤러 기계로 압축한 후 42×21cm로 재단한 것이 소초이다. 소초는 벌집의 기초가 되며 소광에 철선으로 붙여서 사용한다.

소초광

  소광에 철선을 걸고 소초를 부착시켜 벌통에 삽입하는 것을 소초광이라 부르고 벌이 여기에 집을 지은 것을 소비, 소비를 지지하는 소광을 합쳐 소비광이라고 한다.

소비

  유밀기에 소초광을 넣어 주면, 조소 능력이 왕성한 봉군에서는 하루 만에 조소가 이루어진다. 조소한 벌집을 소비라고 한다.

  소비는 수천 개의 소방으로 이루어진다. 이곳에 여왕벌이 산란을 하고 애벌레와 번데기가 자라고, 꿀과 화분을 저장한다. 소비 양면의 소방 수는 5,000여 개이지만, 수벌방, 저밀방 및 화분방을 제외하면 산란, 육아를 하는 소방은 많을 경우 4,000개가 된다.

사진 6.6　소비 운반용 수레(좌) 및 벌통 운반용 수레(우)

소비 운반 수레

채밀할 때 저밀소비에 붙을 벌을 봉솔로 떨고, 소비를 통에 담은 후 채밀 장소로 보내는 운반 도구를 말한다. 일반적으로 빈 벌통을 사용하다 보면 벌통은 무겁고 들기도 불편하여 함석 또는 합판으로 표준벌통의 치수에 맞춰 직접 제작하는 양봉가도 있다. 저밀소비를 가벼운 통에 담고 수레로 싣고 다니면 한결 편하다.

채밀기

저밀소비의 꿀을 채취할 때 원심력에 의하여 꿀을 소비에서 분리시키는 도구를 채밀기라고 하는데 채밀기는 크게 구별하면 수동식 채밀기와 전동식 채밀기로 나눈다.

수동식 채밀기에는 고정식 채밀기 및 방사식 채밀기가 있다.

고정식 채밀기

오래전에는 소비광 한 장을 넣고 회전시켜 채밀하는 고정식 채밀기가 있었으나 알 또는 유충이 많이 빠지고 너무나 비능률적이어서 지금은 쓰지 않는다.

고정식 채밀기는 함석 또는 스테인리스로 둥글게 제작되어 통 안에 저밀소비광을 수용하는 철망통이 있고 중앙의 축은 톱니형으로 핸들과 연결되어 핸들을 돌리면 철망통이 돌며 소비의 꿀이 빠지게 되어 있다. 소비광 한쪽의 저밀이 빠져나오면 소비광을 들어내어 방향을 바꾸어 넣고 또 회전시켜 양면의 저밀을 채취한다.

소규모로 양봉을 하는 양봉가가 주로 사용했으나 비능률적이고 또 회전 각도가 급하여 알과 유충이 많이 빠져나와 사용빈도가 줄어드는 추세다.

반전식 채밀기

함석 또는 스테인리스로 둥글게 제작된 통인데 저밀소비광이 2매 들어가게 되어 있다. 저밀소비광을 원통의 철망통에 넣고 한쪽으로 회전시키면 바깥쪽의 꿀이 빠져나온다. 회전을 멈추고 소비광의 방향을 돌려 주고 다시 회전시키면 반대쪽의 꿀이 빠져나온다.

고정식 채밀기는 소비광을 넣었다 뺐다 하지만 반전식 채밀기는 원통 안에서 소비광의 방향만 바꿔 주므로 다소 편리하기는 하나, 한 번에 2매씩밖에 채밀하지 못하여 역시 알과 유충이 빠지는 결점이 있어 비능률적이다. 근래에는 거의 사용되지 않는다.

방사식 채밀기

함석 또는 스테인리스로 제작한 둥근 통으로 그 안에 철망으로 칸막이하여 소비광이 들어가게 되어 있다. 핸들을 한쪽으로 돌리면 중앙이 축을 중심으로 하여 치차에 의해 돌아가게 되어 있다. 고정 채밀기는 1회에 2~3매의 소비 광밖에 못 들어가나 방사식 채밀기는 1회에 4~6매도 넣을 수 있으며 전업 양봉가는 8매 또는 12매들이 방사식 채밀기를 사용한다.

밀원이 풍부하여 7~10층까지 마천루 계상을 하는 외국에서는 전동식 채밀기로 1회에 30~50장까지 채밀을 한다. 방사식 채밀기는 회전 각도가 완만하여 알이나 유충이 빠지는 일은 드물다. 우리나라 양봉가의 대부분은 6매 또는 8매들이 방사식 채밀기를 사용하고 있다.

전동식 채밀기

전기의 동력을 이용하여 채밀기를 회전시키는 자동식 채밀기를 전동식 채밀기라고 한다.

보통 소비가 자동으로 6~12매까지 들어가게 되어 있으며 전기 스위치만 누르면 기계적으로 꿀을 분리시키게 되어 있다. 소비를 자동으로 반전하는 장치와 타이머가 부착되어 있다. 가격은 비싸지만 최근에는 전업 양봉가는 물론 많은 부업 양봉가도 전동식 채밀기를 사용한다.

사진 6.7   수동 채밀기(좌), 밀려기(중), 밀도(우)

밀려기

함석으로 제작한 둥근 깔때기로서 채밀기로 꿀을 채밀할 때 꿀이 흘러나오는 꼭지에 매달아 놓으면 소비 조각, 유출 애벌레 등 불순물이 깔때기에 설치된 철망에 여과된다. 밀려기에는 60메시와 100메시의 철망이 주로 사용되고 있다.

탈봉기

최근에 양봉가들이 널리 사용하는 기구로, 채밀 시 저밀소비에 붙은 벌을 손과 봉솔로 힘들게 털어내는 수고를 덜기 위하여, 전동장치에 의해 회전하는 솔로 벌을 터는 기계장치이다. 진동에 의해 벌을 털어내는 소형 탈봉기도 있다.

비교적 고가이지만 채밀 시 노동 인력을 줄인다는 측면에서 전업 양봉가들이 필수 장비로 사용하고 있다.

밀도

밀도란 저밀소비의 밀개(밀랍 덮개)를 벗기는 데 사용하는 칼이다.

꿀벌은 소방에 꿀을 저장하고 꿀이 숙성하면 밀랍으로 저밀 소방에 덮개를 한다. 밀랍은 70℃에서 용해되므로 끓는 물에 밀도를 담가 가열시켜 가며 덮개를 벗겨낸다. 전열장치가 달려있는 전기밀도도 많이 사용된다.

왕롱

여왕벌을 가두는, 철망으로 된 네모상자를 왕롱이라고 하는데 왕롱에는 사용 목적에 따라 여러 가지가 있다.

여왕벌을 가두는 목적으로 제작된 왕롱의 길이는 6cm, 넓이는 3cm, 두께는 2.5cm 정도로 양쪽 마구리는 목편이며 한쪽에 이공이 있다. 여왕벌을 먼 곳으로 수송할 때는 3면이 나무로 되고 1면만 철망으로 제작된 왕롱을 사용하는데 이 왕롱을 벤톤(Benton) 왕롱이라고 한다. 최근에는 플라스틱으로 만든 왕롱이 많이 쓰이고 있다(사진 3.5 참조).

복롱(覆籠)

벌통 뚜껑의 공기창에 사용하는 철망을 사방 6cm 정도로 자른 후 사방에서 올을 1.5cm 정도씩 빼고 철선을 접으면 됫박 모양이 된다. 제품으로 팔기도 한다(사진 3.5 참조).

여왕벌을 유입할 때 꿀이 있는 소방에 여왕벌을 놓고 이 복롱을 씌워두면 1일 이내에 일벌들과 친근해진다.

격왕 출방롱

가령 변성왕대에서 일시에 많은 처녀왕이 출방하면 감당키 어렵다. 처녀왕이 출방하기 하루 전에 왕대를 절취하며 이 격왕 출방롱에 넣어두면 처녀왕이 같은 시간에 출방하여도 서로 싸우는 일이 없다. 왕롱 안에 왕대 보호기(사진 6.9)를 부착한 형태이다.

수벌 포크

여왕벌의 교미 기간이 끝났거나 형질이 불량한 봉군의 수벌 번데기를 제거할 때 사용한다. 약간 돌출된 수벌방의 봉개를 포크 형태의 기구로 밀어내면 수벌 번데기가 포크날 사이에 걸려 쉽게 제거가 가능하다.

말벌 유인트랩

가을철 말벌을 냄새로 유인하여 포살하는 장치(사진 3.2 참조)로 유인 용액은 과즙, 막걸리, 발효음료 등으로 직접 만들어 사용이 가능하다. 포획 장치는 음료수 페트병으로 직접 만들어 사용하기도 한다.

소문 터널

월동 중 소문으로 직사광선이나 찬바람이 직접 들어가지 못하도록 소문 앞에 합판 또는 플라스틱으로 'ㄷ'자형의 장치를 한 것이다. 10(폭) × 12cm(길이) 정도로 해 주고 노출된 구멍은 5cm 정도로 개방하도록 신문지 등으로 막아 주는 것이 좋다.

소문 조절기

소문을 넓혔다 좁혔다 하는 막대기 또는 철재로 된 철판이다. 예전에는 신문지 또는 박스지 등으로 소문을 조절하였으나 지금은 철재를 사용하고 있다.

화분채취기

꿀벌이 꽃 수술의 꽃가루를 타액(唾液)으로 반죽하여 뒷다리의 화분바구니 털에 수집한 후, 집으로 돌아올 때 소문 앞에 꽃가루 뭉치가 떨어지도록 장치한 기구가 화분채취기다.

화분채취기의 모양은 제작자에 따라 다르지만 벌이 드나드는 구멍의 크기는 0.3cm로 일정하다. 세로 구멍이 5~6개, 가로 구멍이 30개 정도이다. 꿀벌은 0.5cm 정도의 구멍으로는 통과하기 쉽지만, 0.3cm 정도에서는 뒷다리는 쭉 뻗기 전에는 통과하기가 어려워 구멍을 통과할 때 뒷다리의 화분롱에 저장된 화분단이 떨어지며 채집기의 서랍으로 들어간다.

4월 하순 참나무화분, 6월 초순경 찔레화분, 다래화분에 이어 광대싸리의 화분이 반입된다. 화분원이 풍부한 지방에서는 봉군당 1일 300~500g까지 화분을 채취할 수 있다.

사진 6.8   수벌 포크(좌), 소문 터널(중), 화분채취기(우)

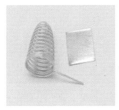

사진 6.9   왼쪽으로부터 왕대 보호기, 훈연기, 하이브툴, 봉솔

합봉망

격리판과 비슷한데 판자 대신 철망이 부착되어 있다. 봉군을 합봉할 때 피합봉군과 합봉군의 중간에 합봉망을 설치하면 냄새는 통하나 벌들은 왕래를 못한다. 합봉망을 설치하여 합봉한 후 2일만 지나면 서로 친숙해진다.

왕대보호기

철선을 코일식으로 감아 둥글게 만든 것으로 성숙한 왕대를 칼로 크게 절취하여 왕대보호기에 넣고 소비면에 꽂아두면 왕대를 안전하게 보호하여 처녀왕을 출방시킬 수 있다.

교미군을 만들고 곧바로 왕대를 넣어 주면 일벌들이 왕대를 헐어버릴 때가 있다. 이 경우에 사용한다.

탈봉기

소문으로 나갔던 벌들이 들어갈 수는 있으나 벌통 안의 벌들은 나오지 못하게 만든 출입통제 장치이다. 갑자기 이동을 해야 할 때 소문 앞에 탈봉기를 설치하면 1시간 이내에 이동을 할 수 있다. 벌을 털어내는 기계인 탈봉기와 같은 명칭을 사용한다.

분봉 방지기

분봉할 때 여왕벌을 가두는 기구로 수벌 포획기와 동일하다. 소문 앞에 설치하면 일벌들은 틈새로 빠져나가나 여왕벌은 빠져나가지 못하고 방지기에 갇히게 된다. 최근에는 거의 사용하지 않는다.

수벌 포획기

수벌을 잡아 가두는 기구로 수벌 구제기라고도 하며, 이 기구를 소문에 설치하면 일벌은 몸집이 작아 구멍으로 자유로이 드나들 수 있으나 수벌과 여왕벌은 몸집이 커서 구멍으로 나오지 못하고 갇히게 된다. 분봉 직전에 소문 앞에 이 기구를 설치하면 여왕벌을 가두게도 할 수 있다. 근래에는 거의 사용하지 않는다.

평면 격왕판

계상을 한 후 여왕벌이 위로 올라가지 못하게 단상과 계상 사이에 설치하는 기구로 철선이 0.5cm 간격으로 되어 있으므로 일벌들은 틈새로 자유로이 드나들 수 있으나 여왕벌은 틈새로 빠져나가지 못한다.

수직 격왕판

수직 격왕판의 사용 목적은 두 가지가 있다.

유밀기에 벌통을 7:3으로 칸막이하여 소비 3매 쪽에는 여왕벌을 가두고 7매쪽을 저밀실로 한다. 채밀할 때는 7매의 저밀만 채밀한다.

로열젤리(왕유)를 채취할 때, 7:3으로 칸막이한 후 7매 쪽은 산란·육아실로 만들고 3매 쪽에는 알 또는 부화 유충을 2매 옮겨 놓은 후, 소비 2장 사이에 채유광을 삽입하고 가장자리에 사양기를 대준다. 무왕의식을 감지한 일벌들은 채유광의 왕완에 왕유를 공급한다. 또 변성왕대를 조성시킬 때도 채유광을 넣지 않고 여왕벌과 격리시켜 왕대를 조성케 한다.

 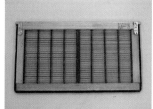 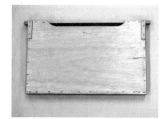

사진 6.10 평면 격왕판(좌), 수직 격왕판(중), 격리판 대용이 가능한 사양기(우)

격리판

0.5cm 두께의 송판 또는 합판으로 소광 크기로 제작한 칸막이 판이다.

봉세가 강하여 10매군이 되면 격리판이 필요 없지만, 9매 이하인 경우 가장자리에 반드시 대줘야 하는 판자이다. 요즘은 격리판 대신 사양기를 사용하고 있다.

훈연기

벌을 내검할 때 또는 채밀할 때, 꿀벌에 연기를 뿜어 주는 철제로 제작한 둥근 연기통이다. 꿀벌은 연기를 싫어한다. 내검할 때 또는 합봉할 때 봉군에 연기를 뿜어 주면 꿀을 먹고 온순해진다.

분무기

소비를 소독할 때 또는 꿀벌응애 방제약을 뿌려줄 때 사용하기도 하고 한여름에 벌이 소문 앞에 뭉쳐있을 때 맑은 물로 가볍게 안개를 뿜어 주는 기구이다.

벌이 흥분상태에 있을 때 진정시킬 목적으로도 사용한다. 일반 생활용품 가게에서도 쉽게 구입할 수 있다.

복면포

꿀벌을 취급할 때 벌에 쏘이지 않기 위하여 머리에서부터 얼굴까지 가리는 방충망 가리개이다. 꿀벌은 땀 냄새, 머릿기름 냄새 등을 싫어하며 검정색도 싫어한다. 그러므로 화장한 여자나 눈 주변, 머리 등을 잘 공격한다.

봉솔

벌비라고도 한다. 예전에는 짐승의 갈기털로 빳빳하게 만들었는데 지금은 나일론 등으로 대용하고 있다. 채밀할 때 소비에 붙은 일벌을 크게 진동시켜 떨고 덜 떨어진 벌을 봉솔로 쓸어내린다. 또 벌을 내검할 때 봉솔 자루로 소비광을 떼어놓고 가볍게 1장씩 내검하기도 한다.

하이브툴(hive tool)

꿀벌은 식물의 끈적끈적한 프로폴리스를 수집하여 소광 또는 내피에 바른다. 밀착된 소비를 분리하거나 소광에 붙은 봉교를 긁어내는 데 이 벌집 기구를 사용한다. 벌통 바닥의 이물질을 제거하는 데도 사용한다.

사양기

꿀벌의 먹이 그릇이다. 이른 봄철, 여름 장마철, 또는 월동기를 앞두고 먹이가 부족하면 당액을 급여해야 한다. 이른 봄철에는 일벌과 여왕벌의 활동을 자극시키고 장마 때나 월동 전에는 부족한 먹이를 보충시키기 위해 사양기를 이용한다

사양기에는 광식 사양기, 소문 사양기, 자동 사양기 등이 있다.

광식 사양기

소비광 크기를 합판으로 제작하여 당액이 새지 않도록 밀랍과 파라핀 용액에 담가낸 것이다.

봄철에는 일벌과 여왕벌의 활동을 자극시키기 위하여 사용하는데 예를 들어 3장봉군이라면 1:1의 당액을 격일로 80㎖ 정도의 소량을 사양기를 통하여 급여한다. 장마철에는 가령 8~9매군이라면 1:1의 당액을 0.5ℓ 정도씩 급여하고 월동군의 먹이로는 9월 중·하순경 사양기 가득히 1.5:1의 당액을 급여한다.

소문 사양기

함석 또는 플라스틱으로 네모상자 모양으로 제작되었으며 밑에 긴 유출구가 달려있어 당액이 없어지는 대로 새어 나오게 되어 있다. 소문 안으로 사양기의 혀 유출구를 넣

사진 6.11 소문 사양기/급수기(좌), 벌 보호 철망을 삽입한 광식 사양기(중), 벌통 옆면의 자동 사양기(우)

어 주면 벌들이 벌통 안에서 당액을 빨아 먹는다.

소문 급수기로도 사용이 가능하여 이른 봄철에 뚜껑을 들추지 않고 급수도 할 수 있으나 외기온도가 영하로 떨어질 때는 물이 얼기도 한다.

자동 사양기

대규모 양봉을 할 경우 대형 수조에 당액을 저장하고, 가는 파이프와 노즐을 통해 당액을 벌통에 자동으로 공급하는 다양한 형태의 자동사양기가 개발되어 있다.

대량의 설탕물 배합이 가능한 수조를 설치하고, 파이프라인을 벌통 내부와 연결하고 노즐을 통해 공급량이 자동 조절되도록 하는 장치이다. 대규모 양봉농가가 많이 사용한다.

소문 급수기

꿀벌은 이른 봄철부터 육아가 시작된다. 알에서 부화된 어린 유충은 3일간 왕유의 공급을 받으나 4일째부터는 꿀과 꽃가루를 반죽한 먹이를 먹이게 되는데 봉개된 꿀은 진하므로 물로 희석해야 한다.

외기온도가 한랭한 봄철이라 물을 먼 곳으로 가지러 갔다 귀소치 못하는 일벌이 많으므로 소문 앞에 장치하는 급수기를 소문 급수기라고 한다. 보통 소문 사양기를 급수기로 사용한다.

매선기

소광에 철선을 매고 매선대 위에 소초를 놓고 철선을 따라 매선기로 밀고 나가면 철선이 소초에 묻히게 된다.

매선기에는 롤러 매선기, 인두식 매선기, 전기 매선기 등이 있다. 최근에는 전기 매선기를 주로 사용한다.

인두식 매선기

이 매선기는 6각으로 모진 쇠편에 굵은 구리철이 끼어 있고 구리철의 끝에는 22번 철선이 들어갈 정도의 홈이 있다. 쇠편을 불에 달궈 소광의 철선을 따라 밀고 나가면 밀이 녹으면서 소초에 묻히게 된다.

롤러 매선기는 철선과 소초가 떨어지기 쉬우나 인두식 매선기와 전기 매선기는 밀이 녹아 박혔으므로 잘 떨어지지 않는다.

전기 매선기

전기 매선기는 전기용접기와 비슷하여 코드를 끼우면 매선기의 끝이 열을 받아 뜨거워지고 철선을 누르며 밀고 나가면 철선이 소초에 묻히게 되어 매우 간편하다. 매선된 철선을 따라 군데군데 밀랍을 2방울 정도씩 흘리면 철선이 떨어지지 않는다.

왕완(王椀)

예전에는 막대기를 둥굴게 깎아 밀랍을 떠서 왕완을 만들었으나 지금은 플라스틱으로 왕완을 만들고 있다. 플라스틱 왕완은 주로 왕유를 채취할 목적으로 사용하나 처녀왕을 양성하는 데도 이용한다(사진 2.5 참조).

채유광

왕유를 채취하기 위한 플라스틱 왕완이 부착된 틀인데 막대기가 2~3개 걸쳐져 있으며 한 막대기에 플라스틱 왕완은 20~30개씩 부착되어 있다(사진 2.5 참조).

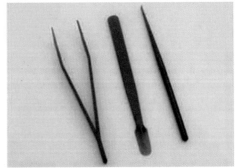

사진 6.12 전기 매선기(좌), 여왕벌 유충제거 핀셋, 채유스푼, 이충침(우)

채유스푼

왕대 안에 저장된 왕유를 채취할 때 사용하는 스푼이다. 아이스크림을 떠먹는 스푼 모양이다.

이충침

왕유를 채취하려면 소방의 부화 유충을 떠올려 왕완에 옮겨 넣어야 한다. 이 귀이개 모양인 도구를 이충침이라고 한다. 이충침은 대나무 제품이나 플라스틱제라야 유충을 떠올릴 때 유충이 상하지 않고 안전하다.

제 7 편

초보자를 위한 양봉 문답

여기서는 양봉 초보자께 받았던 질문을 1. 꿀벌의 습성, 2. 발생과 번식, 3. 먹이와 밀원식물, 4. 질병과 해적, 5. 양봉산물, 6. 기타 상식 등으로 나누어 자세히 설명하고자 한다.

제1장 꿀벌의 습성

제1문 꿀벌의 도망, 도봉, 분봉, 비행연습의 구별

Q 저는 작년 4월 꿀벌 3통을 구입하여 3통을 증식해 현재 6통을 가지고 있는 초보자입니다. 꿀벌은 어떤 경우에 도망하는지 알고 싶습니다. 그리고 벌통 주변에 배회하는 벌들이 도봉인지 분봉인지 아니면, 비행연습을 하는지를 어떻게 구별할 수 있습니까?

A 처음 양봉을 시작한 사람은 벌통 주변에서 꿀벌이 붕붕거리며 배회하는 모습만을 보고는 도망, 도봉, 분봉, 비행연습(기억비행) 등을 구별하기가 거의 불가능하다. 이러한 경우들에 대한 차이점을 가급적 상세히 설명하고자 한다.

1 분봉, 비행연습, 도봉의 다른 점

분봉

분봉은 수천, 수만 마리 일벌들이 소문으로부터 물밀 듯이 쏟아져 나와 10~15m 상공에서 원을 그리며 날다가 근처의 나뭇가지 등 일정 장소에 무리를 지어 자리를 잡을 무렵, 여왕벌이 뒤늦게 벌통에서 나와 일벌들과 합류하여 서로 뭉쳐서 봉구를 이룬다. 여왕벌은 봉구 주위로 다니면서 여왕벌 페로몬 물질을 분비하여 일벌들이 모여서 한 덩어리가 되도록 유도한다.

비행연습

유희비상이라고도 한다. 어른 벌이 되어 벌방에서 출방한 지 12일 정도 지나면, 일벌들은 벌통 안에서의 분업 임무를 마치고 날아다니는 연습을 하면서 자기 집의 위치를 기억하고 방위를 살피는 작업을 한다. 이것은 장차 외역봉으로 그 임무를 충실히 수행하기 위한 일종의 훈련과정을 거치는 것으로 일종의 유희비상이다.

바람이 없고 온화한 날 오후 2~3시경 소문을 나와 자기 집 1~2m 높이에서 머리를 벌통 쪽으로 향하고 오르내리며 연습을 하면서 방위를 확인한다.

일벌 한 마리당 3~5분 이내에 유희비상을 마치고 자기 집으로 도로 들어간다. 초심자는 동시에 많은 벌이 벌통 문 앞에서 나는 모습을 보고 분봉 또는 도봉으로 오인할 때도 있다.

도봉

　도봉은 다른 통의 먹이를 훔쳐가는 행위이므로 분봉이나 비행연습과는 아주 다르다. 날개 소리가 요란할 뿐만 아니라, 일벌들의 행동이 민첩하여 봉장이 어수선한 분위기를 자아낸다.

　벌통 문으로 들어가는 벌들의 배는 홀쪽하나 먹이를 빨아 먹고 소문으로 기어 나오는 벌들의 배는 탱탱하다. 도봉은 일차적으로 도봉을 당하는 피도봉군의 방어능력이 부실하여 발생하는 것이므로 피도봉군의 먹이(꿀)가 떨어져야 끝이 난다. 피도봉군에 아무런 방비도 없이 계속 먹이를 보충해 주면, 도봉은 다시 지속되어 피도봉군의 여왕벌이 공격을 당하는 등 큰 피해를 받게 된다.

2 꿀벌이 도망하는 이유와 대책

　동양종꿀벌(토종벌)은 봉군의 내부 또는 외부 환경이 조금이라도 생존에 불리해지면 저장해 놓은 꿀을 배 안에 가득 채우고 봉군 전체가 벌통을 버리고 도망을 하지만, 서양종꿀벌은 좀처럼 도망하는 일이 없다. 그러나 소충의 피해가 극심하거나 말벌로부터 심한 공격을 받았을 때, 먹이가 고갈되었거나 여름철 벌통 내 혹서를 이기지 못하면 간혹 도망하는 수가 있다.

　꿀벌이 도망하는 것을 방지하기 위한 대책은 별다른 묘안이 있는 것이 아니다. 단순히 위에 열거한 도망요인을 사전에 제거해 주는 것이다. 벌통 속을 살펴 소충을 구제하고 늦여름에 말벌 피해예방에 각별한 노력을 해야 하며, 벌집에 저장된 먹이가 절량이 되지 않도록 미리 먹이를 보충해 줌은 물론, 여름에는 적당한 그늘을 만들어 주어 벌통이 고온에 노출되지 않도록 환경을 개선해 주어야 한다.

3 도봉은 꿀벌의 생존 습성

　꿀벌의 봉군 사이에 도봉(盜蜂; 도둑벌)이 발생하는 것은 꿀벌의 자연 생리적인 생존 습성이다. 토종벌을 키우는 분들이 서양종꿀벌에 도봉을 당했다 하여 법원에 고소하는 것을 여러 번 보아왔다. 이는 자기의 벌 사양관리의 미숙으로 인한 책임을 다른 사람에게 전가시키려는 잘못된 생각이다.

꿀벌은 어디까지나 야생성을 가진 곤충에 불과하다. 사람이 일반 동물과 구별되는 것은 인(仁), 의(義), 예(禮), 지(智), 신(信)이라는, 소위 유교에서 말하는 사람이 지켜야 할 다섯 가지 기본적인 덕목인 오상(五常)을 지니고 있어, 도덕과 양심을 발휘하여 동물적 본능을 억제하기 때문이다. 또 상호 합의에 의해 제정한 법을 준수함으로써 동물적 생존경쟁은 물론, 약육강식이란 자연생존 법칙마저도 초월하고 진선미(眞善美)를 창조하며 살아가고 있다.

그러나 사람 사이에도 도둑질이 있고 타인의 재산을 착취하는 것이 비일비재한데, 꿀벌이 본능적으로 이웃 벌통의 꿀을 훔쳤다 하여 책망하는 것은 꿀벌을 인간과 같은 수준에 놓고 인식하는 데서 온 난센스가 아닌가 한다.

꿀벌은 생존을 위해서 꽃에서 화밀과 화분을 수집하는데 자연 속의 꽃에서 먹이를 찾지 못했을 때는 약군의 저밀을 빼앗아 온다. 이는 본능에서 오는 자연 생리적 행위인 것이다. 개나 고양이, 닭을 비롯한 조류까지도 어느 정도 훈련이 가능하며 경우에 따라서는 가두어 기를 수 있지만, 꿀벌은 훈련을 시키거나 가두어 기르지는 못한다.

도봉의 원인

봉군세력이 약해 경비가 허술한 약군은 무밀기에 꿀을 빼앗기기 쉽다. 즉 유밀기에는 도봉이 발생하지 않고 주로 무밀기에 국한하여 도봉이 발생하므로, 무밀기에는 약군에 대한 관리에 각별히 주의를 해야 한다.

도봉이 발생하는 원인을 살펴보면 대략 다음과 같다.

첫째, 무밀기의 대낮에 당액을 사양하여 냄새를 풍긴다거나, 약군에 먹이를 많이 주어 그날 밤에 전부 벌집 저밀방에 옮기지 못하면, 남은 당액이 다음날 도봉을 유인하게 된다.

둘째, 인공사료인 당액을 급여하지 않았을 때라도 군세를 고려하지 않고 소문을 크게 개방하면 방어능력을 상실하여 도봉을 당하게 된다.

셋째, 약군에 세력을 보충해 주기 위해 강군의 봉판을 넣어줄 때 외역봉이 한 마리라도 따라 들어가게 되면 도봉의 원인이 된다.

넷째, 월동 직전에 먹이가 부족한 무리들이 약군의 꿀을 훔쳐갈 때는 날씨가 차갑기 때문에 한낮에 소수 일벌에 의해 조금씩 이루어지므로 아무리 노련한 양봉가일지라도 알기 어렵다. 이것이 원인이 되어 약군은 월동 중에 먹이 부족으로 아사하는 경우가 종종 있다. 그러므로 약군을 방치하는 것은 도봉 원인을 제공하는 것과 같다.

다섯째, 무밀기에 내검을 하면서 벌통을 한동안 열어두거나, 소비를 꺼내 오래 들고 있거나 방치하면 도봉이 발생한다.

여섯째, 주변 봉군에 먹이가 충분하더라도 세력이 지나치게 약한 봉군을 방치하면 언제든지 도봉은 발생할 수 있다.

도봉에 대한 대책

① 불가피하게 한낮에 당액을 급여함으로써 도봉이 발생했을 때는 소문을 1cm 이하로 좁히고 검불이나 풀잎으로 소문을 가려 준다. 그래도 계속되면 소문을 폐쇄한 후 벌통 전체를 보온덮개나 담요 등으로 1시간 정도 씌워 주면 모여든 도봉들이 해산하는 경우가 많다.

② 교미벌통과 같은 약군에 먹이가 부족하여 강군으로부터 꿀소비를 보충해줄 때 외역봉이 한 마리라도 따라 들어가지 않도록 주의해야 한다.

③ 피도봉군의 소문 앞에 밀가루를 뿌리면서 다른 한 사람은 다른 벌통 앞을 관찰하면 도봉군을 찾아낼 수 있다. 피도봉군과 도봉군의 위치를 맞바꾸어 주는 것도 한 방법이다.

④ 도봉이 극심하면 피도봉군의 소문을 막고 내피를 일부 걷은 다음 벌통에 충격을 주어 도봉을 쫓아내고, 뚜껑을 덮어 그늘진 시원한 장소로 옮겨, 담요 따위로 덮어 암실을 만들어 주었다가 다음날 제자리에 갖다 놓는다.

⑤ 피도봉군을 옮기고 피도봉군이 있던 장소에 빈 벌통에 물을 채운 소비 2장 정도를 넣어 놓으면 도봉들은 통 안으로 들어가나 훔칠 꿀이 없으므로 허탕을 치고 말기 때문에 2시간 안에 해산하게 된다. 도봉이 극심할 때 피도봉군의 소문을 막고 방치하거나 피도봉군의 벌통을 다른 곳으로 옮기면 도봉들은 이웃 벌통에 번져 더욱 심해

지는 경우가 많으므로 피도봉군이 있던 자리에 물을 채운 소비를 담아 위장하는 것은 매우 적절한 방법이다.

⑥ 도봉군을 찾아냈을 때는 도봉군의 여왕벌을 일벌 5~6마리와 함께 왕롱에 가두어 꺼내놓고 소비 전체를 꺼내어 소문 앞에 털어준다. 벌들은 무리를 지어 소문으로 들어가는데 여왕벌이 없으므로 불안을 느끼기 시작하여 도봉 행위를 중지한다.

⑦ 만일 피도봉군의 소문이 오른쪽에 있다면, 소비를 소문과 떨어진 왼쪽으로 옮기고 격리판 또는 스티로폼으로 밑바닥까지 막은 후 소문 방향으로 2㎝ 정도의 통로를 만들어 준다. 대문 안에 중문을 설치하는 원리와 같다. 극심하지 않을 때에는 이것도 한 방법이다.

⑧ 도봉을 쫓는다 하여 소문 앞에 훈연을 하는 것은 절대 금물이다. 훈연을 하면 도봉들이 일시 후퇴하게 되나 피도봉군의 문지기벌도 같은 원인으로 방어를 기피하므로 결국 도봉을 도와주는 결과가 된다.

⑨ 도봉이 발생하면 피도봉군을 2km 이상 떨어진 장소로 5~6일 정도 옮기라고 하는 방법도 있으나 쉬운 일이 아니므로, 항시 봉장을 잘 살펴 초기에 대책을 강구해야 한다.

⑩ 도봉은 피도봉군에서만 관찰할 수 있다. 간혹 같은 장소가 아닌 떨어진 봉장에서 도봉을 해올 때는 화밀을 수집하는 것과 같은 행동을 하기 때문에 노련한 양봉가라도 도봉 여부를 전혀 파악할 수 없다.

제2문 꿀벌의 표류

Q 친구가 아까시 유밀기에 벌 놓을 곳이 없다고 하여 제가 벌을 키우는 양봉장 앞쪽에 여유 공간이 있어 벌통을 놓게 했습니다. 그런데 며칠 후에 내검을 해보니 제 벌통 안에 벌이 현저히 줄어들었고, 친구 벌통과 비교해보면 외역활동을 하는 일벌이 훨씬 적은 것 같습니다. 어찌 된 일입니까?

A 귀하의 경우는 같은 양봉장에 친구의 벌은 앞줄에 배열되었고 귀하의 벌은 뒷줄에 배열되었다고 본다. 이것이 사실이라면 뒷줄에 있는 귀하의 벌이 앞줄에 있는 친구의 벌통으로 표류되었다고 볼 수 있다. 본시 꿀벌은 제집을 잘 기억하다가 자기 집으로 찾아 들어간다고 하나, 이른 봄에 월동군을 개방을 하였을 때 또는 화밀이 많이 반입되는

유밀기에는 다른 통으로 잘못 들어가는 수가 많다. 이런 현상이 꿀벌의 표류현상의 대표적인 경우라 볼 수 있다.

제3문 분봉과 그 대책

Q 분봉이 일어나는 과정과 분봉에 대한 관리 대책에 대해 상세히 말씀해 주십시오.

A 분봉을 자연분봉과 인공분봉으로 나누어 설명하고자 한다.

1 자연분봉

자연분봉의 준비단계

봄철 기온이 올라가면서 여기저기에 꽃이 피기 시작하고 화밀을 분비하면, 일벌들은 활기차게 화밀과 화분을 반입하고, 여왕벌은 매일 천여 개 이상의 알을 낳는다. 소방에서는 매일 어린 일벌들이 출방하여 많은 일벌들로 급기야 벌통 안은 비좁아진다. 일벌들은 절반 정도의 무리가 새살림을 나기 위한 분봉할 준비로, 소비의 옆 또는 아랫면에 왕대(여왕벌 애벌레의 집)의 기초가 되는 왕완(王椀)을 조성하고, 여왕벌은 이곳에 산란을 한다. 하지만 자세히 살펴보면, 후대 여왕벌을 산란하기 20여 일 전에 이미 처녀 여왕벌과 교미할 수벌을 산란하여 키우기 시작한 것을 알 수 있다.

자연왕대의 조성

여왕벌이 왕완에 산란을 하면 일벌들은 왕완을 보호하며 보온에 주력한다. 산란한 지 3일이 지나면 알이 부화한다. 일벌들은 하루에도 1,000여 번씩 유충을 보살피며 왕유를 공급하고 왕대로 만들기 위해 점차 높여가며 축조한다. 이를 제1왕대 또는 분봉왕대라고 한다.

여왕벌이 제1왕완에 산란한 후 3일이 지나 알이 부화되면, 또 다른 한 개의 왕완이 일벌에 의하여 조성되고 여왕벌은 이 왕완에 산란을 한다. 알은 3일 만에 부화되며 유충이 성장함에 따라 왕대는 높이 축조된다. 이를 제2왕대라고 한다.

제2왕대에 여왕벌이 산란한 지 2일 후, 즉 제2왕대에서 알이 부화되기 1일 전, 제3왕

사진 7.1 처녀 여왕벌의 출방 모습(좌)과 자연분봉군의 운집 모습(우)

대를 만든다. 다음날 제4왕대를 축조하고 계속해서 제5, 6왕대를 축조하여 여왕벌은 여기에 산란을 한다. 일벌들은 대개 총 6~7개 정도의 왕대를 순차적으로 짓는다.

처녀왕의 출방

출방한 지 6~10일 된 어린 일벌들은 왕대 안의 알에서 부화된 여왕벌 유충에게 5.5일간 왕유를 분비하여 먹이고, 유충이 성숙하면 가는 실을 토하여 얇은 고치를 짓고 마지막 5회 탈피를 한 후 2일간 휴식을 취하고 번데기가 되었다가 5.5일 후 봉개를 찢고나와 처녀왕이 출방한다.

자연분봉

새로 발육한 첫 처녀왕이 왕대에서 출방하기 2일전 구여왕벌(구왕)은 바람이 없고 청명한 날을 택하여 과반수의 일벌과 함께 한낮 주로 정오경에 분봉을 한다.

벌통 안에 있던 절반 정도의 일벌들 소위 분봉군이 소문 밖으로 밀물처럼 밀려나와 봉장을 중심으로 공중에서 원을 그리며 빙빙 떠돌다가, 여왕벌이 따라 나오면 합세하여 인근 나뭇가지 또는 집 추녀 등에 뭉쳐 봉구를 이룬다. 여왕벌은 그 주위를 보살피며 여왕벌 페로몬을 분비하여 일벌들이 이곳에 집합하도록 유도한다. 이 과정을 자연분봉 또는 제1분봉이라고 부른다.

제1분봉이 있은 후 3일째 처녀왕이 출방하면 또 분봉이 발생한다. 이를 제2분봉이라 한다. 다시 2일 후 처녀왕이 출방하여 분봉을 한다. 이를 제3분봉이라고 한다. 아무리 강한 봉군이라 할지라도 분봉은 대개 제3분봉으로 종료하지만, 제3분봉군은 너무 약군이어서 인위적으로 억제하여야 한다.

제3분봉(두번째로 나온 처녀왕)이 끝나면 일벌 수가 급감하여 벌통 속이 허술해지고 일벌들이 왕대보호를 소홀히 함으로써, 세 번째 출방한 처녀 여왕벌이 나머지 왕대를 전부 파괴하여 분봉은 중지된다.

자연봉군의 수용

제1차 분봉

첫째, 제1차 분봉군은 구여왕벌에 의해 형성된다. 봉장 부근 나뭇가지나 추녀에 뭉친다. 빈 벌통과 소초 5장을 준비한다(군세에 따라 다르겠지만 강군일 경우 5~6장이면 충분하다).

첫째, 얕은 나뭇가지에 분봉군이 뭉쳤다면 소초광을 넣은 벌통을 나뭇가지 밑에 대고 나뭇가지를 크게 흔들어 주면 분봉군 뭉치는 벌통으로 떨어진다. 격리판 또는 사양기를 대주고, 내피를 덮고, 내피의 한쪽 모서리를 3cm 정도 접어 주고 소문을 절반 정도만 열어준다. 수용한 벌통을 한동안 그대로 두면 미처 들어가지 못한 벌 무리는 여왕벌이 있는 벌통으로 모여든다. 30~40여 분이 지나 분봉 수용군이 조용해지면 원하는 장소로 이동하여 배치한다.

분봉군이 양봉장 인근의 얕은 나무에 뭉쳤을 때, 분봉군을 수용하는 또 다른 방법을 소개한다. 보통 분봉군에 합류한 여왕벌은 봉구 안쪽과 봉구 외부를 분주히 드나든다. 여왕벌이 보이면 이를 손으로 살며시 잡아 왕롱에 가둔다. 분봉이 일어난 원통을 양봉장의 다른 곳에 옮겨 놓고 원통이 있던 자리에 소초광 5장 정도를 넣은 새 벌통을 배치한다. 새 벌통의 소비 위에 왕롱을 얹어놓고 내피를 덮고 뚜껑을 덮는다. 분봉하였던 벌들은 여왕벌이 없으므로 곧 해산하여 먼저 있던 원통의 자리(새 벌통이 위치)로 돌아온다. 분봉군의 대부분 일벌들이 돌아왔을 무렵, 왕롱에 가두었던 왕을 개방하면 봉군은 30~40분 후에 안정된다. 이후에 분봉군이 든 새 벌통을 원하는 장소로 옮기고 그 자리에 원통을 도로 갖다 놓는다. 분봉을 나갔던 여왕벌과 함께 수용된 분봉군은 이동한 장소에 정착하여 정상적인 활동을 시작한다.

둘째, 높은 나뭇가지에 분봉군이 뭉치는 수도 있다. 장대에 묶은 소비를 매어 봉구에 접근시킨다. 일벌과 여왕벌이 이 소비로 옮겨오면 준비한 벌통에 수용한다. 대부분의 벌들이 소비로 옮겨오나 여왕벌이 옮겨오지 않을 때도 있으므로 모두 옮겨올 때까지 반복해야 한다.

셋째, 분봉군은 3일 정도 먹고 견딜 수 있는 꿀을 뱃속에 간직하고 분봉을 하므로 소비보다는 소초로 수용하는 것이 옳다. 그뿐 아니라 새로 수용한 벌들은 밀랍 분비가 왕성하여 빠른 시간에 조소를 하고 또한 자신들이 새로 지은 집을 선호한다. 분봉군을 받아들인 당일 저녁에 1.3:1의 당액을 먹이통에 가득 부어 주면 조소 작업이 한결 빨라진다.

제2차 분봉

2차 분봉군을 성공적으로 수용하고 3차 분봉을 억제하는 방법을 설명하고자 한다. 제2차 분봉군은 제1왕대에서 출방한 처녀왕이 이끈다. 수용방법은 제1차 분봉과 같다. 하지만 분봉을 제2차 분봉에서 마치게 하려면 소초로 분봉군을 수용치 말고, 분봉군이 나온 원통에서 꿀소비 1장, 산란유충 소비 2장, 봉개 봉판 1장 등 4장을 꺼내 분봉군을 수용하고 저녁 무렵에 1.3:1의 당액을 급여한다. 처녀왕은 10일 이내에 교미를 마치고 산란하기 시작하며 넣어준 봉개 봉판에서 속속 어린 벌들이 출방하여 봉세가 늘어나 곧 강군이 된다.

원통에서는 제1차 분봉군이 나갈 때 일벌이 절반(1/2) 이상 나갔고 또 3일 후 처녀왕이 제2차 분봉 시 나머지 봉군의 1/2을 거느리고 분봉하였으므로 아무리 강한 봉군이라 할지라도 분봉 전의 군세로 보면 반의반(1/4)으로 감소한다. 이뿐만 아니라 벌통 안에 있던 4장의 소비(꿀소비 1장, 산란·유충소비 2장, 봉개소비 1장)가 인위적으로 2차 분봉군으로 빠져나갔기 때문에 벌통 안에 상대적으로 빈 공간이 많아진다. 따라서 일벌들은 더 이상의 분봉 의욕을 상실하여 왕대보호를 하지 않게 됨으로써 제2차로 조성된 왕대에서 후속으로 출방한 처녀왕은 나머지 왕대를 전부 파괴한다.

2차 분봉 후에도 여전히 군세가 충분히 강하다면 제3차 분봉이 발생할 수 있고, 제3

차로 지어진 왕대에서 출방한 처녀왕이 나머지 왕대를 전부 파괴하고 그 통의 새로운 여왕벌이 된다. 이때 소비를 4장 정도로 축소해 주면, 2차 분봉군과 같이 10일 이내에 교미를 마치고 산란하게 되며 잔여 봉개 봉판에서 어린 벌들이 점차 출방하여 곧 세력이 회복된다.

2 인공분봉

유밀기가 되어 군세가 강해지면 분봉열이 발생한다. 유밀기 중에 분봉열이 발생하면 일벌들은 수밀 작업에 태만하게 된다. 이 경우 꿀 채밀량이 현저히 줄어든다. 따라서 분봉열이 발생하기 전에 계상을 올리거나, 구여왕벌이나 봉개 왕대를 이식하여 새 봉군을 만들어 분봉열을 예방하여야 한다.

구여왕벌에 의한 인공분봉

어미 여왕벌은 제1왕대에서 처녀왕이 출방하기 2일 전에 과반수 일벌과 같이 분봉하므로 처녀왕이 출방하기 4~5일 전, 즉 실제 분봉이 발생하기 전에 새 벌통에 꿀소비 1장, 봉판 1장, 또는 봉판 2장을 넣어준다. 그리고 즉시 다른 곳에 옮겨줌으로써 미리 분봉(인공분봉)시키고 원통에는 왕대 1개만 남기고 나머지 왕대는 모두 제거해 준다.

구여왕벌이 있는 인공분봉군의 외역봉들은 귀소할 때 이전 기억에 따라 원통으로 되돌아가므로, 원통에서 어린 벌이 많이 붙은 소비를 2장 정도 털어 주어 분봉군의 군세를 보강해 주어야 한다. 구왕을 분봉시키고 3일 이내에 당액을 급여하는 것은 금물이다. 당액을 급여하면 외역봉들이 원통으로 돌아가면서 도봉이 발생하므로 3일 후에 2~3장의 분봉군에 소초를 넣고 당액을 급여하면 조소를 왕성히 하면서 산란이 진행된다.

원통에서는 처녀 여왕벌이 출방하여 10일 이내에 교미를 마치고 산란을 하기 시작하지만, 군세가 강하더라도 신왕이므로 분봉열이 발생하지 않고, 일벌들이 활기를 띠며 유밀기 때 많은 꿀을 채밀할 수 있다. 갓 교미를 마친 신여왕벌은 구여왕벌보다 분봉열이 적은 점을 기억할 필요가 있다.

자연왕대에 의한 인공분봉

자연왕대가 성숙하면 분봉열이 발생한다. 분봉열이 발생하기 2~3일 전에 왕대가 붙은 벌소비 1장, 꿀소비 1장을 뽑아 2장의 새 봉군(핵군)으로 분봉시키면 일시적으로 분봉열을 방지할 수는 있으나 구왕을 제거하는 것만은 못하다.

왕대로 분봉하였을 때는 특히 보온에 주의하여야 한다. 외역봉이 원통으로 돌아가면 아무리 내피를 두껍게 덮어 주어도 육아 온도를 유지하기 힘들다. 그러므로 어린 벌이 많이 붙은 소비를 분봉한 핵군에 털어 주어 군세를 강화해 주어야 한다.

변성왕대에 의한 인공분봉

변성왕대가 생긴 봉군에서도 자연분봉이 발생하는 수가 있지만 극히 드문 일이다.

변성왕대가 성숙하여 처녀왕으로 출방하기 1~2일 전에 왕대가 붙은 벌소비 1장과 다른 통에서 어린 일벌이 많이 붙은 소비 1장을 뽑아서 2장을 합하여 핵군으로 편성한다. 이때 합한 벌들 간에 싸움이 벌어질 것을 염려할 수 있지만 보통 무왕군(변성왕대 봉군)과 유왕군은 서로 싸우지 않는다. 미처 성숙하지 않은 미숙 왕대를 분봉시키면 핵군 내 온도가 낮기 때문에 건강한 처녀왕이 태어나지 못하는 수가 많다.

처녀왕이 출방하면 건실한지 살펴본 후 7~8일 정도는 내검하지 말아야 한다. 자주 내검하면 일벌들이 불안하여 처녀왕을 공살하게 된다. 언제나 인공분봉군에는 2~3일 이내에 당액을 급여하여서는 안 된다. 세력이 약하여 도봉이 유발되기 쉽다. 먹이가 부족하면 다른 강군 벌통에서 꿀소비를 꺼내어 보충해 주어야 한다.

3 분봉 예방법

왕대 제거

군세가 강해지고 벌통 내부가 비좁아지면 일벌들은 분봉할 목적으로 소비의 옆쪽이나 아랫면에 왕대를 짓고 여왕벌은 여기에 산란을 한다. 본격적인 분봉열은 왕대가 봉개된 지 3일째 되는 날부터 발생한다. 분봉열이 발생한 벌통 내부를 살펴보면 벌통을 열었을 때 일벌들이 소비 사이로 2열로 머리를 나란히 내밀고 부동자세로 있는 것을 볼 수 있다. 유밀기인데도 소문으로 드나드는 벌이 별로 없다. 말하자면 일종의 태업(怠業)을 일으킨 것이다.

그날 정오경이나 다음날 오전에 구여왕벌은 일벌들의 무리를 따라 분봉을 한다. 혹자는 왕대만 파괴시켜 분봉을 방지하려 하지만 이는 전혀 효과가 없다. 분봉열이 발생하면 인위적으로 억제하기가 매우 힘들기 때문이다. 왕완이 조성되고 산란이 보이면 파괴하고 봉판 2장을 다른 벌통으로 빼돌리고 그 자리에 소초광을 삽입하여 조소케 하면 일시적 예방책은 되지만 근원적 방지책은 못 된다. 단층 벌통에서 그대로 채밀할 계획이면 왕대 1개만 남기고 구왕을 제거하면 되나 20일 후부터는 군세가 약해진다. 유밀이 풍부하면 아래와 같이 계상을 하는 것이 가장 바람직하다.

계상

제1왕대가 성숙해지고 제2, 제3왕대가 지어지면 왕대를 헐고 계상을 올린다. 자연분봉 왕대가 지어질 시기에는 외기온도가 상승하고 군세도 강할 뿐만 아니라, 봉판도 많고 꿀을 저장할 장소와 산란할 장소도 없이 벌통이 비좁을 때이다.

알 또는 유충 소비 5장을 꺼내 계상에 올리고 아래통에는 빈 소비나 소초를 3장 정도 그 자리에 넣어 산란소비를 만든다. 계상으로 여왕벌이 올라가지 못하도록 격왕판을 중간에 끼워준다.

분봉열은 완전히 해소되고 일벌은 심기일전(心機一轉)하여 활발히 소문을 드나들며 화밀과 화분을 반입하고 여왕벌도 산란을 계속한다. 4~5일이 지나면 공 소비 또는 갓 조소한 새 소비에는 꿀과 알, 유충이 가득 찬다. 다시 2장을 계상으로 옮기고 공소비나 소초를 3장 추가(증소)한다. 이런 식으로 하여 아까시 대유밀기까지 관리하면 아래 기본통은 산란소비로 차게 되고, 계상은 저밀소비가 되어 1회에 12kg의 채밀을 할 수 있다. 계상에는 일벌들이 무왕 상태로 인식하여 변성왕대가 지어지는 경우가 많다. 1주일에 한 차례씩 왕대를 헐어 주어야 한다. 증식할 계획이 있으면 이 변성왕대 소비로 핵군을 만들고 세력이 넘쳐나는 강군의 봉판을 보충해 주면 된다.

계상을 하면 이동하기가 불편하지만 꿀을 많이 뜰 수 있다. 고정 양봉에도 유밀기에 계상 채밀을 권장한다.

분봉 예방의 또 한 가지 방법

벌통 안이 비좁아지고 분봉 준비가 진행되면 제1왕대가 봉개될 무렵에 제1왕대 한 개만 남기고 구왕을 제거한다.

군세가 강하더라도 여왕벌이 없으므로 분봉을 하지 못하나 처녀왕이 출방하여 교미하러 나갈 때 교미분봉이 발생하는 수도 있으니 봉판을 뽑아내어 약군에 보충하여 군세를 조절하여야 한다. 다시 말해서 구여왕벌을 제거하고 여전히 군세가 강하면 봉판을 적당히 뽑아내야 한다.

유밀기 전의 분봉

유밀기 전에 분봉을 시키면 채밀에 대단히 불리하므로 삼가야 한다. 5월 초부터 남부지방에서 시작하여 중부지방으로 서서히 아까시나무 꽃이 피기 시작한다. 우리나라에서는 꿀 농사를 이 시기에 의존하고 있으므로 아까시나무 대유밀기 전에 분봉열을 예방하고 그대로 강군을 유지하며 채밀에 임하여야 한다.

분봉열이 발생한 봉군의 대책

유밀기에 일단 분봉열이 발생한 것을 방임하면 꿀을 많이 딸 수 없을 뿐 아니라, 설사 분봉을 시켜도 적게 채밀할 수밖에 없다. 분봉열이 일단 발생한 이후에는 어떠한 대책을 세우더라도 채밀량이 줄어들 수밖에 없다. 차선의 관리 대책들을 제시하면 다음과 같다.

첫째, 기존 여왕벌을 제거하고 봉개 봉판을 2~3장 빼내어 약군에 보충해 주고 왕대는 1개만 남긴다.

둘째, 유충소비와 벌소비, 꿀소비까지 빼내고 10장 봉군이라면 소초 7장 정도를 삽입하여 조소를 시킨다. 해 질 무렵에 1.3:1의 당액을 급여하면 일벌들은 조소를 하며 분봉한 기분으로 심기일전하여 수밀 작업을 하게 된다.

셋째, 이미 분봉열이 발생한 봉군은 왕대를 모두 제거해 주는 것만으로 분봉열을 억제할 수 없다. 분봉 준비가 완료된 봉군의 왕대를 아침에 헐어 주면 왕대가 없어도 정오경에 분봉을 하기 때문이다. 또한 원통은 무왕군이 되어 다시 변성왕대를 조성하게 된다. 따라서 분봉열이 발생하기 전에, 군세에 따라 봉판을 빼내고 소초를 넣어 조소케 하면서 분봉열을 예방하다가, 점차 계상을 올리거나 구왕을 제거하는 등 대책을 강구하여야 한다.

넷째, 두 장으로 핵군을 만들어 사전에 신왕을 양성해 두었다가 구여왕벌을 제거하고 3일 후에 신왕을 왕롱 또는 신문지로 만든 작은 원형 봉지에 넣어 유입하는 것도 한 방법이다. 해마다 구왕을 신왕으로 교체하는 것이 최선임을 잊어서는 안 된다.

다섯째, 일부 양봉가들이 사용하는 방법으로 분봉열이 발생한 것이 확인되면 내피를 걷어 내거나 빈 계상을 올려 주기도 하는데, 이는 벌통 내 공간을 획기적으로 넓혀준다는 의미에서 사용해볼 만한 방법이다.

제4문 꿀벌의 활동 범위

Q 꿀벌은 몇 km까지 가서 꿀을 수집해 올 수 있으며, 가장 효과적인 거리는 몇 km입니까?

A 꿀벌의 활동범위는 반경 2km 이내로 보는 것이 타당할 것이다. 사람은 길을 따라 왕래하나 꿀벌은 비행하여 왕래하므로 직선거리로 말하는데, 산을 넘고 또 넘는 험한 곳에서는 2km도 못 가지만, 밀원이 계속 연결되는 평지에서는 3~4km까지도 가능하다. 그러므로 6km 떨어진 양봉장 간에도 백묵병 포자가 꽃을 매개로 전염될 수 있는 것이다.

기후에 따라 활동범위에 큰 차이가 있다. 이른 봄 외기온도가 15℃ 이내일 때는 500m 이내이고, 외기온도가 25~30℃가 되면 반경 2km 정도로 활동한다고 봐야 한다. 계절에 관계없이 꿀벌이 화밀이나 화분 또는 봉교를 수집해 오는데, 가장 효율적인 거리는 500~800m 정도로 본다. 봉군 수에 비하여 밀원이 충분하다면 1일 12회 또는 그 이상까지도 수밀 활동을 할 수 있다.

우리나라의 실정은 밀원이 부족하여 아까시나무 유밀기에 500m가 멀다시피 봉군이 운집하며 서로 간의 양봉장 위치로 인해 분쟁이 벌어지는 것을 볼 수 있다. 가령 봉장과 봉장의 거리가 500m라면 밀원을 분할한다고 할 때, 250m에 불과하여 같은 양봉장으로밖에 볼 수 없다. 밀원 경쟁을 둘러싼 다툼을 하지 않으려면 최소한 4km의 거리를 유지해야 한다.

제5문 이식한 왕대의 파괴

Q 구여왕벌을 신왕으로 교체하고 봉군 증식도 겸할 계획으로, 변성왕대에서 처녀왕이 출방하기 2일 전에 강군에서 소비 2장씩 빼내어 교미벌통을 만들었습니다. 그리고 원통으로 돌아가는 벌을 보충해 주기 위해 여왕벌이 있는 다른 통에서 어린 벌이 많이 착봉한 소비의 벌을 1장 떨어준 후 왕대를 이식하였는데, 12개 벌통 중 3개 벌통의 왕대는 파괴되어 신여왕벌 생산에 실패하였습니다. 교미벌통에 왕이 없는데도 왕대를 받아들이지 않는 이유를 알고 싶습니다.

A 강군이라도 여왕벌이 없어진 지 2일이 지나면 모든 일벌은 왕이 없는 것을 알게 되어, 다른 곳에서 여왕벌을 유입하거나 왕대를 이식하면 환영한다.

그러나 여왕벌이 있던 봉군에서 일벌이 붙어있는 채로 소비를 빼내 교미군을 편성하고 즉시 왕대를 이식하면 아직 여왕벌이 없는 것을 모르는 일부 일벌들이 왕대를 공격하여 파괴하는 수가 있다. 그러므로 즉시 왕대를 이식하려면 왕대를 왕대보호기에 넣어 삽입하여야 한다.

무왕군이 된 지 2일만 지나면 일벌들이 여왕벌이나 왕대의 유입을 환영한다. 특히 무밀기에는 여왕벌이나 왕대를 유입하고자 하는 날, 전날 저녁에 당액을 급여하여 일벌들은 새로 식량을 저장하는 하는 과정에서 공격력이 둔화되고 당일 해질 무렵에 다시 당액을 급여한 후 유입하면 성공률이 매우 높다. 가장 안전한 방법은 전날 당액을 급여하고 왕대보호기에 넣어 이식하는 것이다.

제6문 처녀 여왕벌이 변성왕대를 파괴하지 않는 경우

Q 채밀을 하고 난 후 13일이 되는 날 봉장을 순시하다 한 통의 소문 앞에서 처녀왕 시체 3마리를 발견하고 내검해 보았더니, 많은 변성왕대가 있었으며 파괴된 것이 대부분이고 아직 파괴되지 않은 것도 있었으며 한 마리의 처녀왕이 발견되었습니다. 꿀을 뜰 때 잘못되어 여왕벌이 죽은 모양입니다. 변성왕대에서는 먼저 출방한 처녀왕이 아직 출방하지 않은 왕대를 전부 파괴한다고 들었습니다. 그런데 아직 왕대를 파괴하지 않은 것은 무슨 이유일까요?

A 자연왕대(분봉왕대)는 벌통 내부가 비좁아져 분봉을 목적으로 일정한 계획 하에 일

정한 간격을 두고 왕대가 지어지므로 처녀왕의 출방이 순차적으로 이루어진다.

그러나 변성왕대인 경우에는 불시에 여왕벌이 망실되거나 인위적으로 여왕벌을 제거하였을 때 조성된다. 이 경우 일벌들은 긴급하게 후계 여왕벌을 양육하기 위하여 알에서 부화된 지 3일 이내의 일벌 유충을 선택하여 왕유를 계속 공급하며 왕대를 조성하므로 일시에 여러 개의 왕대가 조성된다. 꿀벌의 혈통에 따라 다르지만 이탈리안 꿀벌은 양호한 조건에서는 보통 15~22개 정도의 변성왕대를 만든다.

여왕벌이 망실되는 날에 산란한 알이라면 최소한 5일 늦게 왕대가 만들어질 수도 있다. 다시 설명하면 여왕벌이 망실되자마자 변성왕대를 조성하는 것이 아니다. 여왕벌이 망실된 날은 일벌들이 총동원하여 날개를 떨며 여왕벌의 행방을 찾는다. 마침내 행방을 찾지 못하면 하루가 지난 다음 날, 부화한 지 3일 이내의 일벌 유충을 선택하여 왕대를 조성한다. 그러므로 여왕벌이 망실된 당일 부화한 지 3일이 지난 유충은 여왕벌이 될 자격이 없다. 즉 일벌이 될 유충에 3일간 왕유를 먹이고 4일째 되는 날부터는 꿀과 화분을 먹인다. 이렇게 이미 꿀과 화분을 먹은 유충은 여왕벌이 될 수 없다. 보통 여왕벌의 유충은 5.5일간 왕유를 먹고 성장한다.

변성왕대에서 출방하는 처녀왕의 출방 시기에는 5일간의 간격이 있을 수 있다. 즉, 여왕벌이 망실되는 날 산란한 알이라면 16일 만에 처녀왕이 출방할 것이고 그날 부화한 지 2일 되는 유충이라면 11일 만에 처녀왕이 출방할 것이다. 자연왕대나 변성왕대에서는 기후와 온도 또는 먹이에 따라 처녀왕의 출방이 1~2일 늦을 수도 있고 1일 정도 빠를 수도 있다. 정상적인 봉군의 왕대라면 변성왕대가 조성된 후 13, 14일 만에 처녀왕이 출방할 것이다. 그러나 만약, 여왕벌이 없어진 지 2~3일이 지난 봉군에 부화 후 3일된 유충소비를 넣어준다면, 그날로 유충 벌방을 개조, 확장하여 왕대를 축조하고 계속 왕유를 공급할 것이므로 10일 만에도 처녀왕이 출방할 수 있다.

왕대에서 출방한 처녀왕은 아무 왕대나 보이는 대로 파괴하는 것이 아니라 성숙한 왕대만을 파괴한다. 즉 왕대에서 갓 출방한 처녀 여왕 벌은 최소한 12시간 이내에 출방할 수 있는 성숙한 왕대가 있을 때만, 이에 벌침으로 공격하고 왕대의 옆 부위를 파괴한다. 미숙한 애벌레의 왕대는 파괴하지 않는다. 귀하의 경우 아직도 파괴되지 않은 미성숙 왕대도 성숙되는 대로 곧 파괴될 것이다.

제7문 꿀벌이 좋아하는 색깔

Q 이른 봄에 꿀벌이 탈분하러 나오면 흰색보다는 노란색 벌통 뚜껑에 많이 앉는 것을 보았습니다. 꿀벌이 무슨 색을 가장 좋아합니까?

A 참으로 잘 관찰하였다. 1973년 노벨생리의학상을 수상한 오스트리아의 동물행동학자 칼 본 프리쉬(Karl von Frish) 박사에 의하면 꿀벌이 가장 좋아하고 식별을 잘하는 색은 녹색, 청색, 황색이며, 적색은 식별하지 못한다고 한다(사진 7.2 참조).

일반적으로 곤충은 적색에 대하여 색맹이라고 한다. 꿀벌도 역시 곤충이므로 검정색과 적색을 분별하지 못한다. 교미벌통을 편성하고 벌통 앞에 색종이를 부착할 때 노란색, 녹색 또는 청색 등으로 표시해 주면 교미를 마치고 귀소하는 처녀왕이 다른 벌통으로 잘못 들어가는 것을 방지하는 데 도움을 준다. 그러나 꿀벌들이 화밀을 수집할 때, 꽃의 색으로 꽃을 찾아가는 것보다는 화밀의 냄새로 꽃을 찾아가는 경우가 많다고 보는 것이 올바른 견해이다.

제8문 여왕벌 물질

Q 여왕벌이 분비하는 여왕벌 물질이 중요하다고 하는데 이에 관해 말씀해 주십시오.

A 여왕벌의 머리에 있는 1쌍의 큰턱샘을 통하여 분비되는 물질로서 페로몬의 일종이며 유백색이다.

일벌들은 여왕벌의 타액을 나눠 먹고, 몸을 핥거나 냄새로서 여왕벌 물질을 감지한다. 여왕벌 물질은 일벌들의 사회를 통솔하며 일벌들의 난소 발달을 억제한다. 그러므로 여왕벌이 없어지면 일부 일벌들은 어린 유충으로 변성왕대를 조성하나, 알이나 부화된 지 3일 이내의 유충이 없으면, 일부 일벌들에게서 억제되었던 난소가 부활하여 알을 낳게 된다. 이러한 일벌을 산란성 일벌이라고 한다.

제9문 꿀벌의 감각기관

Q 꿀벌도 사람처럼 시각, 촉각, 청각, 후각, 미각을 느끼고 있을 텐데, 이들을 감지하는 감각기관에 대해 알려 주시기 바랍니다.

A 꿀벌도 사람처럼 여러 감각기관이 잘 발달하여 각종 외부 자극을 감지한다.

1   시각

꿀벌은 머리 정수리 부분에 3개의 홑눈과 그 밑 좌우에 넓은 한 쌍의 겹눈으로 사물을 식별한다. 홑눈은 단순히 근거리에 있는 물체의 존재와 명암을 감지하는 반면, 겹눈은 상대적으로 원거리의 물체와 색채를 식별하는 기능을 갖는다. 꿀벌은 황색과 녹색, 청색을 선명하게 구별하고 적색을 검정색과 구분하지 못하는 반면, 사람이 감지하지 못하는 자외선을 별도로 식별한다. 따라서 자외선을 흡수하는 흰색 꽃도 선명한 색으로 감지하여 잘 찾아낸다.

2   촉각과 청각

꿀벌의 촉각은 몸 부위별로 발달한 여러 감각모에 의해 물리적 자극을 수용한다. 즉 더듬이에 발달한 미세한 털들과 다리, 가슴, 배에 있는 여러 모양의 감각모는 신경과 연결되어 외부와의 접촉에 반응하게 된다. 꿀벌에는 사람의 귀와 같은 특별한 청각기관은 없고, 더듬이와 몸에 퍼져있는 감각모의 진동에 의해 음파를 감지한다.

3   후각과 미각

꿀벌은 독특한 후각과 미각 감각기가 발달하여 냄새와 맛에 민감하다. 사람의 코에 해당하는 기관은 별도로 없고 꿀벌의 후각기관은 더듬이에 주로 분포하고, 입 주변에도 일부 존재한다. 맛을 느끼는 꿀벌의 미각기관은 입 주변의 미세한 털들에 의해 감지되

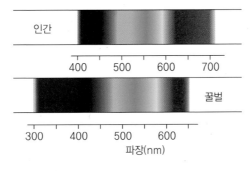

사진 7.2   인간과 꿀벌의 색채를 식별하는 파장 영역

는데 단맛, 짠맛, 신맛, 쓴맛 등을 느끼는 것으로 알려져 있다.

제2장 꿀벌의 발생과 번식

제10문 꿀벌의 삼이성(三異性)

Q 꿀벌의 삼이성이란 무엇입니까?

A 꿀벌의 삼이성이란 세 계급을 말한다. 조직생활에서 여왕벌은 산란하는 일만 하고, 일벌은 수밀 작업을 비롯해서 육아, 조소, 외적 방어 등의 일을 도맡아 하며, 수벌은 오직 처녀왕과 교미하는 일만 한다. 그런데 여왕벌과 일벌은 암컷이고 수벌은 수컷이며 일벌은 생식활동 없이 꿀벌 특유의 사회를 구성하고 있다. 이것을 꿀벌의 삼이성이라고 하는데 근래에는 잘 사용하지 않는 용어다.

1 여왕벌의 출생 과정

꿀벌의 세계에서 유일하게 성적으로 암컷인 여왕벌은 알에서 3일 만에 부화하여 5.5일간 왕유만을 먹고, 왕대가 봉개로 덮이게 되어 하루 동안 실을 토하여 고치를 짓는다. 그 후 2일간 휴식을 취한 후 하루 동안 번데기로 변하고, 3.5일간 번데기 기간을 거쳐 처녀 여왕벌이 탄생한다. 총 16일 만에 알에서 여왕벌이 태어난다.

2 일벌의 출생 과정

일벌이 태어나는 알은 여왕벌이 되는 알과 동일한 암컷인데 자라는 과정에서, 여왕벌 또는 일벌이 되는 것은 먹이 가운데 꿀벌의 세계에만 있는 특수한 로열젤리(왕유) 때문이다.

알에서 3일 만에 부화한 유충은 3일간 왕유를 먹고 그 후에는 3일간 꿀과 화분을 반죽한 먹이를 먹은 후 봉개되며 2일간 고치를 짓고, 2일간 휴식을 취한 후 번데기가 되고 7일간의 번데기 기간을 거쳐 어린 일벌이 출생한다. 결국 알에서부터 21일 만에 출생한다. 일벌은 중성이다.

3 수벌의 출생 과정

여왕벌이 될 알이나 일벌이 될 알은 수정란이나, 수벌이 될 알은 무정란이다.

수벌은 알에서 3일 만에 부화하여 4일간 왕유를 먹고 2.5일간 꿀과 화분을 반죽한 먹이를 먹은 후 1.5일간에 걸쳐 고치를 짓는다. 3일간 휴식을 하고 1일 만에 번데기로 변한다. 9일간의 번데기 기간이 지나면 덮개를 뚫고 출생한다. 결국 알에서부터 24일 만에 출생한다(표 5.3 참조).

여왕벌, 일벌, 수벌의 발육 기간은 온도와 먹이와 환경에 따라 차이가 생긴다. 꿀벌은 항상 강군을 유지해야 꿀도 많이 채취하고 번식도 잘한다.

제11문 여왕벌의 교체 방법

Q 해마다 여왕벌을 교체하는 것이 좋다고 하는데 구체적인 신·구여왕벌 교체 방법을 알고 싶습니다.

A 여왕벌은 2년이 지나면 산란능력이 급격히 떨어진다. 따라서 매년 아니면 매 2년마다 여왕벌을 교체해야 한다. 아무리 우수한 여왕벌이라 할지라도 해가 지나면 능력이 떨어져, 보통의 신여왕벌보다도 못하다고 본다. 4월 말이나 5월 초 군세가 강해지면 자연왕대가 최소한 2~3개씩 조성된다. 왕대가 봉개된 지 7.5일이면 처녀왕이 출방하므로 일벌들은 왕대가 봉개된 후 4일이 지나면 분봉 준비를 하고 처녀왕이 출방하기 2일 전, 바람이 없고 청명한 날을 택하여 구여왕벌은 일벌들의 의사에 따라 분봉을 나간다.

혹자는 여왕벌이 일벌 무리를 인솔하여 분봉한다고 주장하나, 어디까지나 분봉을 주도하는 것은 일벌이라는 것을 알아야 한다. 꿀벌사회가 민주적이라고 표현하는 이유는 바로 여기에 있다. 꿀벌사회에서 여왕벌은 유일무이한 절대적 존재이지만 실제로는 일벌들의 의사가 가장 존중되기 때문이다.

경험 있는 양봉가는 왕대가 봉개된 지 4일이 되는 날 구여왕벌을 제거하고 가장 건실한 왕대 1개만 남긴다. 구왕을 제거한 지 3.5일 후 처녀왕이 출방하여 교미를 마치고 산란을 시작하기까지는 적어도 10여 일이 소요된다. 또 신여왕벌이 처음 산란을 하기 시작할 때는 그 산란 수가 많지 않지만, 점차 늘어나 본격적인 산란은 교미한 지 5일 정도가 지나야 한다. 이런 점으로 볼 때 자연왕대에 의한 구왕의 교체는 최소 보름간의 산란

기간의 공백을 수반한다. 그러므로 이 동안에는 봉군의 세력은 발전하지 않고 정체된다는 점을 기억해야 한다.

적극적으로 우수한 여왕벌을 생산하기 위해서는 자연왕대보다는 변성왕대를 통해 인공적으로 생산해야 한다.

1 자연왕대에 의한 증식

자연왕대가 봉개된 지 4일째 되는 날 구왕을 제거하고 건실한 왕대를 1개만 남기되, 증식할 의사가 있으면 처녀왕의 출방을 기다리지 말고 자연왕대가 붙은 소비 1장과 봉개 봉판과 저밀이 잘 된 꿀소비 1장으로 2장벌의 여러 교미군을 만들고 어린 벌이 많이 붙은 벌 소비 1장을 교미상 안에 털어 넣어 군세를 보충해 준다.

내피를 두껍게 덮어 주고 소문은 1cm 정도로 좁혀준다. 2~3일 이내에 처녀왕이 출방하고, 7~8일 이내에 처녀왕은 교미를 마쳐 11~12일이 되면 어엿한 신여왕벌이 되어 산란을 하게 된다. 이 과정에는 다음과 같은 점을 주의해야 한다.

첫째, 저밀이 부족하면 다른 통에서 저밀소비를 가져다 교미벌통의 소비와 서로 바꿔주어야 하는데, 당액 급여는 도봉을 유발하기 때문이다.

둘째, 보온을 잘 해 주며 소문을 1cm로 좁혀야 한다.

셋째, 처녀왕이 출방하였을 무렵, 해질 저녁에 내검하여 여왕벌의 정상 여부를 검사를 한다.

넷째, 될 수 있으면 교미상은 내검을 하지 말아야 한다. 자주 내검을 하면 일벌들이 불안하여 교미하고 벌통으로 돌아오는 처녀왕을 공격한다.

다섯째, 처녀왕의 안부가 궁금하면 3일에 한 번 정도 해질 무렵에 훈연을 하지 말고 신중히 내검해야 한다.

교미가 끝나고 산란하기 시작하면 다른 통에서 유충판 1장을 보충해 주고 또 10일 후에도 유충판 1장만 보충해 주면 가을철까지 세력이 좋아져 훌륭한 월동자격 봉군이 된다.

2   변성왕대에 의한 구왕 교체

변성왕대를 조성할 봉군이 소비 10장의 강군이라면 7장으로 축소하고, 구왕을 제거하여 무왕 상태로 만든다. 그리고 형질이 우수한 다른 봉군에서 어린 유충 소비를 빼어내어 봉개판과 교체하고 다음 날부터 저녁에 매일 1.3:1의 당액을 400㎖ 정도씩 급여하여 유밀기로 느끼게 해준다.

무왕군이 된 지 4일째 1차 내검을 하여, 넣어 주었던 소비에서 왜소한 왕대는 헐어 주고 크고 늠름한 왕대를 남기고, 9일째 다시 내검하여 건강한 왕대 1개만 남긴다. 증식할 계획이 있으면 왕대를 다 제거하지 말고, 왕대를 꿀이 많은 소비와 함께 2장벌의 여러 교미 봉군으로 나누어 생산한다.

자연왕대에 의한 구왕 교체보다는 분봉열이 생기지 않은 봉군에서 변성왕대를 만들어 당액을 매일 급여하며 양성한 처녀왕이 오히려 우수하다.

3   교미통에 의한 구왕의 교체

자연왕대에 의하여 구왕을 교체하려면 최소한 15일의 산란 공백기간이 생기고 변성왕대에 의하여 구왕을 교체하려면 최소한 25일의 공백 기간이 생긴다. 이 공백 기간을 메우기 위해서는 사전에 교미통에서 처녀왕의 교미를 마치게 한 후, 구왕을 제거하여 신왕을 유입하여야 한다.

처녀왕을 양성할 때 교미통의 위치를 최소한 2m 이상의 거리에 두어야 하며 교미통 앞면에 다른 색을 칠하여 교미하고 귀소하는 처녀왕이 다른 통으로 들어가지 않도록 도와주는 것이 좋다. 더 좋은 방법은 교미상의 소문 방향을 서로 다르게 배열하는 것이 이상적이다.

소비 2장의 교미벌통에서 처녀왕이 교미를 마친 후 산란하기 시작하면 갱신하고자 하는 구왕을 제거하고 만 2일이 지난 후, 신문지 합봉법에 의하여 교미상의 벌을 구왕통에 합봉하면 안전하다. 교미상에 의하여 신왕을 양성하고 원통의 구왕을 제거한 2일 후 신왕을 신문지 합봉하면 공백 기간이 2일로 단축된다.

이동양봉가의 대부분은 이동과 채밀을 자주 함으로써 벌이 늘어나지 못하는 것을 당연한 것으로 생각한다. 벌이 늘지 못하는 이유는 유충소비의 온도 부족과 채밀할 때 심한 진동에 의한 충격과 여왕벌을 제때에 교체하지 못하는 데서 비롯한다고 본다.

밀원을 따라 자주 이동하다 보면 벌의 허실도 많고, 일손도 모자라서 신왕으로 교체하지 못하는 경우가 많다. 꿀벌사회는 냉정하기 때문에 어미 여왕벌이 늙어 쓸모가 없어지고 산란력이 떨어지면, 갱신왕대를 조성해서 지체없이 어미 여왕벌을 교체한다.

제12문 처녀 여왕벌 양성

Q 선생님께서는 처녀왕을 양성할 때 특별한 기술을 갖고 계시다고 들었습니다. 그 방법을 알고 싶습니다.

A 여왕벌이라고 해서 그 능력이 다 같은 것이 아니다. 물론 종자에 따라 우열이 있기도 하지만 같은 종자라도 양봉인의 키우는 방법에 따라 좋은 여왕벌과 일벌이 나올 수도 있고 불량한 여왕벌과 일벌이 나올 수도 있다.

대개 발육온도가 정상적으로 지속되고 먹이가 충분하고 환경이 안정된 조건으로 키운 여왕벌이나 일벌이 건전하고 수밀력도 우수하다. 그러므로 자연왕대든 변성왕대든 모두 항상 유밀기를 가상시켜 주고 발육온도를 지속시켜 주어야 한다.

왕대를 조성할 때 온도가 부족하거나 먹이가 부족하면 제날짜에 나오지 못하고 2~3일 늦게 나오기도 하고 온도가 높으면 1일 정도 빨리 나온다. 이렇게 나온 여왕벌은 산란력이 나쁘고, 일벌은 몸도 약해 수밀력도 떨어진다. 자연왕대가 지어질 무렵은 대개 유밀기이고 군세가 강한 시기다. 이때는 외기온도가 고르고 온화하며 동태온도를 유지하기 쉽기 때문이다.

미숙한 왕대를 핵군에 이식하고 보온이 잘못되면 발육 부진으로 불량한 처녀왕이 출방한다. 이런 처녀왕은 아예 없애야 한다. 무왕군에서 변성왕대에 의하여 여왕벌을 양성하려면 무왕군이 된 지 만 1일 후부터는 매일 저녁에 당액을 급여하여 유밀기를 가상시켜 주어야 하고 특히 보온을 잘해 주어야 한다. 그러나 보온을 아무리 잘해 주어도 소비를 축소하고 벌들을 밀착시키는 것보다 나은 방법이 없다. 우수한 처녀왕을 양성하고, 건강하고 수밀력이 강한 일벌을 양성하는 비결이 따로 있는 것은 아니다. 우선, 보온을 잘해주고 또 벌들의 먹이가 충분해야 한다.

첫째, 보온을 위하여 인위적인 노력보다는 일벌들을 밀집시키는 방법이 가장 좋다. 그래서 강군을 주장하는 것이다. 둘째, 먹이가 충분하려면 유밀기라야 한다. 무밀기에도 매일 당액을 급여하여 유밀기를 가상시켜야 한다. 즉 안정된 환경에서의 보온과 식량공급이 우수한 처녀왕벌과 일벌을 양성하는 비결이다.

해암의 처녀왕 양성 방법

해마다 구왕을 신왕으로 교체한다. 교체한 신왕이라 할지라도 불량하다고 판정되면 또 교체한다. 처녀왕을 양성하기 위하여 우수한 강군의 구왕을 제거하든지, 다른 통으로 옮기고 무왕군을 만들어 변성왕대를 조성케 하는데 그 방법은 다음과 같다.

여러 통의 벌을 관리하다 보면 여왕벌의 산란력도 우수하고 일벌들의 수밀력도 우수한 통이 있다. 즉 여왕벌이 우수한 결과로 단정할 수 있다. 기록해 두거나 기억해 두어야 한다.

무왕군을 만들 때, 기록하여두었던 우수한 여왕벌 벌통에서 산란이 많이 된 소비 2장씩 빼어다 6장군으로 만든다. 다시 말해서 우수한 원통의 산란소비 2장, 다른 통의 착봉소비 4장으로 강군을 만든다. 벌을 밀집시켜 항상 동태온도(33~35℃)를 유지하도록 한다.

무왕군이 되면 일벌들은 어미벌의 행방을 찾느라고 총동원이 되어 벌통 안은 물론이고, 많은 일벌이 소문 밖으로 나와 오르내리며 날개를 떤다. 내피를 들추어보면 '쏴' 하는 날개 소리가 요란하다.

불안에 싸였던 일벌들은 어미벌의 행방을 찾는 것을 단념하며 24~30시간이 지나면 알에서 부화한 지 3일 이내의 유충을 선택, 소방을 개조 확장하고 왕유를 공급하며 유충을 키운다. 일단 후계 왕대로 선정된 유충에겐 왕유만 5.5일간 공급하고 꿀이나 화분은 먹이지 않는다.

무왕군으로 만든 다음 날부터는 매일 저녁에 1.3:1의 당액을 300㎖ 정도씩 5일간 정기적으로 급여한다. 다시 말해서 유밀기를 가상시켜 주는 것이다. 유밀기에는 어린 벌들의 왕유 분비능력이 가장 왕성해지기 때문이다.

무왕군이 된 지 만 4일 만에 내검해서 봉개된 왕대는 불량한 왕대이므로 헐어 주어야 한다. 다시 8일째 되는 날 내검하여 왜소한 왕대, 꼬부라진 왕대, 쌍으로 지어진 왕대(한 개만 남긴다)는 헐어준다.

왕대가 봉개된 지 7.5일 만에 처녀왕이 출방하므로 처녀왕의 출방 예정일 2일 전에 꿀이 많이 저장된 소비 1장, 어린 벌이 많이 붙은 소비 1장으로 2장 벌의 교미상을 미리 만들어 두었다가 처녀왕이 출생하면 교미상으로 옮겨준다.

처녀왕이 출방하면 한 모금의 꿀을 먹고 기운을 차린 후 왕대에서 아직 출방하지 않은 동생 왕대에 침을 가하여 공살하나, 군세가 강하면 일벌들은 분봉할 목적으로 왕대를 철통같이 에워싸고 보호하며 처녀왕이 접근치 못하게 한다. 따라서 처녀왕이 출방하기 1일 전에 미리 준비한 교미통에 왕대를 이식한다.

일부 양봉가들은 변성왕대에서 양육된 처녀왕은 분봉왕대에서 양육된 처녀왕보다 못하다고 하나, 관리만 만족하게 잘해 준다면 변성왕대에서 출방한 처녀왕이 분봉왕대에서 출방한 처녀왕보다 조금도 손색이 없을 뿐 아니라 우수한 여왕벌의 알을 선택하였으므로 오히려 우수하다고 생각한다.

제13문 인공왕대에 의한 처녀 여왕벌의 양성

Q 우수한 여왕벌에서 다수의 처녀 여왕벌을 인공적으로 양성할 수 있다고 하는데 구체적으로 가르쳐 주십시오.

A 우수한 여왕벌은 유밀기에 자연왕대에 의하여 양성된 것이라야 한다고 주장하는 양봉가도 있으나 현대 과학은 자연에만 의존하는 시대를 앞지르고 있으므로, 꿀벌의 경우에도 처녀왕이 발정 후 공중에서 불특정 다수 수벌과 교미하도록 방임하지 않고 인공적으로 우수한 계통의 수벌과 교배하는 인공수정 기술이 발달하였다. 그러나 그 비용과 기술이 만만치 않을뿐더러 인공수정한 여왕벌은 자연교미보다 산란능력이 저하됨으로,

사진 7.3 인공왕대 육성 장면(좌)과 배열한 교미 벌통(우)

일반 양봉가에게는 권장하지 않고 학술 연구용으로 활용이 가능하다. 따라서 여기서는 우수한 교미 여왕벌에 앞서 우수한 처녀 여왕벌의 생산법을 기술하고자 한다.

예전에는 변성왕대를 주로 이용하였으나 근래에는 인공 왕완을 많이 이용하고 있다. 로열젤리를 채취하는 양봉가들은 강군 벌통의 한쪽을 격리시키고 로열젤리 채취용 틀에 장착한 왕완에 갓 부화한 일벌 유충을 이식시키고 왕완에 왕유가 저장되면 3일 만에 왕유를 채취한다. 바로 이 방법을 이용하여 다수의 처녀 여왕벌을 양성하는 것이다.

먼저 9장벌을 6장으로 축소한 후 여왕벌을 제거하고 30개 정도 왕완을 부착시킨 로열젤리 틀을 삽입한다. 젤리 틀에는 부화한 지 채 하루를 지나지 않은 어린 애벌레를 이충(이식)한다. 그날 저녁부터 매일 저녁 무렵에 1.3:1의 당액을 400㎖ 정도씩 급여하고 내피를 두껍게 덮고 소문을 3cm 정도로 좁혀 보온에 유의한다.

무왕군이 된 지 6일째 되는 날 내검하면 젤리 틀은 물론이고 다른 소비에도 봉개된 왕대를 발견할 것이다. 왜소하거나 불량한 왕대는 헐어버린다. 처녀왕은 왕대가 봉개된 지 7.5일 만에 출방하므로 6일째 되는 날 로열젤리 틀에 붙은 왕대를 왕완 채 떼어내어 미리 준비해 두었던 교미벌통의 소비 벌집 면에 눌러서 붙여준다. 또 무왕군의 소비 면에 지어진 좋은 변성왕대가 있다면 그 소비를 꺼내 그대로 핵군을 만들기도 한다.

다량의 처녀왕을 양성하려면 위와 같은 인공왕대를 이용하여 인공적으로 해야 할 것이다. 이충 후 벌을 밀집시켜 보온에 유의하며 당액을 조금씩 충분히 급여하는 것이 중요하다. 육아 온도(33~35℃)가 지속되고 충분한 먹이 공급이 되어야만 우수한 처녀왕이 나올 수 있다.

교미벌통에서 처녀왕이 출방하면 정상 여부를 검사하고 산란하기 시작할 무렵까지 10일 정도는 내검을 하지 말아야 한다. 자주 내검을 하면 일벌들이 불안하여 교미를 마치고 돌아오는 여왕벌을 공격하는 수가 있다.

제14문 처녀 여왕벌의 교미 기간

Q 늦은 가을에 처녀왕이 출방하였으나 수벌이 없어 교미를 마치지 못하고 월동을 하였는데, 다음 해에 수벌과 교미를 시키면 온전한 여왕벌이 될 수 있습니까?

A 처녀왕은 왕대에서 출생한 지 4일이 되면 발정이 되고, 수벌은 출생한 지 10일이 지나야 교미능력이 생긴다. 처녀왕의 발정 기간은 15일 정도로 알고 있다. 출방 후 15일

이내에 교미를 마치지 못하면 '둘여왕벌(둘: 새끼나 알을 낳지 못하는 짐승의 암컷을 이르는 접두어)'이 되며 생식을 담당하는 여왕벌로서 아무런 가치가 없다.

월동한 처녀왕은 다음 해 3월 초 무정란을 낳기 전에 일벌들에 의하여 제거된다. 정상적인 봉군에서 출생한 처녀왕이 유전적, 생리적 결함으로 날개가 부실하여 날지 못하는 수가 있다. 교미를 마치지 못하여 무정란을 산란하면 일벌들의 배척을 받게 되고 급기야 공살당하거나 여러 마리의 일벌들에 의해 벌통 밖으로 끌려나간다. 꿀벌사회는 냉혹하다. 벌통 안에 한동안 산란하는 여왕벌이 없으면 일벌 일부가 무정란을 산란하여 급기야 자멸한다.

결론적으로 여왕벌의 발정 기간은 출방 후 2주일 밖에 되지 않는다. 그 기간 내에 교미를 마치지 못하면 그 여왕벌은 여왕벌로서의 자격을 상실한다. 따라서 처녀 여왕벌로 월동시켜 여왕벌의 교미를 기대할 수는 없으므로 이른 봄에 가서 다시 다른 새 여왕벌로 대체하는 방법밖에 없다.

제15문 처녀왕의 교미 장소 및 횟수

Q 처녀왕은 일생 단 한 번 그리고 한 마리의 수벌과 교미를 하며, 또 그 교미는 반드시 공중에서만 이루어진다고 들었습니다. 사실인가요?

A 여왕벌 일생 중 교미비행은 일반적으로 한 번 이루어지지만 한 번의 비행 과정에서 여러 마리의 수벌과 교미를 한다. 아울러 여왕벌의 교미는 벌통 안이나 벌통 주변이 아닌 멀리 떨어진 공중(약 15~60m)에서만 이루어진다. 이것은 여왕벌이 근친교배를 피해 다른 벌통의 수벌들과 교미하기 위한 전략이다.

처녀왕이 출방하면 처음 한 시간 정도는 꿀을 먹고 주위를 살피며 자기 몸을 보호한다. 다른 처녀왕이 발견되면 빠른 동작으로 다가가 싸움을 시작하는데, 먼저 벌침을 가한 처녀왕이 승리한다. 대개 조금이라도 먼저 출방한 처녀왕은 기운을 차리기 위하여 꿀을 먹으므로 활력이 강하여, 대부분 먼저 나온 처녀왕이 승리한다.

처녀왕은 일벌이나 수벌, 또는 사람이 접촉해도 여간해서는 벌침을 사용하지 않지만 여왕벌과의 싸움에서만은 벌침을 사용한다. 하지만 일벌과 달리 여왕벌 벌침에는 화살돌기가 없어 상대방에 박히지는 않고 바로 빠진다. 승리한 처녀 여왕벌은 곧 벌집을 돌아다니면서 주변의 왕대를 발견하는 대로 파괴한다. 하지만 미숙한 왕대는 공격하지 않는다. 성숙한 왕대, 즉 12시간 이내에 출방할 수 있는 왕대만을 골라 왕대 중앙에 벌침을 가하고 왕대의 옆 부위를 파괴하고 다시 벌침으로 완전히 공살한다. 왕대 안에서 죽은 처녀왕의 시체는 일벌들이 소문으로 끌어낸다.

그러나 군세가 강하면 일벌들이 이후에 분봉할 목적으로 왕대 주변을 견고하게 둘러싸고 처녀왕의 접근을 막는다. 이럴 경우에는 먼저 출방한 처녀왕은 일벌들의 의사에 따라 정오경 분봉을 같이 나간다.

처녀왕은 출방한 지 보통 5일이 되면 발정을 하여 6일 이후에 교미비행을 나간다. 교미 비행 하루 또는 이틀 전에는 벌통 주변을 날아다니는 연습비행을 한다. 처녀 여왕벌이 자기의 집과 방위를 확인하기 위한 비행이다. 주변을 날아다니다가 대개 2~3분 이내에 다시 소문으로 되돌아온다.

발정한 다음 날 오후가 되면 교미비행(결혼비행)을 떠난다. 강군에서는 교미비행을 떠나는 것이 약군보다 늦다. 약군에서는 다른 처녀 여왕벌과 성숙 왕대의 유무를 살피는 것이 빠르지만 강군에서는 벌도 많고 소비 수도 많아서 적의 유무를 살피는 데 시간이 걸리기 때문이다.

처녀왕이 소문으로 몇 번을 드나드는가를 살펴보면 최소한 두 번을 볼 수 있을 것이다. 한 번은 연습비행이고 한 번은 교미비행이다. 때로는 처녀왕이 소문으로 드나드는 것을 3~4번이나 발견될 때가 있다. 불순한 날씨 등으로 인해 교미비행에 나가 충분한 수(5~19마리)의 수벌과 교미를 못하면 교미가 완성될 때까지 몇 번이고 나가기 때문에 여러 번의 교미비행을 목격할 수 있다.

여왕벌의 공중 교미는 교미 장소에 여왕벌이 오기 전, 수벌들이 미리 무리지어 모여 있는 곳(수벌 운집 구역)으로 여왕벌이 날아오면서 이루어진다. 여러 학자들이 관찰한 바에 따르면 매년 동일한 장소에 수벌이 모여들고 여기서 처녀 여왕벌의 교미가 이루어진다.

수많은 수벌이 날아다니는 곳에서 제일 먼저 처녀왕에게 접근한 수벌은 처녀 여왕벌을 복부 뒤쪽에서 부둥켜안고 꽁무니를 여왕벌 생식기의 내부에 밀어 넣어 5초 이내의 짧은 시간에 짝짓기를 한다.

이렇게 여왕벌이 특정 수벌과 1차 교미를 하고 나면 교미한 수벌의 생식기 끝의 일부는 이탈하여 처녀왕의 생식기에 남게 되고 수벌은 땅으로 떨어져 죽게 된다. 그다음 수벌이 2차 교미를 할때에는 첫 교미 시에 여왕벌 꽁무니에 박혀있던 이전 수벌의 생식기 일부는 다음 교미하는 수벌의 생식기 중앙의 뿔과 털의 돌기 구조에 의해 자동적으로 제거되면서 짝짓기가 이루어진다(사진 7.4 참조).

이런 식으로 여왕벌의 교미비행 시에 여러 수벌과 순차적으로 여러 번의 교미가 일어난다. 여왕벌이 벌통으로 돌아올 때는 마지막으로 교미한 수벌의 생식기 일부를 꽁무니에 달고 온다. 이 교미 흔적 부위는 일벌들이 벌통 안에서 안전하게 제거한다. 교미를 마친 수벌들의 정자가 교미 당일 밤에 처녀왕의 저정낭에 저장되고 점차 처녀 여왕벌의 난소가 발육하여 교미한 지 3~4일이 지나면 산란을 시작하게 된다. 첫날에는 10여개, 다음날은 30여 개, 또 다음날은 100여 개, 이런 식으로 산란 수는 급격히 늘어나, 점차 신여왕벌의 역할을 담당한다.

일벌들은 소방을 청소하고 이곳에 산란하는 신여왕벌을 수행하며 로열젤리를 공급하는 등 극진한 시중을 든다. 산란한 지 10일이 지나면 하루에 1,000여 개씩 알을 낳고, 봉군 세력과 환경조건이 좋으면 2,000여 개 정도까지 산란을 한다.

처녀왕이 벌통 안에서 교미를 하지 않고 원거리 공중에서 교미를 하는 것은 두 가지 이유가 있다고 본다.

첫째, 벌통 안이나 주변에서 교미를 하면, 같은 여왕벌에서 태어난 남매간 교미가 이루어져 근친교배가 되므로, 공중 교미를 통해 혈연이 다른 수벌과 교미하는 소위 잡종 강세(雜種強勢)의 유전적 강점을 갖기 위함이다.

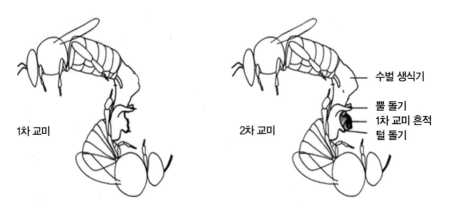

사진 7.4 위쪽의 여왕벌과 아래쪽의 수벌의 교미 모습, 1차 교미(좌) 및 2차 교미(우)

둘째, 공중에서 교미를 함으로써 정상 체력을 보유하고 비행능력 등 활동성이 뛰어난 수벌과 짝짓기를 할 수 있어 우수한 자손을 번식하는데 유리한 것이다.

제16문 신 여왕벌의 산란촉진법

Q 처녀왕이 교미를 마친 지 만 3일이 지나면 대부분 산란을 하기 시작하는데 혹 불리한 환경에서는 산란이 늦어질 수가 있는지요?

A 처녀왕이 왕대에서 출방한 지 5~6일이 되면 핵군(교미벌통)일 경우 연습비행을 하고, 이어서 수십 미터 공중에서 다수 수벌과 교미를 한다. 교미 이후 만 3일이 지나면 첫 산란을 하게 되는데 환경이 불리하면 산란을 시작하는 일자가 다소 늦어질 때가 있다. 온도가 낮거나, 먹이가 부족하거나, 주위가 소란하여 불안함을 느끼면 산란이 늦어지는데 보통 초기 산란 시에는 새 소비보다는 묵은 소비를 좋아한다.

1 산란 촉진

산란을 촉진하기 위해서는 교미벌통을 편성할 때 다음 사항을 유의한다.

첫째, 보온이 잘되도록 해 주어야 한다. 대부분의 외역봉은 원통으로 돌아가므로 일벌의 수를 늘리기 위해 소문 앞에 어린 벌을 떨어 주거나 또는 출방 중에 있는 봉개 봉판 1장을 넣어 주고 보온덮개를 두껍게 해 준다.

둘째, 유밀기라 할지라도 교미상의 벌들은 어린 벌이어서 화밀을 수집해 오지 못하므로 최소한 꿀소비 1장은 있어야 한다.

셋째, 사람의 통행이 잦거나 도로변 등 소란한 장소를 피하여 교미벌통을 설치해야 한다.

넷째, 교미가 끝나고 3일 후 강군에서 산란소비를 빼내어 일벌은 떨어내고 소비를 중앙에 넣어 주면 신왕이 자극을 받아 산란을 더 빨리 하게 된다. 이때에는 교미벌통에 훈연하는 등의 자극을 주지 말고 반드시 일몰 무렵에 산란소비를 넣어 주되 소비 1장을 넣어줌으로써 약군이 될 우려가 있으면 교미벌통 내에서 소비를 빼내어 일벌을 털어 넣은 후 교환하여야 한다.

2   산란에 대한 경계심

교미 벌통을 편성할 때 산란 소비가 있으면 처녀 여왕벌은 2~3일 전까지 여왕벌이 알을 낳고 있었다는 증거로 알고 경계심이 생김으로써 교미하러 나가는 것이 늦어지기도 하며, 때에 따라서는 도망가기도 한다.

3   산란 촉진을 위한 봄벌 관리

첫째, 2월 중하순 벌을 밀집시키기 위하여 소비를 축소할 때 최소한 2회 이상 산란을 받은 적이 있는 소비를 남겨두고, 한 번도 산란을 한 적이 없는 새 소비는 빼내야 한다. 여왕벌이 묵은 소비에 산란을 잘한다고 해서 오래 묵은 소비를 넣어 주면 소방의 벽이 두꺼워 일벌의 체구가 작아진다. 소비는 묵을수록 갈색에서 흑색으로 변하며 소방이 일벌들의 극사(極絲)로 인해 좁아짐은 물론 백묵병, 부저병 등 유충 질병이 발생하기 쉽기 때문에 5년 이상 된 소비는 폐기하여야 한다.

둘째, 소문에 직사광선이 비치도록 남향으로 해 주는 이유는 월동한 구왕의 산란을 촉진하는 데 도움이 되기 때문이다.

셋째, 식량이 있더라도 자극사양을 조금씩 해 주어야 한다. 이때 뚜껑을 들추고 내피를 젖히며 자극사양을 해 주는 것보다는 1:1의 당액을 자동사양기를 이용하거나 주사기로 내피의 바깥에서 안쪽으로 넣어 주거나 또는 뚜껑을 열지 않고 소문에서 사양해 주면 보온에도 도움이 되고 외부 자극도 적게 주게 된다.

제17문 무정란

Q 여왕벌이 망실되고 20여 일이 지나면 일벌들의 퇴화되었던 난소가 회생되어 일벌 일부가 산란을 한다고 하는데 여왕벌이 낳은 무정란과 일벌이 낳은 무정란이 다릅니까?

A 다를 바 없다. 일벌이 산란하는 것을 산란성 일벌이라고 하는데 산란성 일벌은 일벌 방에다 산란을 하므로 일벌 방에서 성장한 수벌은 체구가 작다. 또한 일벌 방에서 수벌의 발육에 필요한 충분한 영양분을 섭취하지 못하여 활동성이 떨어진다.

정상적인 여왕벌은 수벌 방에 산란을 하고, 일벌 방에는 일벌을 산란한다. 하지만 충분한 교미를 하지 못했을 경우에는 일벌 방에 무정란인 수벌 알을 낳은 경우도 있다. 특별한 경우를 제외하고는 일벌 방이나 수벌 방의 가운데에 각기 1개의 알을 낳는다. 하지만 산란성 일벌이 산란을 할 경우에는 소방 내 여기저기에 무더기로 여러 개의 알을 낳고, 심지어 화분이 저장된 소방에도 무작위로 알을 낳는다. 이렇게 산란한 알들은 산란성 일벌이 낳은 알로 판단할 수 있다. 산란성 일벌이 낳은 알도 여왕벌이 낳은 무정란과 유전적으로는 동일한 반수체(16개 염색체)이므로 일벌이 육아를 잘한다면 수벌로서의 역할을 할 수 있다고 본다.

제18문 여왕벌의 탈분

Q 이른 봄에 겨우내 벌통에 갇혀있던 일벌들이 소문 밖으로 나와 공중으로 날며 노란 똥을 누는 것을 볼 수 있습니다. 벌통 위에는 물론 인근 돌 위나 심지어 세탁물 위에도 많은 벌똥을 볼 수 있습니다. 이것으로 볼 때 벌들도 배변을 하는 것이 분명한데, 여왕벌은 벌통 안에서 탈분하는지, 어떻게 처리되는지 알고 싶습니다.

A 다른 동물들과 마찬가지로 꿀벌도 살기 위하여 먹이(꿀과 화분)를 먹고 배설을 하는 것은 당연하다.

　여왕벌도 활동을 하기 위해 로열젤리와 꿀을 먹는다. 산란하는 여왕벌의 주위에 항상 시녀 일벌들이 따르고 있다. 산란이 왕성한 여왕벌은 30~50초에 1개씩의 알을 낳아 하루 2,000여 개의 산란이 가능하다. 여왕벌이 산란을 하고 잠시 쉬는 동안 시녀벌들이 왕유를 분비하여 먹인다. 여왕벌도 때로는 탈분을 하는 데 배설물은 즉시 일벌들이 이를 입에 물고 소문 밖으로 나와 벌통에서 떨어진 곳에 버린다.

　그런데 문제는 수벌의 탈분이다. 무위도식하는 수벌들은 아무 데나 탈분을 하고 청소도 하지 않는다. 양봉가들은 수벌이 많은 벌통에서 불쾌한 냄새를 맡은 경험이 있을 것이다. 외역봉들은 수벌의 배설물도 청소하지만, 가을에 접어들면 아예 수벌 자체를 도태시키고 만다. 월동 중의 일벌들은 탈분을 하려고 해도 외기온도가 한랭하여 소문 밖으로 나오지 못해 소문 앞에서 탈분을 한다고 본다.

제19문 조소로 인한 꿀의 소모량과 벌의 수명

Q 조소(造巢)를 하면 꿀벌의 수명이 단축되며 또 많은 꿀을 소모한다고 들었습니다. 소비 1장에 조소를 하려면 몇 kg의 꿀이 필요하며 또 꿀벌의 수명은 얼마나 단축될까요?

A 일벌이 출방한 지 12~18일 사이에 밀랍을 가장 왕성하게 분비한다. 일벌 복부의 아래쪽 마디 사이에 있는 네 쌍의 밀랍 샘에서 총 8개의 타원형의 비늘조각 모양의 밀랍 조각이 분비되면, 일벌은 입으로 씹어서 벌집을 짓는 데 사용한다. 외국 문헌에는 1파운드(약 454g)의 밀랍을 생산하기 위해서는 약 3.8kg의 꿀이 소모되는 것으로 보고하고 있다. 소비 1장의 밀랍이 100g이라면 대략 1kg 이내의 꿀이 소모된다.

　밀랍을 생산하는 데에는 꿀 뿐만 아니라 화분도 먹이로 중요한 것으로 알려져 있다. 화분 먹이 없이 꿀만 공급하여 벌집을 15일 동안 짓게 했을 때 일벌들의 체내 단백질량이 20% 감소하는 것이 조사된 바 있다. 따라서 봉군에서 무리하게 조소를 시키면 일벌들의 체력이 급속도로 소모되어 수명이 현저하게 짧아져 벌이 약해질 수밖에 없다. 따라서 일벌의 생리작용에 맞추어 유밀기에 조소하는 것이 중요하다.

제20문 어린 벌과 늙은 벌의 구별

Q 저는 40여 년간 몸담았던 교직에서 정년퇴직하고 금년 4월 중순에 꿀벌 2통을 구입하여 양봉을 시작했습니다. 어린 일벌과 늙은 일벌을 구별하는 방법을 알고 싶습니다.

A 어린 일벌은 상대적으로 체구가 작고 전신에 뽀얀 세모가 많으며 건드려도 적개심이 없고 제대로 날지 못하며 쏘지도 못한다. 반면에 늙은 노봉은 보다 체구가 크며 털이 많이 빠져 반들거리며 경계심이 강하고 예민하다. 보통 출생한 지 10일경까지를 어린 벌이라고 하고 이후 밀랍을 분비하고 연습비행을 거쳐 왕성하게 외역 활동을 하기 시작할 때까지의 일벌을 젊은 청년벌이라고 한다. 출방한 지 40일 이후가 되어 세모가 빠져 윤택이 나고 색깔이 좀 더 까무잡잡해진 벌을 늙은 벌이라고 한다.

　무밀기에는 늙은 벌일수록 경계심이 강하고 공격을 잘하여 합봉이 쉽지 않지만 어린 벌은 적개심이 적고 아무 때나 합봉이 잘 된다. 소비에 붙은 벌을 흔들어 떨어보면 늙은 벌이나 젊은 벌은 잘 떨어지나 출방한 지 10일 이내의 어린 벌은 소비에서 잘 떨어지지 않는다.

제21문 소문과 환기

Q 작년 4월 중순, 꿀벌 2통을 구입하여 아까시꿀을 5되 채밀하고, 벌통 수를 늘려 밤꿀을 3통에서 6되를 채밀하고, 5통에서 8월에 하순 가을꿀을 7되 채밀하여 톡톡히 재미

를 보았습니다. 다섯 벌통 모두 소비 6매의 봉군으로 월동시켰습니다. 벌통을 스티로폼으로 포장하여 월동시켜 지난 2월 중순 탈분을 시키고 바로 1차로 내검하여 3장 강군으로 소비를 축소시켰습니다. 4월 10일 현재 6매 봉군이 되었습니다. 아직까지도 저녁에 벌이 다 들어가면 앞면에 보온덮개를 가리고 아침에 젖혀 주는데 벌들이 소문으로 나와 뭉쳐 있습니다. 아는 분의 말씀이 벌은 강하고 소문이 좁아 환기가 잘 안 되어 그렇다고 합니다. 어떻게 해야 합니까?

A 양봉 첫해에 잘 관리하여 좋은 결과가 나왔고, 이제는 환기에 신경을 써야 한다.

① 6매 봉군만 되면 저녁에 보온덮개를 가리지 않아도 된다. 4월 10일까지도 아침저녁으로 기온이 10℃ 이하로 떨어지나 벌이 워낙 강하면 앞을 가려 주지 말고 소문은 5cm로 넓혀 주고, 내피는 모기장을 덮고 그 위에 담요 또는 보온덮개 1장만 덮어준다.

② 사양기 뒤에 소비 1장을 대 주되 벌이 넘쳐서 그 소비에 벌이 2/3 이상 붙으면 그 소비는 중앙으로 전환시켜 산란을 받고, 그 자리에는 다른 빈 소비를 넣어준다. 그날 저녁에 1.3:1의 당액을 0.5ℓ 정도 급여한다.

③ 5월 10일경 아까시 화밀이 들어올 때까지 매일 1.3:1의 당액을 0.5ℓ 정도씩 급여하면 일벌도 활기를 띠고 여왕벌의 산란도 왕성해진다.

④ 소문 조절은 기후와 군세에 따라 차이가 있으나 소비 수보단 약간 적게 하되 아까시 화밀이 본격적으로 들어올 때, 즉 8장 이상이 되면 소문을 전부 열어 놓아야 한다.

⑤ 월동포장을 해체하는 시기는 4월 초가 적당한데 최근 봄철에 잦은 저온현상이 나타나므로 굳이 서두를 필요는 없다.

⑥ 벌통 전체를 스티로폼으로 포장하면 벌통 내부의 습기가 빠져나가지 못해 해롭다고 우려하는데 사실은 그 반대이다. 벌만 강하면 습기의 조절은 벌들이 스스로 할 수 있으며 한편 스티로폼에 의해 외부의 습기가 안으로 들어가지 못한다. 스티로폼이 월동 기간에 방한작용을 하고 여름에는 방서작용과 방습작용을 한다. 또 스티로폼으로 포장한 빈 벌통에 공소비를 넣고 서늘한 장소에 보관하면 6월 중순까지는 공소비의 보관이 가능하다.

제3장 꿀벌의 먹이와 밀원식물

제22문 일벌의 수밀 작업 구별

Q 일벌이 벌통으로 돌아올 때 화분 수집 여부는 꿀벌의 양쪽 뒷다리에 노란 뭉치를 달고 들어오는 것으로 쉽게 알 수 있으나, 화밀은 뱃속에 간직하고 돌아오는지를 쉽게 관찰할 수 없었습니다. 수밀작업 여부를 쉽게 판별하는 방법을 알려 주십시오.

A 꽃에는 화밀(꽃꿀)이 있는데 꿀벌이 이를 소화기관 앞부분인 꿀주머니에 간직하고 집으로 돌아와 내역봉에게 전달하거나 직접 소방에 저장한다. 일벌들은 각종 효소를 분비하면서 소방에 저장한 화밀을 삼켰다 뱉었다를 반복하며 화밀의 수분을 발산시켜 꿀을 만든다. 일벌들의 화밀을 어떻게 반입해 오는지 여부를 식별하는 방법을 몇 가지로 나누어 살펴보자.

① 화밀이 폭류(꽃에서 화밀이 왕성하게 분비)할 때 많은 꿀벌이 몸무게의 1/2에 달하는 50mg 정도의 화밀을 뱃속에 채우고 집으로 돌아온다. 자기 집을 발견한 외역봉은 벌통 앞에 와서 날아오던 속도를 늦추고 꿀의 무게를 못 이긴 벌은 벌통 앞 가까운 곳에 떨어지기도 한다. 약 1분간 배를 불룩거리며 쉬었다가 다시 날아 소문으로 들어간다. 때로는 착륙판에 떨어진 외역봉을 발견한 내역봉이 마중 나와, 서로 혀를 맞대고 화밀을 나누어 가지고 소문으로 들어가는 것을 볼 수도 있다. 이런 현상은 대유밀기에 나타난다. 10장 봉군이라면 외역봉이 약 15,000마리일 때 1일 4,600g의 화밀을 반입해 올 수 있으며 수분 35%를 발산시키고도 약 3,000g의 순꿀을 저장할 수 있다. 10장 강군이라도 어린(내역) 벌이 많고 화밀을 운반해오는 외역봉이 적으면 대유밀기라도 꿀 저장량이 훨씬 적다.

② 화밀 수집 시에는 소문을 드나드는 외역봉의 수가 많으며, 나오는 벌의 배는 홀쭉하고 들어오는 벌의 배는 불룩하며 약간 투명해 보인다. 이 점에서 비행연습을 하는 놀이 벌과 꿀을 수집해 오는 벌을 구분할 수 있다.

③ 소문 앞에서 벌이 선풍 작업을 한다. 화밀이 저장되면 수분을 없애려고 꿀벌들이 머리를 소문으로 향하고 뒷발로 몸을 버틴 채, 날개를 빠르게 진동하여 바람을 일으킨다. 벌통 내의 공기가 나쁠 때도 선풍을 하지만 이때는 소문 안에서 작업을 한다.

④ 해가 질 무렵 또는 야간에 양봉장을 순시하면 벌통 문 안팎에서 일벌들이 선풍 작업

을 하는 날갯짓 소리가 크게 들린다. 흡사 비행기 소리를 연상하게 한다.

⑤ 수밀 작업의 결과 내피를 들춰보면 소비 상잔에 하얀 밀랍으로 덧집을 짓고 소비를 들어보면 묵직하다. 이것을 양봉가들은 밀방을 잡는다고 표현한다. 여왕벌은 산란에 전념하고 외역벌들은 화밀 수집에 분주하며, 내역벌들은 화밀을 꿀로 농축, 숙성시키기에 그야말로 눈코 뜰 새 없이 바쁘다.

이처럼 화밀이 왕성하게 들어올 때 노련한 양봉가는 여왕벌의 산란을 제한하기 위하여 여왕벌을 왕롱에 가두거나, 이른 아침에 빈 소비를 벌통에 추가로 삽입하거나, 계상을 추가하여 더 많은 저밀 공간을 확보한다.

제23문 월동 중에 먹이의 부족 여부 타진

Q 월동 중 먹이의 부족과 그에 따른 생사를 살펴보는 방법을 말씀해주십시오.

A 예전의 양봉 지침서들을 보면 한결같이 1월 중에 월동군의 생사를 타진해 보고 그 대책을 마련해 주라고 하였다. 그래서 월동 중 먹이의 부족이나 생사를 항상 점검해 볼 필요가 있다고 주장한다. 만일 식량의 과부족을 타진한 결과, 먹이가 부족하여 죽는 과정에 있다면 구제조치를 해 주라는 말인데 이는 안 될 말이다. 자칫 구제해주기 위하여 일부 월동포장을 해제하는 과정에서 이웃 벌통에까지 자극을 주어 피해가 더 커질 수 있다.

과거 양봉 책자에서 제시한 대책을 보면 1월 초·중순경 벌통 앞에 귀를 대고 소문에 통통 자극을 주어 '솨'하는 소리가 나면 건재한 것이고, 아무 반응이 없으면 사고가 생긴 것이니 월동포장을 해제하고 뚜껑과 내피를 들춰보라고 한다. 먹이가 부족하여 아사(餓死) 직전에 있으면 그 벌통을 온돌방으로 옮기고 2:1의 당액을 분무하여 소생시킨 후 꿀소비를 넣어 주고, 꿀소비가 없으면 2:1의 당액을 급여한 후 원래의 장소로 갖다 놓으라고 되어 있다. 그러나 이것은 이치에 맞지 않는 말이다. 그 이유는 다음과 같다.

꿀벌은 꿀을 먹고 사는 곤충이지 설탕물을 먹고 사는 것이 아니다. 죽어가던 벌이 당액을 먹고 일시소생을 하기는 하나 월동 중인 벌은 사양기에 준 당액을 물어다가 꿀로 전화시킬 힘이 약하다. 따라서 2:1 당액을 분무해 주어 일시 기운을 차리게 한 후에는 꿀소비를 가온시켜 넣어 주어야 한다.

온돌방에서 소생된 벌에게 당액을 주면 가져가지도 못하고 수분을 처리하지도 못한다. 하물며 늦가을에 사양한 당액이 꿀로 전화되었다 하더라도 미숙한 꿀은 수분이 많아서 월동 중 또는 이른 봄에 설사병이 나타난다. 다른 모든 것이 잘 되었다고 하더라도, 월동포장을 제거할 때 한겨울 안정이 필요한 벌통에 끼치는 피해가 너무 크다. 따라서 생사를 판단하여 조치하기보다는 1월 초·중순경 봉장을 순시하며 'ㄱ'자 철선으로 늙어 죽은 벌들로 소문이 막히지 않았나를 살펴보고 치워 주는 것이 좋다.

월동 중 벌통에 자극을 주면 일부에서 봉구가 해체되기도 하고, 한편 여왕벌은 자극으로 인하여 산란을 하는 수가 있다. 중남부 지방에서 1월 초·중순경부터 여왕벌이 산란을 시작하면 봉군에 득이 되지 못한다. 모처럼 기른 유충은 여러 환경여건이 맞지 않아 죽게 된다. 중요한 것은 월동 중 외부 충격과 소음 등 자극을 자주 받으면, 꿀을 많이 소모하여 아사와 동사를 면치 못하는 경우가 많다.

제24문 월동 중 부족한 먹이의 보충

Q 월동 중이라도 먹이가 부족해지면 진한 당액을 주어도 됩니까?

A 월동포장이 완료되고 봉구를 이루고 있는 봉군에 당액을 급여함은 안 될 일이다. 꿀을 가열하여 주려면 보관 중인 꿀소비를 25~30℃ 정도로 온도를 높이고, 가능한 봉구를 자극시키지 않도록 유념하며 가장자리에 살며시 넣어 주면 되지만, 설탕액 급이는 절대로 안 된다.

혹자는 1월 하순 또는 2월 상순경 소문 앞에 자극을 주어 반응이 없으면 벌들이 죽었거나 아사 또는 아사 직전에 처한 것이므로, 월동포장을 윗부분만 해체하고 내검하여 굶어 죽었으면 할 수 없고, 아사 직전의 벌이라면 온돌방으로 옮겨 따뜻한 당액을 소비면에 분무하고 보온물로 덮어 주면 소생한다고 한다. 또 2:1의 진한 당액을 사양기에 급여하고 원래 위치에 놓아주면 된다고도 한다.

그러나 이는 안 될 말이다. 월동 중 일부나마 포장을 해체해서는 안 된다. 이웃 벌통에 자극을 주게 되기 때문이다. 또 월동 중에 아사 상태가 된 봉군을 소생시켰다 하더라도 꿀벌로서 가치가 없다. 그러므로 월동 전에 먹이가 부족하지 않도록 먹이를 충분히 확보해 주는 것이 가장 중요하다.

제25문 월동 봉군의 먹이량

Q 월동 봉군의 먹이는 중부지방을 기준하여 언제까지 주어야 하며, 5매 벌이라면 얼마나 주어야 합니까?

A **(1) 월동 봉군에 먹이를 주는 시한**

경기도 북부 가평, 포천 지방이라면 늦어도 9월 중순까지는 월동 사양을 끝마쳐야 한다. 그 이유는 다음과 같다.

꿀벌은 설탕을 먹고는 못살며 꿀을 먹어야 한다. 그러나 가을철 꽃에 있는 화밀만 가지고서는 월동 먹이로써 부족하여 설탕액을 보충하게 되는데 꿀벌은 설탕물을 포도당과 과당으로 전화시켜 식량으로 저장한다. 이 전화과정에서 30℃ 이상의 온도가 필요하며 만일 25℃ 이하가 되면 당액의 전화가 어렵고 전화되지 않은 당액을 월동 중에 먹게 되면 설사병이 생겨 겨울을 나지 못하고 죽게 된다.

9월은 무밀기이므로 8월 말일까지 채밀을 마치고 설탕액을 준 다음, 먹이가 부족한 통은 늦어도 9월 30일경까지 보충해 주어야 한다. 욕심이 많은 양봉가는 9월 30일이 지나서도 채밀을 하는데 이건 안 될 말이다. 그 이유는 다음과 같다.

첫째, 늦은 채밀을 하는 과정에서 월동에 들어갈 일벌이 될 알 또는 유충이 15℃ 이하의 외기온도에 접하면, 알은 죽고 유충은 정상 발육이 어렵고 수명도 짧아진다.

둘째, 늦은 시기에 설탕액을 먹기 때문에 상대적으로 늦게까지 월동 먹이의 전화 작업을 한 벌들은, 중노동으로 인하여 월동 중에 쉽게 늙어 죽는다.

셋째, 늦은 당액 사양으로 미숙한 꿀이 남아 있을 경우, 벌통 내에 습기가 많아 소비에 곰팡이가 슬고 벌들은 병에 걸리기 쉽다. 또한 봉구의 조절에 지장이 생긴다.

따라서 결국 늦가을 채밀은 월동 일벌과 소량의 가을 꿀을 바꾸는 결과가 된다.

(2) 월동군의 먹이 소모량

월동군의 군세에 따라 먹이의 소모량이 다르다. 가령 9월 중순 월동군을 5장으로 축소시켰다면 1통의 벌 수는 14,000~15,000마리 정도일 것이다.

11월 중순경 월동포장을 할 당시에는 늙은 벌들 일부는 죽고, 12,000마리가 월동군이 된다. 월동군이 조건만 좋으면, 즉 적당한 포장과 환기가 양호하고 소음이나 충격을 받지 않는다면, 월동군의 꿀 소모량은 활동기 소모량의 1/10로 감소된다. 안정된 봉군은 반동면(半冬眠) 상태가 되기 때문이다.

월동기간을 11월부터 다음 해 2월까지로 계산한다면 약 120일간이다. 일벌이 활동 중에는 1일 약 30mg의 꿀을 소모하나 월동 중에는 1/10 정도밖에 소모하지 않으므로, 이를 환산하면 활동기에 소모하는 12일의 분량만 있어도 월동할 수 있다. 12,000마리 × 0.03g × 120일 × 1/10 = 4,320g 즉 쉽게 말해서 꿀 2되(4.8kg)만 있으면 충분한 겨울먹이가 된다. 그러나 벌통 보온 포장이 지나치거나 미흡할 경우나, 벌통 주변에 빈번한 소음과 진동이 있으면 두 배의 양을 가지고도 모자랄 뿐만 아니라 벌도 쉽게 늙는다.

다시 강조하면 월동포장은 지나친 것보다는 좀·부족한 편이 낫다. 절대적인 조건은 안정이다. 안정된 상태라면 저장 꿀 4.8kg(2되)이면 6장벌의 먹이로도 충분하다. 가령 소비 5장 중 2장에 꿀이 차고 나머지 3장은 반 정도씩만 차면 5kg 이상으로 충분하다.

제26문 월동 먹이의 보충

Q 선생님께서는 중부지방에서 월동 먹이의 부족하면 10월 10일경까지 부족한 먹이를 보충해 주어도 된다고 『월간 양봉계』에 기고하셨는데, 저의 경우 10월 22일 월동 준비를 하다가 먹이가 부족한 통을 발견하였습니다. 이때 2:1의 당액을 급여해도 될지 모르겠습니다.

A 10월 10일경이 지나면 월동에 필요한 먹이의 전량 또는 1/2 이상을 저장시키기 위해 공급한 당액은, 기온이 낮은 관계로 수분 발산을 제대로 못 시키게 된다. 아울러 월동 중 습기는 질병의 원인이 된다는 점을 주의해야 한다.

월동 먹이가 약간 부족할 정도라면 빼내 둔 꿀소비가 있으면 그것으로 먹이를 대체해 주는 것이 가장 좋고, 별도의 꿀소비가 없으면 부득이 1.5:1의 당액을 급여할 수밖에 없다. 그러나 월동 먹이의 1/2 이상을 주어서는 안 된다. 예비 꿀소비가 없고 월동 먹이가 워낙 부족하면 합군하는 것이 바람직하다. 초심자는 합군을 하면 벌 한 통이 줄어드는 것을 애석해 하나 합군을 잘할수록 월동군에 유리하다. 두 통의 약군을 가지고 월동시키는 것보다 두 통을 합군하여 강군으로 월동시키면, 월동 중에 죽는 벌도 적고 꿀의 소모도 적다는 사실을 알아야 한다. 그뿐 아니라 월동 후 봄에 약군을 가지고 증식에 애쓰는 것보다, 두 통을 합하여 강군으로 산란과 육아를 시키는 것이 훨씬 관리하기 쉽고 증식이 빠르다.

혹자는 한 마리의 여왕벌이 산란하는 것보다 그래도 두 마리가 산란해야 산란량이 많지 않겠느냐고 반문을 하지만, 저자의 경험에 의하면 그 반대다. 여왕벌이 산란을 하려면 육아온도가 유지되어야 하기 때문이다. 약군에서 산란 능력이 왕성한 젊은 여왕벌은 다소 온도가 낮아도 산란을 계속할 때도 있으나, 온도가 부족하여 알은 부화되지 못한다. 약군 두 마리의 여왕벌이 비록 한 마리의 여왕벌보다 산란을 많이 한다 하더라도, 육아온도가 낮아 알을 부화시키지 못하면 강군 여왕벌 한 마리만 못하다.

제27문 꿀벌의 먹이 전달

Q 벌침을 맞으려고 왕롱에 십여 마리의 일벌을 잡아넣어 두었는데 6시간 후에 보니까 전부 굶어 죽어 버렸더군요. 왕롱에 가두어 벌통 안에 넣어둔 여왕벌과 일벌은 2~3일이 지나도 굶어 죽지 않는 것을 본 적이 있습니다. 먹이가 없는 왕롱 안에 가두어 둔 여왕벌과 일벌은 누가 먹여 주는 건 아닌지요? 꿀벌의 먹이 전달에 대해 말씀해 주십시오.

A 꿀벌의 먹이 전달은 생리적인 습성이다. 출방한 지 4~5일 된 어린 벌들은 부화한 지 4~6일 된 유충에게 저장된 꿀과 화분에 타액을 분비하여 혼합해 먹이고, 출방한 지 6~10일 된 내역벌은 부화한 지 1~3일 된 유충에게 왕유(로열젤리)를 분비하여 먹인다.

화밀을 수집해 가지고 온 외역봉이 소문 앞에서 헐떡이고 있으면, 내역봉들이 소문으로 나와 앞발로 부둥켜안고 입을 마주 대고 더듬이를 서로 문지르며 먹이를 전달하는 것을 볼 수 있고, 여왕벌을 왕롱에 가두어 소광 위에 얹어두면 일벌들이 철망을 통해 먹이를 전달하는 것도 볼 수 있다.

내검할 때 잘못하여 소광대 위에 있던 벌이 내피에 눌려 움직이지 못하는 수가 있다. 꿀벌에 봉교가 묻어 꼼짝하지 못하면 3~4일이 지나도 동료들이 먹이를 전달해 준다. 우애의 습성이다. 식량이 모자라 일벌들은 굶어 죽어도, 여왕벌은 소중히 받들어 먹이를 전달해 주므로 여왕벌은 굶어 죽지 않는다.

제28문 꿀벌의 꿀 소모량

Q 꿀벌은 하루에 얼마나 꿀을 소모합니까?

A 외역봉은 하루 30mg, 출방한 지 6일 이상 된 젊은 내역봉은 하루 40mg 정도의 꿀과 화분을 소모한다고 본다. 이 중에서 1/3이 화분의 소모량이다. 한 봉군이 10,000마리 정도라면 하루 350g의 꿀을 소모한다는 계산이 된다. 그러나 유밀기에 외역봉의 대부분은 야외에서 활동하며 자기 먹이를 소모하기 때문에 벌통 안의 먹이 소모량은 마리당 20mg 정도로 계산해야 될 것이다.

4월 초순에 어린 벌이 많이 출방할 때에는 꿀과 화분이 엄청나게 소모되는 것을 알 수 있다. 그러므로 매일 최소한 200㎖ 정도씩, 3일에 600㎖ 정도씩 먹이를 급여해도 먹고 남는 것이 없다. 먹이가 부족하면 여왕벌의 산란이 중지되고 일벌들은 알, 유충을 끌어낸다.

겨울철 봉구(蜂球)를 이루고 정태 상태로 들어가면 꿀의 소모는 1/12 정도로 줄어들지만 환경이 불안해지거나 보온이 부족하면 꿀의 소모는 급격히 늘어난다.

제29문 월동군의 먹이와 동사(凍死)

Q 월동 먹이만 충분하면 월동포장이 미흡하다 해도 동사하는 일이 적다고 들었습니다. 겨울이 다른 해보다 추위도 덜하였고, 군세도 별로 약하다고 보지 않았는데, 이듬해 봄에 내검을 해보니 8통 중 3통이 먹이를 남기고 얼어 죽었습니다. 무슨 이유인지 알고 싶습니다.

A 월동 중에 먹이를 남기고 동사하는 이유는 여러 유형이 있는데, 이들을 나열하면 다음과 같다.

① 8월~9월 중에 여왕벌이 망실된 것을 모르고 있었던 것이다. 월동할 젊은 일벌을 양성하지 못하고 늙은 벌들만이 월동하게 되어 겨울에 먹이를 남기고 죽었다고 본다. 월동 전에 여왕벌의 유무를 살펴보고 무왕군이 된 벌은 다른 통에 합봉을 하거나 신왕을 유입해야 한다. 9월 하순 후에는 신왕을 양성할 수 없어 부득이 합봉 조치를 해야 한다.

② 군세가 약하고 늙은 벌이 많아 겨울철 봉구 온도를 유지하지 못했을 뿐만 아니라, 봉구가 붙어있던 곳의 먹이를 전부 먹은 후 옆 소비에 있는 저장 꿀로 이동하지 못하고 굶어 죽는 수가 있다. 꿀벌은 5℃ 이하에서 움직이지 못하고 이보다 낮은 온도가

2~3일 지속되면 동사한다.

③ 늦가을에 먹이가 부족하여 당액을 급여하였을 때, 비록 당액을 포도당과 과당으로 전환시켰다고 하더라도 수분이 많으면 곰팡이가 피고 꿀이 산패한다. 이 꿀을 먹은 벌들은 소화가 안 되어 배가 부풀면서 죽게 된다.

④ 일반적으로 젊은 벌은 소비에 봉개된 꿀의 덮개를 벗기고 꿀을 먹지만, 늙은 벌들은 기운이 부족하여 저밀 꿀의 덮개를 벗기지 못하고 굶어 죽는 수가 있다.

⑤ 늙은 벌들의 시체로 소문이 막히면 환기가 잘 안 되어 먹이를 남기고도 질식하는 수가 있다. 따라서 월동 중에는 이따금 양봉장을 방문하여 구부린 철선으로 소문에 가로막힌 죽은 벌을 끌어내 주어야 한다. 아니면 봉군의 소문으로 햇빛이 들지 못하게 하고, 벌통의 뒷면보다 앞면을 4cm 정도 낮게 해 주면 소문이 죽은 벌로 막히지 않고, 빗물이나 눈 녹은 물이 벌통 안으로 들어오지 않는다.

제30문 강군을 위한 자극사양

Q 유밀기 이전에 강군을 양성하려면, 벌통에 매일 얼마 정도씩 당액을 급여하면 될까요?

A 유밀기에는 여왕벌의 산란이 왕성해지고 일벌의 활동도 더욱 활발해진다. 즉 먹이가 풍족하면 꿀벌사회는 활동력이 강해진다. 유밀기에는 당액을 주어도 물어가 저장하지 않으므로 급여할 필요가 없으나, 무밀기에는 꿀벌들의 왕성한 산란과 육아 활동을 유도하기 위해 꿀벌들이 유밀기를 가상할 수 있도록, 매일 장려 급사를 해 주는 방법을 사용한다. 일벌이 10,000마리 정도라면 400㎖ 정도, 8,000마리 정도라면 300㎖ 정도씩 격일 간격으로 계속 자극사양을 하면, 여왕벌의 산란이 증대되어 곧 강군이 될 수 있다. 봉군을 강하게 하려면 먹이와 보온과 안정과 양봉가의 정성이 합쳐져야 한다.

제31문 사료의 선택

Q 예전의 양봉가들은 백설탕보다 흑설탕을 물에 녹여 급여 사양하였는데, 근래에는 흑설탕이나 물엿을 사용하지 않는 이유가 무엇입니까?

A 예전에는 백설탕이 귀하였고 또 흑설탕보다 값이 비싸서 사용하지 못하였다. 그러다가 흑설탕이나 물엿에는 호정(糊精)이 많이 들어있고, 이 호정은 꿀벌이 소화를 시키

지 못한다는 것이 알려졌다. 월동 먹이로 흑설탕이나 물엿을 급여하면 설사병에 걸린다. 호정을 소화시키지 못한 꿀벌들은 배가 부풀고 설사를 하며 잘 날지도 못한다. 또 흑설탕은 냄새가 강하여 도봉이 발생하기 쉽다.

가을철에는 충분한 월동 먹이를 저장하도록 설탕액을 공급해야 하는데, 이때에도 호정분이 많은 흑설탕액이나 물엿을 주어서는 안 되고 반드시 백설탕액을 주어야 한다. 백설탕을 물에 녹일 때, 50℃ 이내의 더운물에 녹여야 하며 설탕이 녹지 않는다고 가마솥에 끓이면 호정이 생겨 좋지 않다. 호정은 월동하는 꿀벌에 소화불량을 일으킨다. 이른 봄에 월동한 꿀벌이 소문으로 나와 배가 불룩한 채 봉장을 기어 다니는 것을 볼 수 있다. 이는 월동 중 불량한 먹이를 먹었기 때문이다.

제32문 당액의 용해 비율

Q 설탕을 물에 타서 당액을 만들 때 1.5:1 또는 1:1로 하라고 하는데 용량을 말하는 것인지 무게를 말하는 것인지 알려 주십시오.

A 물에 대한 설탕의 무게 비율을 말하는 것이다.

가령 설탕 15kg(무게)을 물 10ℓ(10kg, 약 5.6되)에 타면 1.5:1의 당액이 되고 15ℓ(15kg, 약 8.4되)에 타면 1:1의 당액이 된다. 물은 비중이 1.0이라서 물 1ℓ(1,000㎖)는 중량이 1kg(1,000g)이다. 같은 방식으로 설탕 3kg에 물 3ℓ 정도를 타면 1:1의 당액이 되는 것이다.

참고로 용량 단위인 1되는 1.8ℓ인데, 꿀 1되의 무게는 2.4kg이고 물 1되의 무게는 1.8kg이다. 꿀은 진할수록(수분이 적을수록) 단위 용량 대비 무게가 늘어난다.

제33문 사양한 당액의 꿀 혼입 여부

Q 무밀기에 먹이가 떨어질까 염려가 되어 당액을 공급하려고 하는데, 다음 유밀기에 혹시 벌꿀에 혼입되지 않을까 걱정되어 말씀드립니다. 어느 정도의 양을 사양하면 벌꿀에 혼입되지 않을까요?

A 양봉가는 항상 꿀벌의 생리를 탐구하면서 봉군 상태를 돌보아야 한다. 벌통에 먹이가 남아 있더라도 당액을 주기적으로 조금씩 급여하면 일벌의 활동이 활발해지고 여왕벌의 산란도 늘어난다. 그래서 이것을 장려사양이라고 한다. 하지만 사양하는 당액의

양을 한마디로 말할 수는 없다. 기상 상황, 기온, 봉군 세력 그리고 무밀기가 얼마나 지속될지에 따라 분량이 달라지기 때문이다.

3월 초 3장벌이라면 하루건너 50mℓ, 2장벌은 35mℓ 정도로 적게 급여하고 4월 중순에 6장벌이 되었을 때는 하루건너 180mℓ, 7장벌은 270mℓ 정도를 주면 된다. 이른 봄에 당액을 급여할 때 주의할 사항은 월동 시보다 더 보온을 잘 해 주어야 한다는 점이다. 보온을 게을리하면 급여한 당액을 옮겨가지 않고 여왕벌의 산란도 중지한다.

지나치게 많은 당액을 급여하면 다음 유밀기가 시작된 뒤에도 남기 때문에 봄철에는 보온에, 여름철 무밀기에는 폭염에 주의하면서 3~4일에 한 번씩 군세에 따라 당액의 급여를 조절하면 불량 꿀을 생산하는 일이 없다. 더욱 순수한 천연꿀을 생산하기 위해서는 유밀이 되는 시점에 소위 정리채밀을 통해, 이전에 사양한 설탕 용액이 저장된 먹이를 소비마다 제거함으로써 공 소비에 새로 유밀된 천연꿀을 저장시키는 작업이 필요하다.

여기서 한가지 강조하고 싶은 것은 소비자 중에 장려사양은 물론 벌들이 굶어 죽게 되었을 때 하는 기아사양까지도 나쁘게 생각하는 통념이 잘못됐다는 점이다. 전 세계 어디서든지 인공사양을 하지 않는 곳은 없다. 세계에서 단위 생산량이 가장 많은 캐나다에서도 상황에 따라 인공사양을 한다. 그러므로 인공급여는 하되 꿀에 혼입되는 일이 없도록 주의하면서 이에 대한 일반의 오해가 없도록 정확한 홍보활동을 벌여나가야 할 것이다.

제34문 당액의 농도와 사양법

Q 이른 봄 또는 한여름 무밀기에 먹이가 부족할 때 당액을 급여하여야 하는데 당액의 농도와 사양 방법과 그 용량을 가르쳐 주시기 바랍니다.

A 우리들은 양봉을 통해 영양가 높고 맛이 있는 천연꿀을 꿀벌들로부터 얻고, 대신 부족한 양을 당액으로 보충해 주고 있다.

1 당액의 농도

꿀벌의 먹이로는 벌꿀이 가장 좋으나 경제적인 여건상 설탕을 물에 녹여 대체 먹이로 공급해 준다. 설탕 외에 감로 꿀은 호정분이 많아 소화가 잘 안 되고 월동 중에 결정되어 부적당하며 물엿도 호정분이 있어 꿀벌의 먹이로 부적당하다.

사양하는 설탕 용액의 농도는 목적에 따라 달라져야 한다. 일반적으로 장려사양을 목적으로 공급할 때는 1:1~1.3:1의 농도를 택하고, 먹이가 부족하여 보충해 줄 때는 1.5:1로 하고, 굶주린 벌을 살리기 위하여 사양할 때는 2:1의 당액을 조제한다. 2:1의 당액은 다시 굳기 쉬우므로 월동용으로 주는 것은 삼가야 한다.

이른 봄 무밀기에는 벌통 안에 직접 1:1의 당액을 공급하는 것보다는 다소 옅은 0.75:1의 당액을 외부에서 공동사양을 하면, 물을 운반하는 일벌도 줄고 일벌들의 소문 출입이 활발하여 여왕벌의 산란을 자극시킨다.

꿀벌이 가장 빨아먹기 쉬운 농도는 비중 1.27이라고 한다. 설탕과 물의 비율이 1:1일 때 비중은 1.23이고, 1.5:1의 비중은 1.29이다. 꿀벌이 빨기 쉬운 비중 1.27의 당액은 1.3:1 배합비율에 해당한다(아래 표 참조).

설탕 1에 대하여 물 1이라는 말은 대략 설탕 3kg에 대해 물 3ℓ(1.7되)를 섞는 것이다. 설탕 15kg 한 포대에 물 10ℓ(5.5되)를 넣으면 1.5:1이 된다. 공동사양용 0.75:1의 설탕 액은 설탕 3kg을 물 4ℓ(2.2되)에 희석한 비율을 말한다.

설탕:물	비중	당 함량(%)	설탕:물	비중	당 함량(%)
0.5 : 1	1.14	33	2 : 1	1.33	66
1.0 : 1	1.23	49	3 : 1	1.38	74
1.5 : 1	1.29	59	4 : 1	1.41	80

2 당액 사양 방법

광식 사양법

가장 편리하고 급여량을 마음대로 조절할 수 있는 것은 광식 사양기로 격리판 기능도 겸하게 되어 있어 아주 편리하다.

사양 목적에 따라 당액의 사양 방법이 다르다. 먹이가 부족하거나 월동용 저밀을 위한 사양을 할 때는 광식 사양기에 많은 양을 급여하고 벌들이 당액에 빠지는 것을 방지하기 위하여 볏짚이나 플라스틱 빨대 토막을 20cm 정도로 잘라 2~3개씩 띄워 주거나 접은 플라스틱 망을 넣어준다.

일벌들의 활동을 자극시키기 위한 자극사양인 경우 1:1의 당액을 군세에 따라 50~200mℓ 정도씩 하루건너 저녁에 급여한다.

소문 사양법

플라스틱으로 만든 소문 사양기를 이용하는 방법이다. 광식 사양 방법처럼 벌통 뚜껑을 일일이 들추지 않고, 대신 소문으로 사양기 입구를 밀어 넣어 벌들이 당액을 빨아가게 한다. 벌들이 당액에 빠져 죽는 일은 없으나 준비하는데 시간이 많이 걸리고 야간에 당액이 냉각되어 벌에 해로울 수가 있다.

소비 사양법

빈 소비에 당액을 부어 소방을 채운 다음 벌이 붙은 소비 면에 이 소비를 대 주면 잘 옮겨간다. 그러나 당액 유실이 많고 많은 양을 급여하지 못한다. 광식 사양기가 준비되어 않았을 경우, 급하게 사양해야 할 때 이 방법을 이용한다.

자동 사양법

대규모 양봉을 할 경우 대형 수조(물탱크)에 당액을 저장하고, 가는 파이프와 노즐을 통해 당액을 벌통에 자동으로 공급하는 다양한 형태의 자동사양기가 개발되어 많이 이용하고 있다.

대량의 설탕물 배합이 가능한 수조를 설치하고, 파이프라인을 벌통 내부와 연결하고 노즐을 통해 공급량이 자동 조절되도록 하는 장치는, 초기에 시간과 경비가 소요되지만 설치 후에는 주기적으로 장려사양과 월동사양 등 다용도의 사양에 이용할 수 있다.

3 당액의 공급량

사양을 하는 목적에 따라 당액의 공급량이 다르다. 이른 봄에 자극사양을 하는 경우 3장 착봉 봉군을 기준하여, 50~100mℓ로 시작해서 4월 초순 군세가 좋아지면

200~400mℓ까지도 하나 여름철 무밀기에 또는 가을철 월동용으로 급여할 때는 사양기 가득히 1,500mℓ 정도 사양을 한다.

또 교미벌통도 먹이가 부족하다면 저녁에 100mℓ씩 사양하고 도봉을 방지하기 위하여 소문을 1.5cm 정도까지 줄여준다. 무밀기에 군세가 약한 교미 벌통에 당액을 사양하면 도봉 발생의 원인이 되는 수가 많다. 유밀기에는 약한 교미군이라 할지라도 도봉이 발생하지 않으나 무밀기에는 도봉이 발생하는 것이 흔하므로, 무밀기에 교미통에 먹이가 부족하다면 강군에 있는 저밀소비를 꺼내다 보충해 주는 것이 현명한 방법이다.

4 화분의 공급

월동 후인 이른 봄 또는 여름철 장마가 오래 계속되면 유충발육에 필요한 단백질인 화분을 봉군에 공급해 주어야 한다. 부족한 화분을 보충해 주려면 ① 저장화분을 주는 방법, ② 분말로 주는 방법, ③ 분말에 꿀 또는 당액을 반죽하여 떡을 만들어 주는 방법 등이 있으나, ①의 방법은 실행하기 어렵고, ②의 방법은 손실이 많으므로 ③의 방법을 택한다.

미리 채취해 두었던 자연화분만을 직접 또는 대용화분과 혼합하여 2:1의 설탕액 또는 벌꿀로 반죽하여 떡을 만들어 주거나, 시판하는 화분떡을 구입하여 소광대 위에 얹어주고 건조를 방지하기 위하여 비닐조각을 덮어준다.

보관한 자연 화분이 없으면 대용화분만으로 떡을 만들어 주는 것도 가능하다. 대용화분은 탈지콩가루, 카제인, 효모, 탈지분유 등을 혼합한 후 꿀 또는 2:1의 설탕 용액에 반죽한다. 대용화분을 분말로 줄 때는 빈 벌통 안에 넓은 그릇을 깔고 대용화분 분말을 뿌려 주면 벌들이 모여들어 가져간다. 인근에 다른 양봉장이 없으면 자신의 양봉장 중앙에 대용화분 공급장을 설치하는 방법도 있다.

제35문 꽃꿀과 벌꿀

Q 올해 5월 경기도 문산에서 아까시꿀을 채밀하고 바로 다음 날 양봉협회에 분석을 의뢰했더니 자당이 12%나 검출되어 부적합 판정을 받았습니다. 제가 생산한 꿀이어서 누구보다 그 꿀에 대해 잘 알고 있었습니다. 이물질이 전혀 섞이지 않은 순수한 천연벌꿀이었는데 어찌 부적합 판정이 나올 수 있습니까? 품질검사가 잘못된 것이 아닌지요?

A 귀하가 의뢰한 벌꿀이 부적합 판정을 받은 것은 당연하다. 왜냐하면 귀하의 꿀은 단상에서, 그것도 아까시꿀이었다니까 3일 내지는 6일 만에 채밀했을 것이므로 그렇다. 우리가 꽃 속을 관찰하면 중앙 수술자루 깊숙한 곳에 자리 잡고 있는 맑은 액체를 볼 수 있다. 많은 사람이 이것을 꿀이라고 부르는데 사실은 꿀(蜜)이 아니고 꽃꿀(花蜜)이다. 우리말에는 꿀과 꽃꿀을 정확히 구분할 말이 없어 같은 것으로 생각하는 경향이 많은데 영어에는 허니(honey)와 넥타(nectar)란 전혀 다른 말이다.

벌꿀(honey)이란 꿀벌들이 꽃꿀(nectar)을 수집하여 그 자신이 갖고 있는 각종 효소를 첨가하여 자당을 포도당과 과당을 주성분으로 하는 단당류로 전환시켜 벌집에 저장한 것이다. 외역벌이 수많은 꽃을 찾아다니며 꽃꿀을 장내에 있는 꿀주머니에 담아 벌통 안에 운반해오면 내역벌은 이를 받아 꿀방에 저장한다. 그리고 계속해서 꽃꿀을 먹었다 뱉었다 하는 작업을 계속하고 날개로 선풍 작업을 하여 수분을 증발시켜 완전한 꿀을 만들어낸다. 이때 일벌들이 많아 강군을 형성하고 있으면 좀 더 빨리 완숙된 꿀을 만들어 내지만, 약군인 경우에는 미숙한 꿀일 때가 많다.

만약 단상에서 벌을 키우고 있는 경우에, 아까시 유밀기를 맞이하여 한꺼번에 화밀이 쏟아지는 폭류 현상이 나타나게 되면 3~6일 만에 벌통에 꿀이 가득 차게 됨으로써 바로 채밀을 해야 하기 때문에, 꿀이 완숙되지 않고 자당의 함량이 높게 나타나는 것은 당연하다.

계상에서 여유 있는 저밀 공간을 확보하여 충분한 기간을 두고 채밀을 하게 되면 자당 함량을 낮출 수가 있다. 4~5단 계상을 할 경우 초보 농가들은 4단, 5단까지 일벌이 가득 차 있는 것으로 생각할 수 있다. 그러나 실제로는 위쪽에 있는 벌통에는 밀개한 꿀소비만 가득 차 있을 뿐 일벌은 불과 몇십 또는 몇백 마리밖에 되지 않는다. 채밀하지 않고 계상에 1개월 이상 꿀소비를 놓아두게 되면, 꿀 규격 기준을 훨씬 넘는 완숙한 꿀을 생산할 수 있다.

우리가 단상에서 채밀한 꿀도 수분 농도가 18~20% 정도라면 한 달 정도만 잘 보관할 경우, 꿀 속에 들어있는 효소의 작용으로 자당 수치는 식약처 기준인 7%보다 낮은 5% 이내가 된다. 그러므로 좋은 꿀을 생산한 양봉가는 조금도 걱정할 필요가 없다. 그리고 꿀은 언제나 서늘한 장소에 직사광선을 받지 않는 그늘진 곳에 보관해야 한다.

제36문 대용화분

Q 이른 봄 여왕벌이 산란을 시작할 때 화분이 절대적으로 필요한데 자연화분을 공급하면 제일 좋다고 들었습니다만, 자연화분을 준비하지 못하였으므로 대용화분을 주어야되는데 그 제조방법을 상세히 가르쳐 주시기 바랍니다.

A 대용화분의 공급 시기와 요령, 원료 조성과 제조법을 설명하면 다음과 같다.

1 대용화분의 공급

월동 후 이른 봄(2~3월) 온도가 점차 올라가면 소비를 축소하고 화분을 공급하면 여왕벌은 자극을 받아 배가 커지며 첫날 20개, 다음날 40개, 이런 식으로 기하급수적으로 산란이 늘어나다가 1주일만 지나면 300개 정도, 2주일만 지나면 1일 500개 정도는 무난히 산란을 한다. 월동을 깨우고 산란을 촉진하기 위해서 지난해에 채취해 두었던 화분이 있으면, 꿀물 또는 진한 설탕물에 반죽하여 소광대 위에 얹어 주는 것이 좋으나 준비가 안 되었으면, 대용화분 떡을 만들어 공급해야 한다. 최근에는 양봉조합이나 양봉원에서 양봉용 제품으로 판매하는 화분떡을 구입해서 바로 사용하는 경우가 많다.

봄철뿐만 아니라 여름(7~8월) 장마철 무밀기에도 벌통 내에 저장된 자연화분이 고갈되기 쉽기 때문에, 산란활동을 지속적으로 유지하기 위해서 대용화분을 공급해 주어야 한다.

2 대용화분 떡의 제조법

대용화분의 조성은 양봉가마다 각자 환경과 선호도에 따라 각양각색이다. 그중 대표적인 표준조성을 보면 아래 표와 같다.

수입한 중국산 유채화분을 주성분으로, 대용 단백질원으로 맥주효모, 대두분, 탈지분유로 구성된 분말 원료를 고르게 섞은 다음, 적정 분량의 식용수로 반죽하고 1주일 정도지나서 설탕 용액이 고형물에 잘 침투되었을 때, 1kg 정도씩 긴 사각기둥 모양의 화분떡을 만들어 공급한다. 대용화분 떡을 반죽할 때 꿀이나 백설탕 대신 물엿, 과당, 흑설탕의 사용할 경우, 이들은 호정분이 많아 꿀벌에 해롭다. 또 설탕을 녹일 때 50℃ 이하의 미온

수에 녹여야 하고 설탕이 잘 녹지 않는다고 물을 끓여 녹이면 역시 호정분이 생긴다.

직접 제조하거나 구입한 화분떡을 소광대 위에 얹어놓고 수분 발산을 방지하기 위하여 비닐을 덮어준다. 봄철 야외에서 자연화분을 일벌이 충분히 수집하는 3월 중~하순까지 봉군당 약 3kg 정도의 대용화분이 소요되며, 여름철 장마기에는 지역에 따라 1~3kg을 먹인다.

원료	분량(kg)
자연화분	30
맥주효모	20
대두분	20
탈지분유	10
복합비타민	1
백설탕	45
물	28(ℓ)
(총 중량)	154

3 중국산 자연화분의 이용

1990년대 중반부터 중국에서 대용화분 사료용으로 자연화분이 수입되고 있다. 국내에서 생산한 자연화분보다 저렴하고, 특히 유채화분의 경우에는 양질의 단백질 함량이 높기 때문에 이를 곱게 분말로 만들어 정리 채밀한 꿀이나 설탕 용액에 개서 공급하면 훌륭한 먹이가 된다. 수입 화분에는 백묵병균이나 미국부저병균 등이 포함될 우려가 있으므로 시중에는 방사선으로 살균 처리하여 유통되고 있다.

제37문 화분 건조 방법

Q 화분을 건조시킬 때 직접 태양열에서 건조시키면 영양성분이 감소한다고 하는데 어떤 방법으로 건조시켜야 영양가가 상실되지 않을까요?

A 벌통에서 채취한 화분을 태양열로 건조하면 높은 복사열로 인해 일부 비타민이 파괴되는 등 영양 가치가 줄어들 수가 있다. 하지만 이를 감수하더라도 건조한 화분은 보관

이 쉽고 섭취하기가 편하므로 소비자가 선호하는 경향이 있다.

위생적으로 대량 건조하는 방법으로는 고추 등을 말릴 때 쓰는 농업용 건조기를 활용하는 방법이 있으나, 70℃ 이상의 고열로 건조할 경우 역시 화분의 영양 가치를 떨어뜨린다. 건조한 화분을 소비자 판매용 용기에 담았을 경우에는 벌레나 곰팡이가 생기는 것을 방지하기 위해, 수분 제거제로 봉지에 담은 적당량의 실리카겔을 넣는 것을 잊지 말아야 한다.

화분의 영양학적 활성 성분을 유지하기 위해서는 채취 즉시 냉동시켜 저장하고 유통하는 것이 최선이지만, 소비자가 냉동 상태의 화분을 매일 일정량 섭취하는 것이 번거롭고 불편하다는 점이 단점이다.

제38문 성충 일벌과 화분

Q 월동 봉군에는 화분이 없어도 되지만 이른 봄에 여왕벌의 산란이 시작되면 화분이 꼭 필요하다고들 하는데, 그렇다면 화분은 유충의 발육에는 필요하나 성충 벌에는 필요하지 않다는 말씀인지요?

A 화분은 유충뿐만 아니라 성충 벌에도 필요하다. 화분은 단백질, 비타민, 미네랄 등 영양분의 공급원이 되므로 꿀벌에는 필수적인 식량이다. 소방에서 출방한 어린 일벌은 꿀과 화분을 먹는다. 외역봉도 왕성한 활동을 위해 꿀 뿐만이 아니라 화분을 필요로 한다.

월동하는 일벌은 외부활동을 하지 않고, 정적인 상태에서 기초대사 활동을 위한 에너지원으로 꿀을 소모하고 화분을 먹지 않는다. 월동 봉군의 외곽에 화분이 저장된 소비가 있으면 이른 봄에 산란을 시작할 때 대용 화분의 공급을 서두르지 않아도 되며, 벌통 뚜껑과 내피를 자주 들추지 않음으로써 봉군 안정에 도움이 된다.

제39문 월동 봉군과 화분

Q 어떤 분은 월동 봉군에는 화분이 필수적이라고 하는데 월동군에 화분이 없으면 안 되는 이유를 알고 싶습니다. 결론적으로 월동 중인 꿀벌도 꼭 화분을 먹어야 하는지요?

A 월동 봉군에는 겨울 동안의 식량이 되는 저장 꿀과 일벌의 노유(老幼; 늙거나 젊음) 정도가 가장 중요하다. 화분은 월동 중에는 필수 먹이가 아니기 때문에 화분의 부족으로 봉군의 월동이 실패하는 일은 없다. 왜냐하면 화분은 일벌이나 수벌의 유충 먹이로

는 절대적으로 필요하고, 일벌의 외부활동에도 단백질원으로 필요하지만 월동 중의 일벌은 에너지원인 꿀만 소모하고 화분은 먹지 않는다.

월동군에 화분이 필요하다고 하는 것은 월동한 후 이른 봄에 여왕벌이 산란을 하기 시작하면, 애벌레의 먹이로 화분을 반드시 먹여야 하기 때문이다. 이른 봄에 자연에서 화분이 충분히 반입되기 전까지 양봉가가 대용화분 떡을 봉군에 공급하는 이유가 여기에 있다. 다행히 월동 봉군의 벌통에 화분이 가득 찬 소비가 있다면 이른 봄부터 대용화분을 공급할 필요가 별로 없지만, 이른 봄 3월 초가 되면 여왕벌의 산란이 왕성해지고 육아를 위하여 많은 꿀과 화분이 필요하다. 정상적인 봉군에서는 1년 중 꿀벌 1통에서 필요로 하는 먹이 꿀의 양은 20kg 정도, 먹이 화분의 양은 15kg 정도라는 의견도 있다.

제4장 꿀벌의 질병과 해적

제40문 꿀벌의 질병

Q 과거 해방 직후에는 미국부저병이 심하여 이 병에 감염된 봉군은 벌이 든 채 벌통은 물론 양봉관리용 양봉기구까지도 소각하였다는 말을 들었습니다. 1980년대 후반에는 백묵병(일명 초크병)이 만연하여, 유충이 피해를 받아 육아가 제대로 안 되어서 결국 폐사하는 벌이 많았다는 얘기를 들었습니다. 이러한 꿀벌 질병의 종류와 이에 대한 대책을 가르쳐 주시기 바랍니다.

A 꿀벌은 수만 마리의 개체가 좁은 벌통 안에서 무리를 이루어 생활하고 있다. 밀폐된 공간에 수분이 많은 벌꿀과 화분을 저장하여 식량으로 사용하고, 항상 34~35℃로 유지되는 고온 다습한 환경에서 수많은 알, 유충, 번데기가 동시에 발육하고 있기 때문에, 미생물과 기생 해충이 서식하기에 가장 좋은 환경을 항상 제공하고 있다. 또한 집단생활로 인해 감염, 전파, 확산이 쉽다. 따라서 유밀기 다수확을 위한 최상의 세력을 유지하기 위해서는, 철저하게 꿀벌 질병과 해충을 감시하여 피해를 받지 않도록 관리하여야 한다.

꿀벌의 유충에서 피해가 나타나는 유충 질병과 성충에서 감염 증세를 보이는 성충 질병으로 나누어서 설명하고자 한다.

1 유충의 질병

미국부저병

우리나라에서는 해방 직후까지 미국부저병이란 것을 몰랐었다고 한다. 제2차 세계대전이 끝난 후 미국과 교역이 활발해지면서 수입하는 양봉 기자재와 꿀벌에 의해 우리나라로 전파된 것으로 알려져 있다. 당시 미국에서도 이 부저병이 만연하여 초기에 큰 피해를 입고 있었지만 적극적으로 봉군에 항생제를 사용하여 치료하였고, 우리나라에서는 아무런 대책이 없어 부저병에 걸리면 전염되는 것을 막기 위해 벌은 물론 양봉기구까지 소각하여 땅을 파고 묻을 수밖에 없었다고 한다.

미국부저병은 1877년 뉴질랜드에서 처음 기록되었으며, 20세기 초에 세계적으로 전파되었다. 1950년대 이미 언급한 것과 같이 국내에서도 대발생한 적이 있다. 미국부저

사진 7.5 왼쪽 위부터 미국부저병으로 구멍이 생긴 번데기 봉개, 혀만 남은 일벌 번데기, 성냥개비를 이용한 간이진단법, 항생제 분말 처리 장면

병과 유럽부저병은 유충을 관찰하여 비교적 발생 확인이 쉽다. 초기에 적합한 방제 대책을 강구할 경우에는 방제가 가능하다. 하지만 미국부저병은 전염성이 매우 강한 전염병으로 일단 감염 정도가 진전된 후에는 방제가 어렵다. 호주와 뉴질랜드의 경우에는 이 병을 법정 전염병으로 지정하여, 각 양봉가가 봉군을 신고하고 소정의 등록비를 내면, 정부에서 예찰과 방제에 대해 책임 관리를 해주는 제도를 가지고 있다. 병원균은 편모에 의한 운동성을 보유하고 있고 병원균 포자는 열에 강하고, 화학 살균제에 대해 저항성을 갖고 있다.

내생포자가 유충의 입으로 먹이를 통해 침입하고, 중장에서 영양 세포로 발아하여 증식하면서 혈액을 통해 온몸에 퍼져 유충을 사망하게 한다. 병원균이 꿀벌 유충에만 특이적으로 감염되기 때문에 성충에 포자가 있어도 발병하지는 않는다. 일벌이 죽은 유충을 제거하는 과정에서 벌집과 일벌에 전파된다. 일벌의 직·간접적 접촉과 오염된 양봉기구, 벌꿀에 의해 전염된다. 오염된 꿀은 도봉에 의해 벌통 간에 전염된다.

증상

감염 10~15일 후가 되면 번데기가 될 무렵의 애벌레의 체색이 유백색에서 갈색으로 변하며 죽는다. 죽은 애벌레는 진한 갈색을 띠며, 물러 터져 끈끈한 액상으로 변한다. 죽은 애벌레에서는 고기 썩는 냄새가 나며, 번데기 덮개가 함몰되거나 구멍이 생긴다(사진 7.5의 왼쪽 위 그림). 왼쪽 아래 그림과 같이 이쑤시개 또는 성냥개비로 죽은 유충이나 번데기 뚜껑을 벗겨 찍어보면 끈적끈적한 진이 묻어 올라오는데 이 점을 특징으로 진단할 수가 있다. 성충으로 발육하다 죽게 되면 오른쪽 위 그림과 같이 혀만 보이게 된다.

예방과 치료

예방을 위해서는 도봉을 방지해야 하며 오염된 벌꿀 또는 오염 꿀이 저장된 벌집을 공급하는 일을 삼가야 한다. 또한 병이 발생한 양봉장 근처에는 벌통을 배치하지 말아야 한다. 양봉기구는 화염멸균, 알코올 소독, 고온멸균 등의 방법으로 철저하게 소독하여야 한다.

증세가 미약할 때에는 우리나라에서 허용된 항생제 옥시테트라사이클린(옥시테라마이신)에 의한 치료가 가능한데 분말로 투여하는 것을 권장한다. 옥시테라마이신의 유효성분 200mg을 고운 설탕 분말 30g과 혼합하여 벌집틀 가장자리 위나 벌통 구석 바닥에 그림 7.5와 같이 뿌려준다. 4~5일 간격으로 총 3회 투여하는 것이 좋다. 관행적으로 옥시테라마이신을 물 또는 설탕 용액에 혼합하여 공급하는 방법이 있는데, 이 방법은 상대적으로 효과도 적고 벌꿀에 잔류할 위험성이 크다. 항생제를 투여할 때는 병원균의 내성 증가를 방지하기 위해서 반드시 적정 약량 및 투여 시기를 준수해야 한다. 항생제 잔류를 최소화하기 위해서는 꿀 생산 시기 한 달 이전에는 반드시 투약을 마쳐야 한다.

피해가 심하거나, 치료 효과가 없을 때에는 계속 전파될 위험이 있기 때문에 주저하지 말고 야간에 밀봉 후 땅을 파고 벌통에 석유를 붓고 소각해야 한다.

유럽부저병

유럽부저병은 봄부터 초여름에 주로 약군에서 주로 발생한다. 병원균은 그람양성의 구간균으로 운동성이 없고 내생포자를 만들지 못한다.

감염되면 유충이 유백색에서 황갈색으로 그리고 점차 갈색으로 변한다. 구부렸던 유충의 몸이 C자 형으로 펴진다. 감염된 봉군에서 생선 썩는 냄새가 나고, 아교와 같은 점착성이 있는 미국부저병과 달리 사체가 점착성이 없다. 전파 경로는 미국부저병과 동일하나 상대적으로 전파가 느리고 전염성도 약하며, 피해도 비교적 적게 나타난다. 유밀기가 되면 특별한 조치가 없어도 자연 소멸되기도 한다. 다소 심할 경우에는 미국부저병과 같이 옥시테라마이신 투여에 의해 방제가 가능하다.

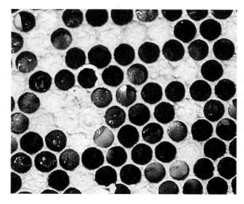 

사진 7.6 유럽부저병 감염증상(좌), 낭충봉아부패병으로 죽은 토종벌 애벌레(우)

백묵병

우리나라에는 꿀벌 사료용으로 화분을 외국에서 수입하면서 백묵병 병원균이 묻어 들어와 1984년에 처음으로 피해 상황이 보고되었다. 이후 1986년부터 5년간 국내에서 대발생한 이후로 점차 대부분 봉군들이 내성을 보유하게 되었기 때문에, 봉군과 여왕벌을 잘 관리한다면 백묵병은 그다지 심각한 피해를 주지는 않는다. 실제로 양봉장을 방문해 보면 산란력이 좋지 않은 여왕벌이 있는 약군과 환기가 불량한 벌통에서 백묵병이 주로 발생하는 것을 알 수 있다. 따라서 효과가 불확실한 약제에 의존하기보다는 백묵병에 감수성인 여왕벌 도태와 적절한 봉군 세력 관리, 벌통 내부 환경개선으로 백묵병에 대한 예방 대책을 마련해야 한다. 유밀기에 벌 세력이 증가하면 증상이 주춤해지기도 한다.

백묵병의 병원균은 곰팡이(진균)이며 포자($1.0\mu m \times 2.5\mu m$의 타원형) 형태로 유충의 입으로 침입하고 중장에서 발아한 후, 균사가 증식함으로써 유충을 사망하게 한다. 1종 균주일 경우에는 사체가 백색으로 딱딱하게 굳어 죽지만 두 균주(+와 −)일 경우에는 갈색에서 흑색을 띤다. 백묵병 포자는 10년~15년까지 병원성을 유지하는 것으로 알려져 있다.

증상

감염된 유충 사체가 흰 솜처럼 보이다가 흰색 또는 흑색으로 변하면서 딱딱하게 굳는다. 미이라 모양의 사체가 벌통 입구에서 발견된다(사진 1.8 참조). 포자의 형태로 일벌이 어린 유충에 먹이를 주는 과정에서 감염되고 사체 제거 과정에서 봉군 전체로 전파된다. 일벌 간의 접촉과 오염된 양봉기구를 통해서 벌통 간에 확산된다.

예방

아직 세계적으로도 방제를 위한 마땅한 약제가 알려지지 않았으므로 철저한 예방이 최선책이다. 포자에 의해 감염되므로 다습 조건을 피해야 한다. 오염 벌꿀, 벌집, 양봉기구 접촉을 차단하고 오염 화분으로부터 포자 유입이 가능하기 때문에 화분을 공급할 때 주의하여야 한다. 발병이 확인되면 벌통에서 죽은 애벌레와 배설물 등을 청소하고 습기를 제거할 수 있도록 노력해야 한다. 벌통을 지상에서 5cm 이상 되도록 받침대를 놓고 설치하여 통풍건조 상태로 유지하는 것도 좋은 관리 방법이다. 벌통 근처의 죽은 벌을 제거하여 청결을 유지하여야 한다. 아울러 벌통과 양봉기구를 알코올이나 불꽃 소독하는 것이 중요하다.

무엇보다 봄철에는 항상 강군으로 세력을 유지하는 일이 중요하다. 백묵병이 확인된 벌통은 감염이 심한 소비를 들어내 소각하고 나머지 벌은 강하게 밀집시켜 벌 스스로 열과 청소로 병을 억제할 수 있도록 도와주어야 한다. 벌이 약하면 과감하게 강군에 합봉한다. 한편 저항성 계통인 봉군을 보유하는 것도 백묵병 예방과 저지에 큰 도움이 된다. 이를 위해 전염되지 않은 강군을 택하여 변성왕대 양성법에 의하여 신왕을 예비로 양성하고 전염된 봉군의 여왕벌을 교체해 주는 것이 좋다.

낭충봉아부패병

바이러스에 의한 질병으로 이 병에 걸리면 번데기가 되지 못하고, 유충 머리가 위쪽을 향하게 된다. 그리고 몸 안에 물이 차고 체색이 연한 황색으로 변하고 점차 갈색에서 암갈색으로 변하며 마른다. 마른 후에는 흡사 조각배 모양이 된다. 감염 정도에 따라 유충 방이 불규칙하게 비어있는 곳이 많아지고 봉개 표면에도 구멍이 보인다.

먹이를 통해 낭충봉아부패병 바이러스가 전염되며 감염 후 2일 후에 증상이 나타나는데, 감염되어 죽은 유충 1마리에는 100만 마리의 일벌 유충을 죽일 수 있는 1mg의 바이러스 입자를 보유하는 것으로 알려져 있다. 감염된 유충은 허물을 벗지 못하거나 번데기가 되지 못하고 죽는 경우가 많다. 유충이 어릴수록 병에 잘 걸리는데 일벌이 유충을 제거하는 과정에서 입으로 흡입한 입자가 다른 유충에 먹이를 공급하는 과정에서 병을 전염된다. 또한 일벌이 꽃가루를 모을 때 바이러스 입자가 꽃가루에 오염되면 벌통 안에서 꽃가루를 먹이로 공급받는 건강한 유충도 전염되게 된다. 2010년 이후 국내 동양종꿀벌에 낭충봉아부패병이 심하게 발생하여 많은 봉군이 폐사하였는데 서양종꿀벌은 이 병에 대해 저항성을 보임으로써 상대적으로 피해가 적다.

마비병이나 낭충봉아부패병 등 꿀벌 바이러스병을 방제하는 데에는 세계적으로 아직까지 특별한 방제 방법이 없다. 예방을 하는 것이 최선이며 발생 초기에 적절한 조치를 취하는 것이 급선무다. 조치 방법으로는 여왕벌을 건강한 여왕벌로 교체하는 것이 가장 효과적이다. 노제마병에 감염되면 각종 바이러스 질병이 발생하기 쉽기 때문에 노제마병을 사전을 예방하여 노제마병에 걸리지 않게 하는 것도 중요하다.

2 성충의 질병

노제마병

육안으로 드러나는 뚜렷한 피해 증상이 없어, 만성 질병인 노제마병의 중요성을 인식하지 못하는 것 같다. 일반적으로 봉군에 특이한 증상은 없지만 감염 정도가 심하게 되면 일벌들의 활동이 둔화되어 날지 못하고 기어 다니는데, 봄철에 흔히 볼 수 있는 증상이다. 극심할 경우에는 복부가 팽배하고, 여기저기에 배설 자국을 남긴다. 노제마병 병원균은 소화관에 증식하여 영양 불균형을 초래함으로써 일벌의 수명과 생산성을 감소시킨다. 여왕벌이 감염되면 산란력이 감소하고, 심하면 산란 중단 후 사망하게 된다.

병원균은 원생동물로서 포자(3μm×5μm)로 꿀벌 성충에 감염되고 중장에서 발아하여 극사를 형성한다. 중장 벽에 흡착한 후 소화세포로 침투하여 증식한다.

증상

일벌들의 활동이 둔화되어 성충이 날지 못하고 곳곳에 배설(설사) 자국을 남긴다. 일벌 복부를 해부해 보면 정상(갈색)에 비해 중장이 유백색으로 팽창된 것을 볼 수 있다. 현미경 500배율로 관찰하면 중장 조직에서 많은 포자를 관찰할 수 있다.

포자가 성충의 배설물에 섞이게 됨으로써 병원균 전파의 원인이 된다. 가을철에 감염된 봉군이 봄철에 병이 만연할 수 있다. 감염된 벌은 마비병 바이러스에 감염될 가능성이 더욱 높아진다.

예방과 치료

감염 봉군의 배설물이 타 봉군으로 이전되는 것을 방지해야 한다. 그리고 도봉 방지를 하고, 벌통 및 양봉기구를 철저히 소독해야 하는데, 60℃의 물에 10분간 침전하거나 70% 알코올을 충분히 분무하면 포자가 사멸한다. 부탄가스와 토치로 화염 멸균하는 것도 좋은 방법이다.

세계적으로 사용되는 노제마 치료약제인 퓨미딜-B®를 투여함으로써 예방과 치료가 가능하다. 25통을 기준으로 하여 25g(통당 1g)을 소량의 찬물에 일단 녹인 후 설탕물 (1:1) 25ℓ(강군), 18ℓ(중군), 12ℓ(약군)에 혼합하여 이른 봄(혹은 경우에 따라서는 가을에)에 먹인다. 강군은 1ℓ, 중간세력 봉군은 3/4ℓ, 약군은 1/2ℓ를 공급한다. 반복 투여할 경우에는 1주일 간격으로 한다.

마비병

바이러스에 의한 질병으로 급성과 만성의 2종이 있다. 마비병의 대표적인 증상은 몸과 날개를 떠는 이상 증상으로 나타나는데, 심할 경우 수천 마리의 많은 일벌이 동시에 날지 못하고 기어서 다니거나 혹은, 일벌의 배가 팽대하고 잔털이 마모되어 기름을 칠한 듯이 반들거리는 현상이 나타나기도 한다. 아울러 설사를 동반하여 며칠 안에 죽게 된다.

마비병에 걸린 일벌 한 마리에서 수백만의 바이러스가 검출되기도 하는데 뇌와 신경계에 침입하여 마비와 경련 증상을 유발한다. 먹이 또는 상처를 통해 감염된다. 예방, 치료 약제는 개발되어 있지 않고 신왕으로 교체하고 강군으로 벌을 밀집시키며, 충분한 먹이를 공급하여 면역력을 높여 주는 방법이 최선이다.

설사 증상

늦가을에 먹이가 부족하여 너무 늦게 급여한 당액이 완전히 포도당이나 과당으로 전화되지 못하고 또 수분이 많으면, 월동 중인 벌들이 이를 먹고 소화를 못 시켜 봄에 설사하는 증상이 나타난다.

일반적으로 모든 설사 증상은 습기가 많은 데서 발생하므로 꿀벌에게는 습기가 큰 적이 된다. 가장 좋은 예방법은 소비 수를 축소하여 벌을 밀착시키고 습기를 제거하며 보온을 잘 해 주는 데 있다. 어떤 질병이건 일단 꿀벌이 병에 걸리면, 치유된다 하더라도 꿀벌로서 제구실을 못 하므로 병에 걸리지 않도록 사전 예방에 힘써야 한다.

제41문 꿀벌응애 방제 방법

Q 해마다 꿀벌응애(진드기)를 구제하려고 5~6차례나 약제 처리를 하는 데도 가을이

면 또 나타나고, 이듬해 이른 봄 월동군에서도 나옵니다. 약제 처리량과 처리방법 및 시기에 관해 자세히 말씀해 주시기 바랍니다.

A 꿀벌응애(속칭 꿀벌진드기)는 서양에서는 바로아응애(Varroa mite)라도 불리기도 한다. 꿀벌응애는 꿀벌에 가장 무서운 기생 해충이므로 반드시 방제해야 할 대상이다.

1 꿀벌응애

1904년 인도네시아 자바섬에서 동양종꿀벌에 기생하고 있던 것이 처음 발견되었는데 지금은 세계 거의 모든 나라에 퍼졌다. 국제적으로는 꿀벌의 수출입(여왕벌 수출입 포함)에 의해 확산되었고 국내에서는 이동양봉, 분봉군, 표류, 도봉에 의해 꿀벌끼리의 접촉 과정에서 전파된다고 본다.

꿀벌응애의 성충은 꿀벌의 육아방이 봉개되기 직전, 소방에 들어가 5~6개 정도의 알을 낳는데 이 알은 곧 부화되며 일벌과 수벌 애벌레에 기생한다. 꿀벌응애 암컷의 발육 기간은 10일 정도이고 수컷의 발육 기간은 6일 정도이다. 연간 20여 회 번식하여 기하급수적으로 늘어난다.

1988년 1월 1일 캐나다 정부가 미국산 벌의 수입을 전면 금지시킨 사실이 널리 알려져 있는데 바로 미국에서 꿀벌응애가 만연하였기 때문이다. 우리나라도 꿀벌응애가 발생하는 나라에서는 패키지 벌의 수입을 금지하고 있다.

국내에서 시판되고 있는 꿀벌응애 방제 약제는 약 7개 성분에 따라 15여종이 있는데 처리 방법으로 소광 사이에 끼워 접촉시키는 스트립이 가장 많고 물에 희석하여 분무하는 분무제, 종이에 흡착한 약제를 태우는 훈연제 등이 있다. 약제별로 방제 시기와 사용량을 정확히 지켜 방제하는 것이 중요하다.

가장 많이 사용하는 플루발리네이트 성분의 약제는 계속 사용할 경우, 응애가 약제저항성이 발달하여 잘 듣지 않는 경우가 많다. 약제 처리는 매달 20일에 한 번씩 처리하는 것보다는 1주일에 한 번씩 3회 처리하는 것이 효과가 좋다. 6월 초순부터 1주일에 한 번씩 세 번 처리하고 월동기를 앞둔 가을철에는 9월 10일, 17일, 24일경에 처리하며 마지막으로 월동 전에 한 번 더 훈연 처리하는 것이 좋다.

훈연이나 분무 처리는 청명한 날, 벌들의 활동이 활발할 때 즉, 정오경에 하는 것이 좋다. 외기온도가 10℃ 이하이거나 35℃ 이상일 때는 피해야 한다.

2 중국가시응애의 구제

1991년 4월 중국으로부터 유입된 당시부터 중국가시응애는 꿀벌응애보다 피해가 큰 것으로 나타났다. 가시응애의 수명은 불과 17~18일에 그치나 그 번식력이 강해 단기간에 전군을 전멸시키는 위력이 있다. 꿀벌응애나 가시응애의 구제약으로는 플루발리네이트계의 스트립 약제가 벌에도 큰 피해가 없이 방제가 가능하며 현재는 일반 꿀벌응애와 동일한 약제로 방제를 하고 있다. 해암 선생님이 제시하신 마이캇트®를 이용한 방제법은 다음과 같다.

마이캇트 분무법

물 1.8ℓ에 마이캇트액 1.5cc를 희석하여 착봉 소비 면에 안개처럼 연하게 뿌려준다. 6일 간격으로 3번만 뿌려 주면 방제가 된다.

마이캇트 훈증법

훈증법으로는 마이캇트액과 물을 1:3 비율로 혼합하여 박스지를 3 × 15cm 정도로 재단하여 철선에 낀 다음 두꺼운 박스 종이에 용해액을 칠해 소문으로 깊숙이 넣어준다. 그 후 빼지 말고 방치하였다가 6일 간격으로 3회 연속 훈증하면 꿀벌응애와 가시응애가 죽어 떨어진다.

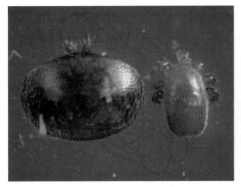 

사진 7.7 꿀벌응애와 중국가시응애(좌), 기형 날개를 가진 일벌(우)

제42문 봄철 꿀벌응애 방제를 위한 약제 처리

Q 작년 가을에 진드기 훈연 처리를 제대로 못 해 주고 월동을 했는데 금년 3월 12일에 내검해 보니 유충방에 꿀벌응애가 2~3마리씩 보이고 또 성충의 가슴과 등에서도 1~2마리씩 보였습니다. 외기온도가 한랭할 때 꿀벌응애 약제 처리를 하면 안 된다는데 무슨 방법이 없을까요?

A 꿀벌응애 방제를 위한 스트립, 분무, 훈연은 외기온도가 10℃ 이하에서 처리해서는 안 된다. 외기온도가 15℃ 이상일 때 해야 한다. 10℃ 이하에서는 봉구가 해체되지 않아 꿀벌응애의 구제 효과가 적을 뿐 아니라 꿀벌에 해가 될 수 있기 때문이다. 평상시 꿀벌응애 약을 사용할 때도 소문을 활짝 열어 놓고 투약해야 한다. 경기지방에서는 가을철 10월 말에서 11월 초순경까지 꿀벌응애를 집중적으로 구제해 주어야 한다.

그때는 일벌이 거의 출방하여서 구제 효과가 매우 크고 겨울 동안 봉구를 형성한 꿀벌에 기생하며 해를 끼치는 것을 막을 수 있기 때문이다. 특히 이른 봄에는 월동한 늙은 벌들이기 때문에 체력이 매우 약하므로 외기온도가 15℃ 이상 되는 날이라 할지라도 약량을 많이 처리하면 꿀벌에 해롭다.

제43문 날개가 곱슬곱슬한 벌

Q 봄에 꿀벌 10통을 구입하여 책을 보며 사육하고 있는데 최근에 날개가 곱슬곱슬한 벌들이 소문으로 나와 날지 못하여, 풀잎 또는 돌멩이에 모였다가 소문으로 들어가지 못하고 죽습니다. 양봉가의 말에 의하면 꿀벌응애의 피해라고 하는데 그 대책을 알려 주시기 바랍니다.

A 직접 보지 못하고 귀하의 편지로만은 판단하기 어려우나 저자로서는 다음 4가지 이유가 있다고 본다.

① 꿀벌응애 약제 처리를 지나치게 많이 하여 벌의 건강에 지장이 있었다고 볼 수 있다.

② 꿀벌의 유충성장기에 날개는 마지막으로 발육되는데 이때 꿀벌응애가 기생하면 날개의 기부에 부착하여 체액을 빨아먹어 날개발육이 제대로 되지 않아 곱슬곱슬해지기도 하고, 꿀벌응애를 통해 기형날개 바이러스에 감염이 되면 둥글게 말려서 펴지지 않은 날개를 갖기도 한다. 발육이 되었다 하더라도 날개의 힘이 약하여 날지 못하

게 된다. 또 유충발육 중에 먹이를 충분히 얻어먹지 못하면 영양실조로 인하여 날개가 곱슬곱슬해진다. 이렇게 태어난 벌들은 물론 날지 못하고 벌통 근처에서 기어다니다 죽고 만다. 또 유충발육기에 온도가 부족하여도 날개발육이 제대로 되지 못하여 곱슬곱슬해진다.

③ 군세는 4장군에 불과한데 소비를 6장 삽입하게 되면 4장의 벌이 6장에 퍼지게 되어 먹이를 제대로 얻어먹지도 못하고 또 온도가 부족하여 발육이 제대로 안 되었을 때도 날개가 제대로 자라지 못하여 곱슬곱슬해진다.

그러므로 꿀벌이 항상 육아 온도를 유지하도록 벌을 소비에 밀착시켜 줌으로써 벌의 번식도 잘 되고, 건강한 일벌을 양성할 수 있으며 많은 꿀을 채밀할 수 있다. 꿀벌 사육의 비결은 강군을 항상 유지하는 데 있다.

제44문 처녀 여왕벌 봉군의 약제 처리

Q 교미 벌통의 처녀왕이 아직 교미를 마치지 못했는데 꿀벌응애 구제를 위해 투약을 해도 되겠습니까?

A 안될 말이다. 처녀 여왕벌은 성질이 매우 날카롭고 경솔하여 자주 내검만 해도 일벌들에 의해 공격을 당하는 수가 있고 또 처녀왕 자체가 불안하여 도망을 간다. 처녀왕이 교미를 마치고 산란을 시작할 때까지 기다렸다가 꿀벌응애 약제 처리를 하여야 한다.

제45문 날지 못하는 벌

Q 해마다 3월 25일경부터 4월 초순경이 되면 날개가 부실한 어린 벌들이 소문 밖으로 나와 봉장을 기어다니며 어지럽히고 있어 속이 상합니다. 병명과 그 대책을 가르쳐 주시기 바랍니다.

A 구태여 병명을 붙이자면 날개 발육부진으로 인해 날지 못하는 병이라고 해야 할 것이다. 2월 중순~하순이 되면 월동한 여왕벌이 산란을 하기 시작하며 3월 중순경이 되면 어린 일벌들이 출방한다. 일벌은 출방한 지 12일이 지나면 온화한 날 대낮에 자기 집을 기억하고 비행연습 목적으로 벌통 밖에 나와 유희비상을 한다. 그런데 날개 발육이 부실하여 날지 못하고 벌통 주위에 기어 다니는 것을 볼 수 있다. 꿀벌은 날지 못하면

화밀과 화분을 수집할 수 없으므로 쓸모가 없다.

1 원인

첫째, 꿀벌 유충이 성숙하면 봉개를 한다. 봉개된 유충은 2일간 휴식을 취하고 번데기가 되면서, 처음에 눈이 생기고 난 다음 가슴, 배, 그리고 가슴부위에 발이 생기고 마지막으로 날개가 돋아나는데 온도가 부족하면 날개발육이 부진해진다. 외형상으로는 아무렇지도 않게 보이나 시구(翅鉤)*가 부진하여 날지 못하게 된다.

둘째, 꿀벌응애의 피해를 입을 때도 마찬가지다. 유충의 발육과정에서 꿀벌응애가 날개의 기부(基部)에 붙어 체액을 빨아먹으면 날개가 제대로 발육되지 못해서 곱슬곱슬해진 것을 육안으로도 볼 수 있다. 꿀벌의 바이러스의 일종인 기형날개 바이러스에 감염되면 날개가 펴지지 못하고 기형이 되어 날지 못한다. 이 바이러스는 꿀벌응애가 매개한다.

셋째, 습기가 많으면 먹은 것을 제대로 소화시키지 못하여 설사병에 걸려 배가 퉁퉁하고 날지 못한다.

2 대책

첫째, 월동하기 전(10월 하순경)에 꿀벌응애를 약제로 구제해 주어야 하나, 미처 약제처리를 못해 주었다면 이듬해 3월 중순경에 온화한 날을 택하여 처리하도록 한다.

둘째, 이른 봄에 내검을 하면서 소비 한 장에 일벌 4,000마리 이상의 벌이 밀착되도록 소비를 축소해야 한다. 인위적으로 아무리 보온을 잘해 주어도 벌들이 밀착되어 자체적으로 보온하는 것만은 못하다. 그렇게 함으로써 보온도 잘 되고, 자체적으로 습기도 제거되어, 유충의 발육도 충실하게 된다.

3 꿀벌응애의 구제법

첫째, 최근 꿀벌응애의 구제를 위해 개미산을 사용하고 있다.

---

* 시구(翅鉤): 꿀벌이 빠른 속도로 날려면 앞날개와 뒷날개가 연결되어야 하는데, 앞날개와 뒷날개를 연결해 주는 20여 개의 갈고리를 시구라고 한다.

85% 개미산 1:물 3 정도로 희석하여 5~10cc를 박스용 골판지에 흡수시킨 후 벌통 바닥에 깔아 주면 벌에는 피해가 없고 꿀벌응애는 개미산에 마취되어 떨어진다.

둘째, 농약상에서 팔고 있는 마이캇트가 있다. 마이캇트는 매우 유독한 살충제이다. 마이캇트액 1에 물 3을 섞어 박스지에 흡수시켜 벌통 바닥에 깔아 훈증시켜도 된다. 그것보다 물 1,800㎖에 마이카트액 1.5㎖을 혼합하여 착봉 소비에 분무해 주는 것이 유효하다. 이외에 보다 간편한 방제법으로는 플루발리네이트 스트립을 봉군 당 1~2매 정도 소광 사이에 끼워 주는 방법이 가장 많이 통용되고 있다.

4 결론

꿀벌응애를 구제해 주고 벌을 밀착시켜 보온을 잘 해 줄 것이며 습기가 많은 벌통은 통갈이를 해 준다. 통갈이 할 때는 창고 안에 보관하였던 빈 벌통을 그대로 사용하지 말고 하루 전에 빈 벌통의 뚜껑을 들추고 비닐을 씌워 햇볕에 쫴 내부를 가온시키거나 토치램프로 내부를 화염으로 소독하여 사용해야 한다.

제46문 설사병

Q 설사병을 일으키는 원인은 무엇입니까?

A 설사병의 중요 원인은 다음과 같다.

① 꿀벌은 호정을 소화시키지 못한다. 물엿에는 호정이 25% 정도 함유되어 있고 설탕 물도 솥에 넣고 가열하면 호정이 생긴다. 이러한 호정분이 많이 함유된 당액을 월동 먹이로 주면 설사를 한다. 가을철의 동물성 감로꿀에도 호정이 많아 월동 먹이로 부적당하다.

② 월동 중에 환기가 불량하면 설사병이 생긴다.

③ 늦가을에 당액 사양을 해 주면 미숙한 먹이로 저장된 상태에서 월동을 하게 되어 꿀벌들은 이 먹이를 먹고 설사를 한다.

④ 이른 봄 차가운 날씨에 자주 내검을 하면 보온이 되지 않아 설사를 자주 한다.

제47문 노제마병의 구제

Q 노제마병에 걸린 봉군을 구제하는 방법을 가르쳐 주십시오.

A 노제마 병원체는 원생균이다. 꿀벌의 만성 질병으로 꿀벌의 환경이 부적합하면 발병을 한다. 노제마병에 감염된 봉군은 번식이 잘 안 되어 약군을 면하기 어렵다.

대책으로는 소비를 축소하여 벌을 밀집시키고 퓨마길린(퓨미딜-B®)을 투여한다. 당액 1되(1.8ℓ)에 퓨미길린 5g을 타서 격일로 10일간 나눠 급여하면 된다. 굳이 약제를 투여하지 않더라도 노제마병은 소비를 축소하여 밀집시키고 보온에 유의하면 병을 치유시킬 수 있다. 봄철 꿀벌의 정상적인 사육방법은 밀집시켜 강군으로 관리하는 데 있다.

노제마병은 봄철에 습하고 차가운 환경에서 발생하기 쉽다. 봄철에는 벌통을 양지바르고 통풍이 잘되는 곳에 배치되어야 하고 보온에 유의하여야 한다.

제48문 부저병과 백묵병의 방제

Q 꿀벌에서 자주 발생하는 부저병과 백묵병의 증상은 어떤 것입니까?

A (1) 부저병

보통 증상에 의해 부저병으로 일컫는데, 부저병에는 미국부저병과 유럽부저병이 있다. 주로 일벌의 유충이나 번데기에 발병하는데 심할 때는 수벌과 여왕벌의 유충과 번데기에도 전염된다.

일반적으로 건강한 봉개 번데기 표면은 소비 면보다 약간 불룩하게 나와 있으나 미국부저병은 병에 감염된 봉개는 약간 들어가 있으며 작은 구멍이 나 있다. 어린 유충이 병에 걸린 것은 봉개되기 전에 유충이 죽어 일벌들의 청소작업으로 제거된다. 심할 경우에는 정상적인 유충은 백색이고 윤기가 나지만, 병에 걸린 유충은 윤기가 없고 머리에 반점이 생기고 황갈색으로 변하며, 죽은 유충은 흑갈색으로 변하여 썩은 냄새가 난다. 죽은 유충은 성냥개비로 찍어보면 끈적끈적한 진이 묻어 올라온다. 유럽부저병은 유충이 황색으로 변하며 유충의 몸이 느슨하게 풀어져 있는 것이 특징이다. 유럽부저병은 유밀기가 되면 자연 소멸된다.

우리나라에는 해방 후 미국으로부터 여왕벌이나 봉기구들이 도입되면서 미국부저병균이 묻어 들어왔는데, 당시에는 치료약이 없어 병에 걸리면 벌통, 소비 등을 소각 처리하였다. 현재 미국부저병을 치료하기 위해 사용할 수 있는 항생제로는 「옥시테라마이신」이 있는데 발생 초기에는 치료 효과가 있지만 심하게 감염되었을 경우에는 벌통 전체를 소각하는 것이 최선이다. 전염력이 강하기 때문에 소각조치를 미루게 되면 양봉장

봉군 전체로 전파된다.

「옥시테트라사이클린(옥시테라마이신)」은 설탕 용액에 타서 봉군에 먹일 경우, 효과가 적고 꿀에 잔류할 수 있기 때문에 반드시 분말로 처리하여야 한다. 분말 설탕(제빵용) 30g과 가축용 옥시테라마이신 3g을 고르게 섞어 벌통 바닥이나 소광대 위 벌통 가장자리 쪽에 뿌려준다. 일벌이 타액으로 녹여서 유충에게 직접 공급함으로써 효과가 빠르고 꿀에 잔류할 소지가 적다.

(2) 백묵병

미국부저병처럼 전염속도가 빠르지는 않으나 이 병에 걸리면 많은 일벌 유충이 사망하여 증식이 매우 힘들다. 이 병에 감염된 봉군은 유충이 봉개되기 전에 말라서 백색의 미이라가 되어 굳어 죽으며 균이 많을 경우 흑색으로 변한다. 활동력이 강한 신여왕벌의 봉군에서는 비교적 감염률이 적으나 늙은 여왕벌 봉군일수록 증세가 심하다.

곰팡이에 의한 백묵병을 방제할 수 있는 효과적인 약제는 없으므로 약제에 의존하기보다는 적절한 봉군 관리로 대처해야 한다. 첫째, 저온 다습한 환경에서 발생하므로 벌통 안의 통풍을 유의하고 아울러 벌을 잘 밀집시켜 유충의 육아 온도를 유지해 주어야 한다. 둘째, 감염된 소비를 들어내어 소각 처리하고 과감히 소비를 축소하여 일벌을 강하게 밀집시킴으로써 육아 온도를 유지하도록 돕는다. 셋째, 백묵병은 유전적으로 감수성인 봉군에서 나타나기 쉬우므로 발생한 봉군의 여왕벌을 제거하고 건강한 여왕벌로 교체하거나, 증세가 없는 강한 봉군에 합봉하는 것도 효과적인 대처방법이다.

제49문 꿀벌의 해적

Q 꿀벌의 해적에 대하여 말씀해 주십시오.

A 꿀벌을 직접 잡아먹거나 해를 끼치는 해적을 살펴보면 장수말벌, 등검은말벌, 벌집딱정벌레, 벌집나방(소충), 사마귀, 귀뚜라미, 두꺼비, 개구리, 참새, 제비, 거미, 쥐 등을 들 수 있다.

1 장수말벌

장수말벌은 일명 왕퉁이라고 불리며, 말벌 중에서 가장 클 뿐만 아니라, 날개 소리가

사진 7.8　장수말벌(좌), 꿀벌의 집단 방어(우)

위협적이어서 보기만 해도 무섭다. 길이가 35mm나 되는 큰 벌이다. 겨울에는 교미를 마친 암컷만 남아 월동하고, 봄이 되면 암놈(여왕벌) 자신이 집을 지어 산란과 육아를 하며 7∼8월에 교미를 마치면 수놈은 죽고, 교미를 마친 여왕벌만이 낙엽 밑이나 고목 틈새에 월동을 한다.

　장수말벌이 처음 꿀벌의 봉장에 1∼2마리가 다녀가면 점점 그 수가 늘어 7∼8마리 이상 착륙판에 자리 잡고 일벌들을 덤비는 대로 마구 물어 죽인다.

　동양종꿀벌인 토종벌은 장수말벌이 내습해 오면 문지기벌까지 벌통 안으로 쫓겨 들어가 피해가 비교적 적지만, 서양종꿀벌은 일벌들이 벌통 입구의 장수말벌에 대항하기 위해 계속 몰려나와, 힘을 합해 전투를 벌이나 역부족으로 많은 벌이 몰살당한다. 장수말벌 1마리를 죽이기 위해 일벌 천 마리 이상이 희생될 정도이다.

　일벌들이 말벌의 다리, 날개, 더듬이, 목 등을 물고 늘어지면 장수말벌은 큰 입으로 한 번에 3∼4마리씩 일벌을 물어 죽인다. 장수말벌은 죽은 일벌을 물고 날아가 씹어서 새끼 벌을 먹여 키운다. 계속해서 양봉장에 내습하는 말벌 수가 늘어나면 외역봉은 전멸상태에 이르게 되며 봉군은 봉판만 남게 되어 월동군이 되지 못하고 부득이 다른 통과 합봉해야 한다. 장수말벌들은 이웃 벌통으로 옮겨가 또 습격을 가한다. 근처에 장수말벌 집이 있는 지역에서 큰 피해를 입는 수가 많으므로 가을철에 봉장을 비워두어서는 안 된다.

　장수말벌은 고목이나 큰 바위틈, 땅속에 둥근 집을 3∼5층 지으며 주위를 완전히 막아 비바람이 들어가지 못하게 하고 출입구는 1∼2개를 만든다. 집을 짓는 재료가 나무

껍질을 섞은 것이므로 아주 연약하다.

2 등검은말벌

등검은말벌은 2003년 부산에서 처음 발견된 이래, 경남과 전남을 거쳐 최근 전국에 걸쳐 발생하고 있다. 몸길이가 22~25mm이며 등이 진한 흑색을 띠고 있는 것이 특징이다. 지상에서 10m 정도 높이의 나무 위 또는 지붕 처마 밑에 집을 짓고 사는데, 교미한 여왕벌이 단독으로 월동하고 이듬해 봄에 새집을 짓고 일벌을 키우면서 7월 이후부터 11월까지 수천 마리의 큰 무리를 이룬다. 이 말벌은 다른 곤충류도 먹지만 주로 꿀벌을 잡아먹는데, 양봉장에 출현하여 공중에서 일벌들을 집중 포획할 뿐만 아니라 봉군의 외역 활동을 위축시킨다.

점차 전국적으로 피해가 늘어나고 있는데, 공중에서 민첩하게 활동하기에 다른 말벌들에 비해 잠자리채나 배드민턴 채로 일일이 잡기가 어렵다. 여름철 이후에는 수천 마리의 많은 일벌로 구성된 큰 무리를 이루기 때문에 유인 포살이 어렵지만, 봄철 여왕벌이 활동하는 시기에 여왕벌을 대상으로 유인포획을 하면, 여름과 가을에 효과적으로 등검은말벌의 밀도를 낮출 수 있다.

3 작은벌집딱정벌레

추운 날씨에는 따뜻한 벌통 안에서 여러 종류의 딱정벌레가 이따금 발견되는 경우가

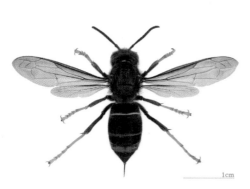

사진 7.9 등검은말벌(좌)과 높은 나무 위 등검은말벌 집(우)

사진 7.10 작은벌집딱정벌레 성충(길이 5.3mm)(좌), 유충(길이 1cm)에 의한 피해(우) omafra©

있지만 이들은 벌통 바닥의 부식물을 먹고, 벌에는 피해를 주지 않는다. 그러나 우리나라에서 2016년 9월 말에 처음으로 피해가 확인된 작은벌집딱정벌레는 세계적으로 문제가 되는 꿀벌의 무서운 해충이다. 알은 길이가 1.4mm이고 애벌레는 1cm 길이의 연한 황색으로, 화분과 벌집을 먹고 7~10일 후에 벌통 바깥으로 나가 땅속에서 번데기로 3~6주를 지낸다. 성충은 6개월 정도 살고, 온화한 기후에서 연 4~5세대 발생한다. 성충은 5km 이상을 날아서 이동할 수 있다.

유충이 벌집을 갉아먹고 심지어 꿀벌 알과 유충을 잡아먹음으로써 피해가 나타난다. 또한 이들의 배설물에 의해 꿀의 색깔이 변하고 발효가 일어나 상품 가치를 손상시킨다. 약군에서 많은 수가 발생하면 봉군이 폐사하거나 벌통에서 도망한다. 심하게 발생한 봉군은 벌통째로 소각해야 한다.

방제 방법으로는 외부에 유인 트랩을 설치하여 성충 딱정벌레를 포획하는 방법, 작은 구멍이 뚫린 소형용기에 살충제가 섞인 화분 먹이를 담아 벌통 안에 넣어, 딱정벌레 유충과 성충을 유인 포살하는 방법이 있다. 겨울철 꿀벌의 활동이 없는 시기에 양봉장 주변의 토양을 토양 살충제로 소독하는 방법도 사용한다.

4 꿀벌부채명나방(벌집나방, 소충)

유충이 벌집을 파먹고 사는 벌집나방에는 몸의 크기가 큰, 큰꿀벌부채명나방과 상대적으로 작은, 작은꿀벌부채명나방 등 2종이 있다. 소충은 이들의 애벌레를 말하는 것으로, 소충은 벌집의 밀랍을 파먹어 못쓰게 만든다. 이른 봄에 월동군의 소비 수를 축소하고 남은 소비를 빈 벌통에 보관해 두면, 5월 중순경에 소충이 번식하여 소비 전체를 못 쓰게 만드는 일이 허다하다.

소충의 피해를 방지하려면 5월 중순부터 1개월에 2번씩 이류화탄소나 유황 연기로 훈증하여 구제할 수 있으나, 이는 과거에 사용하던 방법으로 사용방법이 번거롭고 인체에 유해하기에 권장하지 않는다. 양곡 살충제인 '에피흄®' 제품을 이용한 구충 방법도 있으나 아직 허가되지 않았다. 대신 공업용 에탄올(에틸알코올)로 매월 한 번씩 소비에 분무하면 쉽게 피해를 막을 수 있다. 각 소비마다 알코올을 분무하고, 비닐로 덮고 냄새가 나가지 못하게 뚜껑을 덮어 그늘진 시원한 장소에 보관한다.

4월에는 소충이 발생하지 않으나 5월 초순이 되면 벌집나방의 알이 부화하여 애벌레가 생긴다. 알코올 분무를 했을 경우 알코올 냄새가 조금이라도 남아 있으면 벌이 피해를 입는다. 알코올 냄새를 날려 없애기 위해 야외에서 작업을 하면 벌들이 밀랍이나 꿀 냄새를 맡고 모여들기 때문에, 반드시 벌들이 침입하지 못할 창고나 실내에서 해야 한다.

소충의 피해를 받지 않도록 하는 가장 좋은 방법은 다음과 같다. 소충은 외기온도가 20℃ 이상이 되는 시기부터 번식하므로 4월까지는 소충의 피해를 별로 입지 않는다. 따라서 빈 벌통에 보관했던 소비를 4월 중순경에 꺼내다가 각 벌통 사양기 뒤에 넣어준다. 4월 중순경이면 강군은 6장, 보통은 5장군이 될 것이므로 사양기 뒤에 넣어 주면 일벌들이 소충을 물어낸다.

5 사마귀

사마귀는 육식 곤충이다. 1쌍의 겹눈이 있으며, 1쌍의 앞발이 발달하여 낫 모양을 하고, 앞발의 톱갈퀴로 먹이를 포착하면 큰턱으로 물어 죽인다. 9월 하순경에 산란한 알은 다음 해 5월 초순경에 부화하고 어린 유충은 연한 풀잎을 먹고 성장하나 날개가 생기고 성충이 되면 메뚜기, 귀뚜라미, 파리, 벌 등을 잡아 포식한다.

이른 가을에 코스모스, 익모초 등의 꽃을 찾아오는 꿀벌을 잡아먹기 위하여 꽃 주변에 자리를 잡고 날카로운 낫 모양의 앞발을 들고 몇 시간이고 부동의 자세로 있다가 꿀벌이 앉으려는 순간 두 앞발로 꿀벌을 덮으며 순간 입으로 물어 먹는다.

6 두꺼비, 개구리

두꺼비, 개구리는 혀가 매우 발달하여 날아가는 꿀벌도 혀를 뻗어 잡아먹는다. 7월 초순경에 숲 근처의 양봉장에 나타나 낮에는 벌통 밑에 숨고, 저녁에 해가 지면 착륙판에 앉아 더위를 피해 소문에 뭉친 꿀벌을 마구 잡아먹는다.

두꺼비와 개구리를 잡아 해부해 보면 두꺼비의 뱃속에서 150마리 정도, 개구리의 뱃속에는 50마리 정도의 꿀벌을 관찰할 수 있다. 혹자는 두꺼비나 개구리가 꿀벌을 잡아먹으면 벌한테 쏘이지 않겠느냐고 의문을 가지지만 이들은 쏘여도 별로 영향을 받지 않는다. 초저녁에 봉장을 순시하며 손전등을 비추면 두꺼비, 개구리가 도망하지 않고 가만히 있는데 이때 빗자루나 나비채로 잡을 수 있다.

개구리와 두꺼비는 겨울동안 동면을 하고 이른 봄 아직도 얼음이 녹지 않은 3월 초순경 경칩 경이 되면 동면에서 깨어나, 수면이 잔잔한 논이나 호수에 수놈이 자리를 잡고 암놈을 유인하여 암놈이 알을 낳으면 수놈이 이 알에 정자를 뿌려 수정시킨다. 일반적으로 우리에게 직접 해를 끼치는 일이 없어 유익한 동물이라고들 하나 양봉인들의 입장에서 보면 두꺼비, 개구리류는 꿀벌을 잡아먹기 때문에 해로운 동물로 보지 않을 수 없다.

7 거미

모든 곤충은 외기온도가 상승하고 풀이 우거지는 7월이 번성기다. 집 추녀 또는 나뭇가지 사이에 거미가 줄을 치고 온갖 벌레들이 여기에 걸려들기를 기다린다.

아침 일찍 화밀이나 화분을 수집하러 나가는 외역봉들이 이 거미줄에 잘 걸린다. 거미줄에는 점성이 있어 벌들이 붙으면 잘 떨어지지 못하고 순식간에 숨어있던 거미가 달려들어 꿀벌의 급소를 물어 기절시키고, 항문에서 나오는 줄로 몇 번이고 전신을 똘똘 감아버림으로써 빠져나오질 못한다.

왕거미 외에도 거미류에는 파리거미, 얼룩거미, 낙거미, 땅거미, 배거미 등 수백 종이 있다고 한다. 무슨 거미든 꿀벌을 잡아먹는다. 가을철 싸리 꽃이 필 무렵이면 산과 들에서 얼룩거미가 풀잎에 줄을 치고 꿀벌이 오기를 기다린다. 거미 중 가장 많이 꿀벌을 잡아먹는 거미는 얼룩거미라고 생각한다.

8 쥐

짚이나 왕겨로 월동포장을 하면 쥐의 피해를 입기 쉽다. 큰 쥐는 벌통으로 들어가지 못하나 벌통의 포장물을 갉아 놓는다. 자극에 예민한 벌들은 불안하여 많은 꿀을 소모한다.

생쥐 또는 들쥐 새끼는 소문으로 벌통에 들어가 소비를 갉아내고 꿀을 먹으며 소비를 망가뜨리는데, 결국 벌통 안에서 성장하여 소문으로 나오지 못하고 그 안에서 생활함으로써 피해가 크게 나타나 봉군이 폐사한다. 쥐약을 군데군데 놓거나 쥐잡이 끈끈이를 설치하여 쥐의 피해를 방지하여야 한다.

제50문 유인제에 의한 말벌 포살법

Q 8월에 접어들어 양봉장에 말벌들이 찾아오면서 숱한 일벌들이 피해를 당하고 있습니다. 전해들은 바에 의하면 유인액으로 말벌을 유인해 포살하는 방법이 있다고 하는데 그 방법을 가르쳐 주시기 바랍니다.

A 장수말벌을 잠자리채나 배드민턴 채로 잡는 방법이 있으나 많은 시간과 노력이 필요하다. 비교적 효과적인 대책으로는 쥐잡이 끈끈이(말벌 구제용 끈끈이도 시판 중)를 벌통 위에 설치한 후, 장수말벌을 한두 마리 잡아 산채로 끈끈이에 붙여 놓으면 이 말벌에 유인되어 많은 수의 말벌이 포살된다. 장시간 양봉장을 비우게 될 경우에 말벌의 집중 공격을 피할 수 있는 방법으로 많이 사용되고 있다.

또 다른 방법으로는 말벌이 좋아하는 냄새를 발산하는 유인액과 포획 트랩을 이용하여 유인 포획하는 방법이다. 시판하는 말벌 유인액은 가격이 비싸 직접 만드는 방법이 있는데 포도즙이나 과일 향이 있는 유산균 음료를 발효시켜 만들 수도 있고, 묵은 소비를 같은 부피의 물로 끓인 후 이 용액에 설탕물과 막걸리를 5:2:3의 비율로 섞어 만들 수 있다. 트랩은 시판되는 말벌 트랩을 사용하거나 1.6ℓ 페트병을 잘라 만들어 사용할 수 있다(사진 7.11 참조). 말벌 유인 트랩은 봄철 말벌 봉군이 형성되기 전, 여왕벌이 출현하는 시기에 설치하면 가장 효과적이다. 봄철 말벌 여왕벌 1마리를 포살하면 말벌 일벌들이 본격적으로 활동하는 여름철의 1개 봉군을 구성하는 일벌 수백~수천 마리를 방제하는 효과를 나타내기 때문이다. 끈끈이 트랩은 장수말벌에는 효과가 크지만, 등검

사진 7.11   페트병을 이용한 말벌 유인 트랩(좌), 끈끈이 트랩(우)

은말벌에는 유인하는 효과가 적다.

제51문 꿀벌의 해적, 개미

Q 벌통 밑바닥 지면에 개미가 극성스럽게 서식하여 꿀벌에 큰 피해를 끼치고 있습니다. 무슨 대책이 없을까요?

A 꿀벌의 해적 중 가장 무서운 해적은 물론 장수말벌, 등검은말벌이지만, 그다음은 개미라고 볼 수 있다. 우리나라에 서식하는 개미 종류는 약 60종이 있는 것으로 알려져 있다.

개미의 피해가 심하면 꿀벌이 도망가기도 하고, 굶어 죽는 일도 있다. 비가 와서 개미굴에 물이 들어가면 개미들은 물을 피하여 벌통의 뚜껑이나 내피 위로 이동하기도 한다. 개미가 많은 곳에서는 특히 꿀 냄새를 좋아하는 개미들이 소문으로 침입하여 꿀벌의 날개나 다리 또는 더듬이 등을 악착같이 물고 늘어진다. 꿀벌들은 괴로움에 못 이겨 벌통 바닥을 맴돌다가 방어능력을 잃게 되고 결국 굶어 죽게 된다. 그뿐 아니라, 개미는 저장된 꿀을 먹거나 가져간다. 개미의 수가 워낙 많이 침입하면 꿀벌들이 접근하지 못할 때도 있다. 이럴 때는 벌통을 이동하든지 아니면, 개미를 철저히 구제하여야 한다. 개미의 구제방법은 다음과 같다.

벌통 전체를 앞쪽으로 1m 정도 옮겨놓고, 개미가 서식하는 땅굴 구멍으로 석유를 뿌리고 석유 냄새가 위로 올라오지 못하도록 그 위에 시트를 덮고, 짚이나 스티로폼을 5cm 정도 깔고 난 다음 벌통을 제자리로 갖다 놓는다.

개미는 반드시 줄을 지어 다니므로 다니는 줄을 쫓아가면 개미 땅굴을 발견할 수 있다. 땅굴 주위를 파헤치고 석유를 많이 뿌린 다음 석유 냄새가 밖으로 발산되지 않도록 비닐조각이나 장판지 조각 등으로 덮어준다. 석유에 접한 개미는 죽거나 나머지는 멀리 도망가고 만다.

제52문 생활하수 등 오염된 물로 인한 피해

Q 저는 대도시 근교에서 꿀벌을 사육한 지 5년째 됩니다. 그런데 금년 봄 2월 25일에 지하실에서 월동시킨 벌을 내놓고 며칠 지나 오늘 아침에 소문 앞을 가렸던 보온덮개를 들춰 주다 보니 소문 앞에 죽은 벌이 15~20마리 정도씩 끌려 나와 있었습니다. 내검해 보면 별 이상이 없는데 무슨 이유일까요?

A 대도시 근교 하천에는 공장지대에서 오염된 폐수와 가정에서 비눗물 등 생활하수가 방출되어 흘러나온다. 이른 봄이 되면 일벌은 봉개 꿀을 물로 희석하여 유충에게 먹이기 위하여 많은 양의 물을 필요로 하는데, 인근 개천에서 오염된 물을 운반해 갈 수밖에 없을 것이다. 이로 인해 일부 벌이 죽은 것으로 추정된다.

오염된 물로 인해 자기도 죽지만 유충도 죽게 되므로 봉장 가까운 곳에 급수장을 설치해 주면 도움이 되겠으나, 개천으로만 가던 벌들이 급수 장소를 바꾸려면 시일이 걸린다. 시중에서 벌통에 장치하는 소문용 급수기를 판매하고 있으므로 이 급수기로 물을 공급할 수 있으며, 또 당액을 1:1로 하여 매일 50cc 정도씩 장려사양을 해 주어도 외부에서 물 운반해오는 빈도가 한결 줄어든다.

제53문 농약에 의한 꿀벌의 피해

Q 서울 근교의 아까시나무 꽃에서 채밀하고 경기도 북부에서 밤꿀을 보려고 6월 초순에 이동하였습니다. 아직 밤꽃이 피지 않았는데 꿀벌을 이동한 후 3일 동안 무슨 꽃에서인지 매일 화밀이 들어오며 일벌의 활동이 오후 3시경까지 매우 활발하였는데, 4일째 되는 날부터 수밀 작업을 하고 귀소하는 일벌들이 벌통 입구에서 곤두박질하며 죽었습니다. 무슨 이유일까요?

A 활동력이 강하던 일벌이 귀소하며 곤두박질하며 죽는 것은 농약의 피해로 단정할 수 있을 것 같다. 농촌 지역에서는 고추, 가지, 호박 등 많은 작물을 재배하는데, 6월 초순부터 개화하기 시작하면 진딧물 등 해충 방제를 위해 오전 중에 농약을 살포한다.

　귀하와 같은 내용의 질문을 경기도 남부에서 양봉을 하는 양봉가로부터 받은 적이 있다. 아까시나무 꽃이 지고 6월 초순이 되면 꿀을 수집하고 돌아오는 벌이 소문 앞에 와서 떨어져 죽는데 비가 오는 날은 그런 현상이 없다고 하며 이상하다는 것이다. 이는 농약 피해임이 분명한데 다른 곳으로 이동하거나 농민과 협의하여 살충제 살포를 해가 진 후 실시하도록 하면 된다.

제5장 양봉산물

제54문 벌꿀의 성분

Q 벌꿀의 주요 성분은 무엇이고 어떻게 인체에 좋다고 보십니까?

A 꿀은 약효가 뛰어난 보약이 아니라 가공하지 않은 천연식품이다. 벌꿀의 일반 성분의 구성을 보면 다음과 같다.

- 수분 : 21% 이하
- 탄수화물(당류) : 70~80%
  - 포도당 : 30~40%
  - 과당 : 30~40%
  - 자당 : 1~10%
  - 올리고당 : 1~10%
  - 맥아당 : 0.5~3%
- 아미노산(17종) : 0.2~0.5%
- 비타민(10종) : 0.05% 이하
- 미네랄(12종) : 0.1% 이하
- 유기산 : 3% 이하
- 효소 : 미량

　벌꿀의 성분은 밀원의 종류에 따라 다소 차이가 있지만 체내에서 바로 흡수되는 포도당과 과당이 70% 이상을 차지하고 있다. 이외에도 아미노산, 비타민, 미네랄, 유기산, 효소 등 미량 성분이 있어 에너지 공급은 물론 신진대사를 조절하는 데 기여한다.

자세히 설명하자면 벌꿀을 구성하는 주성분인 포도당과 과당은 단당류로서 소장에서 별도의 분해 과정이 없이 직접 흡수하여, 신체 각 부위의 근육세포에서 연소되면서 생명 활동에 필요한 에너지를 공급하고 에너지원인 글리코겐으로 간에 저장된다. 또한 꿀은 인체에 필요한 각종 무기물을 함유하여 생리작용을 원활하게 하고 뼈의 발육을 촉진한다. 보통 영양 회복이나 심장질환에 포도당을 주사하는데 꿀은 이 포도당을 다량 함유하고 있어 영양장애 개선이나 피로회복에 큰 효과를 보인다.

일반적으로 꿀 자체는 산성을 나타내지만 칼슘과 미네랄이 풍부한 꿀이 체내에서 산이 분해되어 알칼리성으로 변하기 때문에 알칼리성 식품으로 분류된다. 따라서 벌꿀은 산성화되기 쉬운 혈액을 알칼리싱으로 유지해 주는 역할을 한다. 이처럼 벌꿀은 어린이부터 노인에 이르기까지 누구에게나 이상적인 천연 영양식품이다. 또한 벌꿀은 항균작용이 뛰어나 위장 내의 유해균을 억제하고 바를 경우에 감염성 피부질환에 효과를 나타낸다.

보관과정에서 벌꿀이 결정(結晶)되는 경우, 가짜 꿀이나 설탕을 혼합한 꿀로 오인하는 경우가 많은데, 벌꿀이 결정되어 굳는 것은 벌꿀의 진위에 의해서가 아니라 밀원의 종류에 따라 결정 진행 정도에 차이가 난다. 특히 꿀에 화분 함유량이 많고 포도당 성분이 높을 때 벌꿀이 결정되는 경우가 많다.

표 7.1 벌꿀의 기준 및 규격(식약처)

항목	내용
(1) 수분(%)	20.0 이하
(2) 물불용물(%)	0.5 이하
(3) 산도(meq/kg)	40.0 이하
(4) 전화당(%)	60.0 이상
(5) 자당(%)	7.0 이하
(6) 히드록시메틸푸르푸랄(mg/kg)	80.0 이하
(7) 타르색소	불검출
(8) 인공감미료	불검출
(9) 이성화당	음성
(10) 탄소동위원소 비율(‰)	-22.5‰ 이하

제55문 꿀의 탄소동위원소 비율

Q 꿀의 품질을 검사할 때 탄소동위원소 비율을 분석한다고 하는데 이것은 무슨 뜻인지요?

A 전문가의 설명을 빌자면 다음과 같다.

자연에 존재하는 탄소가 식물의 광합성 작용에 의해 식물 체내로 흡수되어 탄수화물로 변하는 과정에서 광합성 경로에 따라 C_3식물, C_4식물로 나눌 수 있다.

벌꿀은 주 구성요소가 탄수화물로 주로 전화당, 자당 등이 70~75% 정도이므로 이 성분의 기원을 파악함으로써 먹이원으로 공급되는 설탕류의 혼입 정도나 다른 증량제의 사용 여부를 알 수 있다.

꿀을 생산하는 꽃은 C_3식물이며, 사탕수수, 옥수수 등은 C_4식물이다. 따라서 C_4식물을 원료로 한 설탕, 물엿, 이성화당의 경우는 탄소동위원소의 비율의 값이 -10~-12 정도이며, 꽃꿀의 경우 -23~-27 정도이다. 따라서 C_4식물에서 나온 설탕류의 탄소동위원소 비율은 벌의 소화효소에 의한 전화작용이나 물리적, 화학적 작용에도 변하지 않아 혼입 시 검출이 가능하다.

따라서 고가의 분석 장비를 이용하여 벌꿀의 탄소동위원소 비율을 산출하면 벌꿀의 진위 판별 및 꽃꿀의 순도를 측정할 수 있다.

제56문 꿀이 끓는 이유

Q 가을에 채밀하여 병에 담아 두었더니 꿀이 부글부글 올라 넘쳤습니다. 무슨 이유일까요?

A 꿀이 끓는 것은 꿀에 수분이 많고, 아직 숙성되지 않았기 때문이다. 꿀을 50℃ 이내에서 수분을 농축시키면 결정도 잘 안 되고 끓지도 않는다. 많은 양의 꿀이라면 전문 농축업자에 의뢰해서 관리해 나가야 한다. 벌꿀의 발효는 벌꿀의 종류에 따라 차이가 있는데, 이에 관여하는 요인을 들면 다음과 같다.

① 수분함량이 높은 꿀, 다시 말해서 미숙한 꿀에서 심하다.

② 벌꿀이 지닌 조단백질과 회분의 함량이 높을수록 발효가 심하다.

이를 방지하는 것으로, 농축하여 벌꿀의 수분함량을 21% 이하(비중 1.43 이상)로 낮추는 방법과 벌꿀에 함유된 발효효소의 활성을 없애는 것이다. 효소는 60℃에서 15분간 가열함으로써 활성을 죽일 수 있다. 원래 외국에서는 벌꿀의 발효 정지를 위해 짧은 시간 가열 과정을 거치는 경우가 많다.

제57문 꿀의 결정

Q 겨울에 결정되는 꿀이 있고 결정되지 않는 꿀이 있습니다. 포도당 성분이 많은 꿀은 쉽게 결정되고 과당 성분이 많은 꿀은 잘 결정되지 않는다고 하는 것이 사실입니까? 또 꿀이 결정되지 않게 하려면 어떻게 해야 합니까?

A 꿀의 주성분은 포도당과 과당이다. 포도당 성분이 많이 함유된 꿀은 쉽게 결정되고 과당 성분이 많은 꿀은 잘 결정되지 않는다. 초본류의 밀원(꿀)에는 과당보다 포도당 성분이 많고, 목본류 꿀에는 비교적 과당이 많은 것으로 알려져 있다.

과당 성분보다 포도당 성분이 많으면 포도당의 입자가 결정되면서 과당 성분이 그 결정입자에 섞이게 된다. 또 온도의 변화가 심할수록 결정이 빨리 된다. 겨울에 외기온도가 한랭해지면 결정체는 용해되지 않으나 여름철에 외기온도가 상승하면 결정체는 용해된다. 외국에서는 결정된 꿀을 오히려 신뢰하고 먹기에 편한 점에서 선호하여 일부러 결정을 촉진하여 고운 결정상태로 판매하는 꿀 상품이 많다(사진 7.12).

사진 7.12　미세한 결정의 크림 벌꿀

1 꿀을 농축하는 이유

일반적으로 꿀을 농축한다면 수분이 많아서 하는 것으로 알고 있다. 물론 수분을 제거하는 데에도 목적이 있지만 농축과정에서 일정 온도를 가하여 효소를 사멸시켜 발효를 정지시킬 수 있고 농축과정에서 점성을 낮춰 미세한 이물질을 여과하여 쉽게 제거할 수 있기 때문이다.

꿀의 수분이 21% 이상인 것은 식약처 벌꿀 규격 기준에 부적합할 뿐 아니라 장기간 보관하면 변질되기 때문에 수분을 21% 또는 19% 이하로 낮추는 것이 대단히 중요하다. 또한 꿀에는 유기산이 있는데 꿀벌이 화밀을 반입하여 각종 효소와 혼합하여 꿀로 전환시킬 때 유기산이 발생되어 수분이 많을 경우 꿀에 시큼한 맛이 날 수가 있다. 적정 온도로 가온하여 농축하면 일부 유기산이 증발되어 신맛을 없앨 수 있다.

초본류의 꿀로서 포도당 비율이 높은 가을 꿀은 무조건 농축시켜야 한다. 봉개된 꿀이라도 가온시켜 농축시키면, 산이 휘발되고 포도당의 결정 입자가 용해되어 당분간 결정되지 않는다. 농축시킬 때에는 반드시 40℃ 이하에서 가온시켜야 한다.

2 꿀의 저장

꿀을 가열하면, 즉 60℃ 이상의 온도에서 농축하면 비타민 등 꿀의 일부 성분이 변화를 일으키게 된다. 그러므로 고온으로 가열해서는 안 되고 40℃ 이하에서 가온하여 수분을 없애고, 유기산을 휘발시키고 포도당의 입자를 용해시켜야 한다.

꿀은 서늘하고 어두운 곳에서 보관하는 것이 좋으며, 장소를 자주 이동하여 온도에 변화를 주는 것은 바람직하지 못하다. 또 직사광선을 장기간 받아도 꿀의 고유색상에 변화를 주는 원인이 되기도 한다.

3 꿀의 발효

벌꿀은 흡습성이 있어 주위의 수분을 흡수하는 특성이 있다. 따라서 외부 공기와 접촉하기 쉬운 상태로 보관한다면 꿀 표면과 내부와의 사이에 수분함량의 차이가 발생하여 꿀의 품질이 변화하게 된다. 가장 큰 변화로 발효가 되는 것이다. 발효는 수분함량과

온도에 의해 진행속도가 결정된다. 19% 이상의 수분함량에서 발효가 일어날 수 있고, 또 10°C 이상 온도에서 발효가 가능하다.

발효가 과정에서 기포가 생기고 에틸알코올을 거쳐 초산이 생긴다. 이러한 발효의 진행을 방지하기 위해서는 적절한 온도로 가열하여 발효에 관계되는 효소의 활성을 억제시킴으로써 가능하다.

제58문 화분의 효능

Q 화분은 로열젤리에 못지않게 건강증진에 좋다고 하는데 특히 무슨 병에 좋다고 생각하십니까?

A 화분은 단백질, 지방, 비타민, 미네랄이 풍부한 건강식품으로 알려져 있다. 화분은 오직 꿀벌을 통해서만 생산이 가능하다. 화분에는 알라닌 등 12종의 아미노산이 풍부하며 오메가3, 오메가6 등 불포화지방도 풍부하다. 11종의 다양한 비타민과 칼슘 등 풍부한 미네랄을 함유하고 있다. 화분은 식물의 종류에 따라 구성 성분에 차이가 많다. 우리나라에서 소비자 선호도가 높은 고급 화분에 속하는 다래화분의 일반 성분은 수분 5.4%, 회분 2.7%, 조지방 1.8%, 조단백질 27.8%, 탄수화물 62.3%이다. 비타민 A의 전구물질인 카로틴과 비타민 B가 풍부하다.

화분은 식물성 고단백 영양식품일 뿐만 아니라 생리활성이 높은 천연식품으로 정장작용, 신진대사촉진, 피부미용에 효과가 있으며 특히 전립선염에 치유 효과가 있는 것으로 알려져 있다. 고대 이집트 여왕인 클레오파트라가 해바라기 화분을 즐겨 먹어서 미모를 유지하였다는 일화가 유명하다.

표 7.2 화분의 성분

구성요소	성분
탄수화물	과당, 포도당, 맥아당, 자당, 삼당류, 다당류
아미노산	알라닌, 알기닌, 아스파라긴산, 시스테인, 글루탐산, 글라이신, 이소루이신, 루이신, 메티오닌, 페닐알라닌, 프롤린, 세린, 타우린, 트레오닌, 발린
지질	오메가 3, 오메가 6, 포스포리피드
비타민	A, B1, B2, B3, B5, B6, B12, C, D, E, 엽산
무기물	칼슘, 크롬, 철, 마그네슘, 망간, 몰리브덴, 황, 칼륨, 셀레늄, 나트륨, 아연

제59문 밀랍 생산법

Q 밀랍은 어떻게 생산하는 것이 좋은지 그 방법을 가르쳐 주시기 바랍니다.

A 밀랍이란 일벌의 복부의 3, 4, 5, 6 아랫마디에 있는 4쌍의 밀랍샘에서 분비하여 벌집을 짓는데 사용하는 물질이다. 분비하는 밀랍은 원래 액체이나, 배의 마디에서 분비하며 공기에 접촉하면 고체화된다.

유밀기가 되면 일벌들에 의하여 화밀이 반입되고 소방에 저장되는데 저장할 장소가 부족해지면, 일벌들은 배의 환절 마디마다 한 쌍씩의 밀랍을 분비하여 봉교와 혼합하여 벌집 즉, 소방을 건설한다. 유밀기에 10~12일령의 젊은 일벌들이 밀랍을 왕성하게 분비하지만 무밀기에도 당액을 사양하여 일벌들에게 유밀기를 연상시켜 주어도 밀랍 분비를 촉진하여 벌집을 짓는다.

밀랍을 채취하기 위한 적극적인 밀랍 생산방법은 이광법과 공광법의 두 가지가 있다.

이광법

유밀기에 소비와 소비 사이를 1cm 정도씩 띄워 주면 일벌들은 소비의 소방 사이를 적절하게 연결하여 저밀방의 높이를 쌓아 올리면서 꿀을 저장하는데, 많이 저장되면 밀랍으로 덮개를 한다. 꿀을 더 이상 저장할 장소가 없어지면 일벌들은 꿀을 수집하지 않고 태업(怠業)을 한다.

양봉가는 한정된 개화기 동안에 채밀을 하여야 하므로 봉개된 소방의 덮개를 밀도로 벗겨 이 소비를 채밀기에 넣어 꿀을 분리시킨 다음에 내지어진 저밀방을 밀도로 잘라낸다. 꿀을 뜨면서 잘려진 저밀방 조각들을 한데 모아 녹인 것이 이광법에 의한 밀랍이다.

공광법

유밀기가 되면 일령 10~15일이 된 젊은 일벌들은 기운이 왕성하여 공간만 있으면 헛집을 짓는다. 사양기 안에도 짓고 사양기 뒤에도 지으면 산란력이 강한 신왕은 여기에 산란을 하기도 한다. 이 무렵에 철사줄만 있는 소광을 넣어줘도 소광의 위에서부터 아래로 내려오며 조소를 한다. 이 헛집에 일벌들은 꿀을 저장한다. 이 집을 모아 녹인

사진 7.13 호주의 햇볕을 이용한 제랍기(좌)와 정제한 밀랍 덩어리(우)

것이 공광법에 의해 생산한 밀랍이다.

밀랍의 정제법

묵은 소비의 밀개 또는 소초 조각 등을 솥에 넣어 물을 붓고 끓인다. 이 밀랍원료는 80°C면 밀랍이 녹아 물 위로 떠오르며, 자루 속에 부어 넣어 짜면 물과 같이 자루 사이로 걸러져 나오는데 물보다 가벼우므로 떠올라 냉각된다. 이것을 뭉친 것이 밀랍이다.

또 함석으로 만든 제랍기가 있는데 밀랍원료를 제랍기에 넣고 태양에 노출시키면, 함석이 태양열을 받아 제랍 원료가 녹아내린다. 밀랍은 제랍기의 구멍으로 나오고 찌꺼기는 제랍기에 남는다.

밀랍의 용도

밀랍의 용도는 주로 소초를 제조하는 데 사용하나 화장품, 비누, 광택제 등 공업용으로 사용할 뿐 아니라 밀랍초, 밀랍인형 등 공예품을 제작하는 데도 널리 사용한다.

제60문 로열젤리의 유효기간

Q 왕유(로열젤리)는 완숙한 벌꿀에 잘 혼합해 두거나 냉동고에 보관하면, 장기간 그 효력을 상실하지 않는다고 하는데 냉동고에 얼려 두면 얼마나 오래 보관할 수 있는지요?

A 로열젤리는 채취 직후의 것이 가장 이상적이다. 그러나 채취하는 즉시 전량 소비할

수는 없는 것이어서 어떻게 하면 장기간 보관할 수 있는가가 큰 문제였다.

이론적으로 로열젤리의 지표물질인 10-HDA가 안정적인 물질이라 하여 상온에서 보관해도 상관없다는 사람들이 있다고는 하지만, 로열젤리에는 여러 단백질이 들어있는데 상온에 방치하면 이 단백질이 변성될 수가 있다. 연구보고서에 의하면 −40℃에서 보관한 로열젤리에서는 효소 활성치가 120일이 지나도 거의 변화하지 않았지만, 5℃에서는 반감되며 상온에서는 활성이 없어진다고 하였다. 이것은 냉동 보관하면 장기간 보관할 수 있지만 냉장(5℃)할 때는 결코 안심할 수 없다는 것을 뜻한다. 그러므로 로열젤리는 냉장고가 아니라 냉동고에 보관해야만 안심할 수 있다. 한편 유명한 일본의 로열젤리 연구자는 로열젤리를 0~5℃에서 10개월간 저장할 수 있다고 밝힌 바 있고, 캐나다의 학자는 로열젤리 저장 중 표면에 하얀 입자가 생기는 것은 정상적인 현상으로 품질의 변화와는 무관하다고 하였다.

채취 즉시 완숙한 벌꿀에 혼합하면 좋지만 순수 로열젤리 상품으로서는 가치가 떨어지므로 냉동 보관한다면 1년 정도는 품질이 무난하다고 생각한다.

제61문 수벌 번데기 생산

Q 수벌 번데기를 식품으로 이용할 수 있다고 들은 바 있습니다. 어떻게 생산하는지 그 방법을 가르쳐 주십시오.

A 우리나라에서는 수벌 번데기를 생산하는 양봉가가 별로 없으나, 일본에서는 과거에 수벌 번데기를 생산하여 통조림 포장으로 시판한 적이 있다고 한다. 우리나라에서도 조

사진 7.14 자연소비에서 발육한 봉개 수벌 번데기(좌), 수벌 포크로 빼낸 수벌 번데기(우)

만간 수벌 번데기가 식품원료로 등록이 되면 새로운 양봉산물 소득원으로 등장할 것으로 기대한다.

수벌은 무정란에서 출생한다. 알에서 3일, 유충 6~7일이 지나면 봉개되고 번데기 기간 14일이 지나면 수벌이 출방하므로 수벌 번데기를 채취하려면 수벌 방이 봉개된 지 10~12일이 되는 날에 소비 상의 봉개된 덮개를 칼로 벗겨 내고 큰 그릇의 모서리에 이 소비를 대고 '퉁퉁' 충격을 주면 수벌 번데기를 소방에서 빠져나온다. 그다음에 반대쪽의 수벌방 덮개를 밑으로 벗겨 먼저와 같이 수벌 번데기를 빼낸다. 빼낸 수벌 번데기를 그릇에 모아 소금을 뿌려 간을 맞추고 프라이팬에 볶아 술안주를 하면 일품이다.

수벌 번데기를 많이 생산하려면 수벌 소비를 만들어야 한다. 일부 양봉원에서 수벌 소초를 시판하고 있어 이를 이용하면 다량의 수벌 번데기를 생산하기가 용이하다. 꿀벌들이 강군이 되어 분봉열이 생길 즈음에 수벌 소초를 넣어 주이 전면 수벌 소비로 조소하여 수벌 번데기를 많이 생산할 수 있다.

조만간 수벌 번데기를 식약처에서 식품원료로 등록이 되면, 수벌 번데기를 유망한 곤충식품의 하나로 등장하여 양봉 농가의 새로운 소득원이 될 것이 분명하다.

제62문 꽃꿀과 설탕의 자당 함량

Q 꽃에서 분비되는 화밀을 벌들이 수집하여 꿀로 전환시킨 것은 천연꿀이라 하고 설탕을 사양하여 채취한 꿀을 사양꿀이라고 합니다. 사양꿀은 향기도 자극성도 적고 맛 또한 적습니다. 화밀이나 설탕액이나 같은 자당으로 구성되어있다면 맛이 같아야 옳지 않겠습니까?

A 우리가 먼저 쉽게 이해해야 할 부분이 있다. 벌꿀에 함유된 당분 중에는 과당과 포도당이라는 전화당이 있는데 이 두 가지 성분은 화학 분자량은 같지만 구조식이 다르기 때문에 그 특성이 전혀 다르듯이 설탕으로부터 얻은 생산물과 화밀로부터 얻은 벌꿀의 맛과 조성이 다를 수밖에 없다.

설탕은 자당이 99.9% 이상인 규격으로 설정된 제품인데 화밀은 수분이 65.4~80.0%이며 당 성분이 20.0~34.6%로 당의 조성이 밀원에 따라 차이가 있고, 자당뿐만 아니라 일부의 전화당과 올리고당까지 함유하고 있어 설탕과는 차이가 크다. 또한 화밀에는 질소성분이 있고 pH가 4.7~5.2로 산성인 반면, 설탕은 pH가 7.3~7.6으로 중성 또는 알

카리성이다.

또한 꿀벌이 화밀을 수집하면서 밀원에 따라 꿀 고유의 색과 맛, 그리고 향이 있고 꿀에 혼입된 화분으로 인해 벌꿀의 성분 조성에 아미노산, 비타민 등이 별도로 추가되어 영양성분이 증진됨으로, 화밀로부터 생산된 것이라야 꿀벌과 사람이 좋아하는 순수한 천연벌꿀이 된다. 이상에서 알 수 있는 바와 같이 화밀(花蜜, nectar) 이외의 설탕, 물엿, 옥수수, 과당 등에서 유래된 사양꿀이나 인조꿀은 진정한 의미에서 꿀이라고 할 수 없는 것은 당연하다.

제63문 벌꿀의 농축

Q 지난 9월 모 양봉원에 5~6명의 양봉인들이 모여 벌꿀의 농축문제에 대하여 의견을 달리하였다. 1/2 이상 봉개된 아까시꿀은 농축하지 않아도 되지만 가을철 꿀은 무슨 꿀이든 농도에 관계없이 농축하여야 한다는 주장과 가을철 꿀도 2/3 이상 봉개된 수분이 적은 꿀이라면 농축할 필요가 없다는 주장이 엇갈려 결론을 내리지 못하였는데 이에 대한 정확한 견해는?

A 대답을 하기 전에 먼저 꿀의 성분과 꿀을 농축함으로 인한 영향을 설명하고자 한다.

어떤 종류의 식물의 꽃에는 꿀이 없다. 아까시꽃, 싸리꽃, 밤꽃 등의 밀원에서 분비하는 화밀을 꿀벌이 수집하여 타액에 있는 인버타아제를 비롯한 여러 전화효소를 섞어 숙성함으로써, 자당을 포도당과 과당으로 전화시키고 수분을 증발시켜 저장한 것을 꿀이라고 한다. 그러므로 꿀은 화밀의 자당이 꿀벌의 소화작용에 의해 전화된 것이다. 꿀의 주성분은 포도당, 과당, 수분, 자당, 비타민, 화분 등이다. 꿀이 결정되는 것은 포도당의 높은 성분비율 때문이다.

예전에는 꿀을 농축하는 주목적이 수분을 제거하는 데 있었다. 그때에는 지금과 같은 농축기가 없었으므로 꿀을 담은 독에 모기장을 씌우고 태양열에 꿀을 가온시켜 수분을 증발시켰다. 심지어 가마솥에서 꿀을 가온하여 수분을 증발시키던 때도 있었다. 독에 모기장을 씌워 수분을 증발시킨 것은 그다지 큰 화학적 변화가 없었으나 가마솥에 불을 때서 60℃ 이상으로 가열하여 수분을 발산시킨 것을 소위 화청(火淸)이라고 하는데, 열로 인해 꿀에 함유된 단백질과 비타민이 일부가 파괴되어 품질의 변화가 일어난다. 꿀을 농축하면 안 된다고 하는 이유가 바로 이 점에서 비롯된 것 같다. 수분을 제거하려다 품질이 저하된 꿀을 만들기 때문에 농축하는 것을 꺼린 것이다.

그러나 과학이 발달한 오늘날에 와서는 수분을 제거하기 위하여 40°C 이하의 저온에서 수분함량을 낮춰 장기간 저장해도 변질되지 않으며 꿀의 향미도 그대로 살리고, 색깔도 더욱 선명하게 하여 상품 가치를 높이고 있다.

꿀을 농축하는 목적이 수분을 발산시키는 데도 있지만 꿀에 함유된 효소의 활성을 억제시키고 포도당의 결정을 방지하는 데 있으므로, 2/3 이상 봉개된 꿀일지라도 가을 꿀은 반드시 농축시켜야 한다. 꿀의 산도는 토질이나 꽃에 따라 다르지만 가을 꿀은 일반적으로 유기산 함량이 높아 거품이 일어 부글부글 끓어 올라온다.

꿀의 저온 농축작업은 우리나라뿐만 아니라 구미 각국에서도 농도 여하를 막론하고 위생적으로 실시되고 있다. 농축해선 안 된다는 말은 옛이야기다. 오늘날 농축기는 꿀을 저온으로 가온하고 미세여과 과정을 거치기 때문에 더욱 안정적이고 위생적인 꿀을 유통할 수가 있는 장점이 있을지언정 영양성분의 화학적 변화는 없다고 봐야한다.

꿀의 자체 전화과정

꽃꿀을 꿀벌들이 포도당과 과당으로 전화시킨 것이 꿀이다. 유채꽃, 자운영꽃, 아까시꽃, 때죽나무꽃, 피나무꽃, 싸리꽃, 붉나무꽃 등 대유밀기에 화밀이 계속해 많은 양으로 반입되면, 내역봉들은 미처 되새김질을 하지도 못한 채 소방에 저장한다. 물론 이때는 수분이 많고 전화도 덜 되니 미숙한 꿀이다.

화밀이 많이 반입되어 저장할 장소가 없어지면 일벌들은 화밀 수집 작업을 게을리하여 태업을 한다. 그래서 양봉가들이 미숙한 꿀을 채취하는 경우가 많은 것은 이 때문이다. 꿀은 온도가 알맞으면 꿀 속에 있는 각종 효소의 작용으로 계속 전화된다. 다시 말하자면 꿀은 살아있는 물질이라 완숙한 꿀일지라도 수분이 많은 꿀을 오래 두면 산패한다. 그러므로 농축하여 수분을 제거시켜야 한다.

제64문 봉독의 효능

Q 꿀벌의 봉독이 인체에 유익하다고 하는데 어디에 좋다고 보십니까?

A 봉독은 40여 가지 이상의 성분으로 이루어진 혼합물이다(표 7.3).

수천 년 전부터 민간 및 한방요법으로 봉독이 사용됐는데 일찍이 의학의 아버지라 불리는 히포크라테스(Hippocrates, 기원전 460-377)는 벌침을 사용한 기록을 남겼으며, 봉독을 대단히 "신비한 약(Arcanum)"이라 불렀다. 로마제국 이래 서유럽 지역에서는 벌침이 많은 종류의 질병을 치료하는 것으로 생각하였으며 봉독의 치료 효과를 대단히 중요시하였다. 근대의학의 발달과 함께 프랑스의 의사 데스자댕(Desjardins, 1858년)은 봉독에 관한 최초의 학술논문을 통해 벌침을 사용하여 성공적으로 류마티스성 질환과 피부암 등을 치료한 사례를 보고하였다. 이후 유럽의 여러 나라에서 봉독을 만성 염증이나 통증 치료제로서 널리 사용하였고, 우리나라에서는 관절염 등의 치료로 한방에서 널리 사용하고 있다.

봉독의 약리적 효과는 매우 다양한데 이를 나열하면 다음과 같다.

- 면역계 질환의 치료 : 인체 면역계를 자극해서 질병과 성공적으로 싸울 수 있게 하고 생체의 방어력을 증가시킨다.
- 항염증 작용 : 특히 관절염의 경우 봉독을 주입했을 경우 현저하게 부종을 억제한다.
- 항균 작용 : 항세균 및 항진균 작용이 매우 뛰어나며 바이러스성 종양 등에도 효과적이다. 특히 치주염, 편도선염, 다래끼, 화농성 질환에 치료 효과가 높다.
- 신경독 효과 : 벌에 쏘이면 통증과 염증을 유발하는데 이를 유발하는 물질들은 진통제를 개발하는 데 있어 효과적으로 사용된다. 특히 봉독 속의 아파민의 작용에 의해서 진통작용을 하는데 각종 신경통, 관절염 및 류마티스성 관절염, 통풍, 근육통 등에 진통작용이 강하고 치료 효과가 높다.
- 용혈 작용 : 벌침의 작용 중에서 가장 뛰어난 효과 중의 하나가 용혈작용이다. 타박상, 내출혈 등의 어혈을 흡수, 배설시키고 조직의 새로운 혈액과 산소 및 영양을 공급한다.
- 혈관확장 작용 : 히스타민성 물질의 작용으로 모세혈관, 소동맥, 소정맥 특히 내장 혈관을 확장하는 데 효과가 있어 냉증, 동상, 근육통 등의 질환 치료에 사용할 수 있다.
- 혈압강하 작용 : 히스타민성 물질의 작용에 의해서 혈압을 내리게 하는 강력한 작용이 있다. 특히 2억 5천만 분의 1의 농도에서도 혈압강하 작용이 있으며, 본태성 고혈압 등의 치료에 탁월한 효과를 나타낸다.

표 7.3 봉독의 구성 성분 및 함량

	성 분	분자량	%(건조중량)
펩타이드	멜리틴(Melittin)	2,840	40~50
	아파민(Apamin)	2,036	2~3
	엠시디 펩타이드(MCD-Peptide 401)	2,588	2~3
	아돌라핀(Adolapin)	11,500	1.0
	프로테아제 억제인자(Protease inhibitor)	9,000	< 0.8
	세카핀(Secarpin)		0.5
	프로카민(Procamine A, B)		1.4
	미니민(Minimine)	6,000	2~3
효소	히알루다아제(Hyaluronidase)	38,000	1.5~2.0
	포스포리파아제(Phospholipase A2)	19,000	10~12
	산포스포모노에스테라아제 (Acid Phosphomonoesterase)	55,000	1.0
	리소포스포리파제(Lysophospholipase)	22,000	1.0
활성아민	히스타민(Histamine)		0.1
	도파민(Dopamine)		0.13
	노르피네프린(Norepinephrine)		0.1~0.7
탄수화물	글루코스, 락토오스 (Carbohydrates: Glucose & Fructose)		< 2.0
지방	포스포리피드(6 Phospholipids)		4.5
아미노산	아미노부틸산(r-Aminobutyric acid)		< 0.5
	베타아미노부틸산(B-Aminoisobutyric acid)		< 0.01

사진 7.15 봉독 채취기를 설치한 모습(좌), 채취 유리판에서 수거한 건조 봉독 가루(우)

- 자율신경조절 작용 : 자율신경을 정상화하는데 필요한 물질인 카테콜아민과 아세틸콜린이 봉독 속에 함유되어 있으며 이 물질은 뇌세포 전달물질이기 때문에 심신증 갱년기 장애와 스트레스성 질환 치료에 효과적이다.

이외에도 방사선에 대한 저항성을 증가시키며 자외선 차단 효과도 있다.

제6장 기타 상식

제65문 데마리식 분봉 예방법과 라식 벌통

Q 데마리식 분봉 예방법과 라식 벌통이란 생소한 용어에 대해 설명해 주십시오.

A (1) 데마리식 분봉 예방법

양봉가 데마리(George Demaree, 1832~1915)라는 사람이 분봉 예방법을 고안하여 미국 학술지에 제시한 계상 방법이다.

유밀기를 앞두고 9~10장 되는 벌통에서 매일 어린 벌이 출방하여 군세가 강해지고 벌통 내부가 비좁아지면 분봉열이 발생하는 것은 필연적이다. 분봉열을 사전에 방지시키기 위하여 데마리 씨는 계상을 올려 비좁은 단상벌을 분산시키는 데 성공하였다.

꿀벌의 식구가 늘어나 벌통 내부가 비좁아지면 원통에서 유충소비를 들어내어 계상으로 옮기고 빈 소비나 소초를 삽입하여 산란권을 확보해 준다. 원통과 계상 사이에는 격왕판을 설치하여 여왕벌이 계상으로 올라가지 못하게 한다. 아래통(원통)은 산란 · 육아권이 되고 계상(2층)은 저밀권이 된다.

계상의 봉개봉판에서 일벌이 출방하면 아래통의 봉개소비와 교환해 주며 군세를 조절한다.

아래통과 계상에 일벌이 가득 차서 벌통 내부가 또 비좁아지면 3층을 한다. 계상인 2층까지는 여왕벌의 존재를 알 수 있지만, 3층에는 여왕벌 물질의 냄새가 미치지 못하여 3층의 벌들은 여왕벌이 없는 줄 알고 변성왕대를 조성한다. 우량한 변성왕대 1개만 남겨도 되고 많은 변성왕대를 그대로 방치해도 무방하다. 3층에는 아래통과 2층 계상처럼 벌이 많지 않으므로 변성왕대에서 먼저 태어난 처녀왕이 나머지 변성왕대를 정리하기 때문이다.

3층에 변성왕대가 조성되면 원통의 소문과 반대 방향에 소문을 만들어 주어야 한다. 변성왕대에서 태어난 처녀왕은 이 소문으로 출입하여 교미를 마치고 신왕이 되어 산란을 하게 된다. 산란하기 시작하면 3층 계상을 내리고 새 벌통을 만들어 증식하거나 또는 아래통의 구왕을 도태시키고 신왕의 교체하는 벙법을 택해도 된다. 바로 이 방법이 데마리식 분봉 방지법이다.

(2) 랑식 또는 라식 벌통

1810년 미국 필라델피아주에서 태어난 양봉가 랑스트로스(L. Langstroth)는 어려서부터 곤충에 대하여 많은 흥미를 갖고 있었다. 그는 1838년 28세 때 꿀벌 2통을 구입하여 실습도 하고, 연구도 하던 중 지금까지 사용되고 있는 환태식 벌통(통나무를 파거나 토관을 이용하여 만든 원통형 벌통)을 가지고서는 도저히 양봉 연구도 할 수 없을 뿐 아니라 발전을 시킬 수 없다는 것을 절감하고 벌통 내부를 쉽게 검사할 수 있는 소위 가동식(可動式) 벌통을 개발하는 데 성공하였다.

이 벌통을 랑스트로스식 벌통이라 하는데 약칭으로 라식 또는 랑식 벌통이라 부른다. 랑스트로스씨는 7장식 벌통도 제작해 보았고 12장식 벌통도 만들어 보았으나 10장식 벌통이 가장 적당하다는 결론을 내려 현재 사용되고 있는 표준으로 정하였다. 또 그는 소비의 간격은 8mm가 가장 적합한 점을 발견하고 그의 양봉서에 발표하였다.

10장들이 벌통이 가장 알맞다는 것은 여왕벌이 하루에 최대 2,000개씩 산란을 하면 21일 후에는 먼저 산란한 소비에서 일벌이 출방하고 다시 그 소비에 산란이 계속되기 때문이다. 우수한 여왕벌의 산란이 왕성할 때는 하루에 3,000개 이상의 산란을 할 때도 있지만 평균적으로 보면 2,000개 내외이다. 따라서 한 소비에 산란하는 데 2일이 걸린다. 10장군이라면 20일에 산란이 가득 찰 것이며 동시에 새 벌이 출방하게 되어 순환이 계속되므로 10장들이 벌통이면 충족된다는 것이다. 이 이론이 랑스트로스식 벌통을 개발한 배경이다.

제66문 토종 벌꿀과 서양종 벌꿀의 다른 점

Q 어떤 분들은 토종 벌꿀은 진짜고, 서양종(洋蜂, 개량종) 벌꿀은 설탕을 사양하고 있으므로 가짜 꿀이라고들 합니다. 심지어 어떤 토종꿀은 1되(1.8ℓ)에 10만원 이상이나 하는데 서양종의 벌꿀은 절반 이하인 4~5만 원에 불과합니다. 무엇이 다르기에 그렇습

니까?

A 토종 벌꿀이나 서양종 벌꿀은 다른 점이 전혀 없다. 우리는 오랜 역사를 통해 재래종 꿀벌을 키워왔기에 토종(재래종, 한봉) 벌꿀을 소중히 여기는 인식이 자리 잡았다. 우리나라에 개량종 꿀벌이 들어온 지는 100여 년 정도가 되었는데, 재래종인 소위 토종벌이 원산지인 인도에서 중국을 거쳐 우리나라에 도입된 지는 2,000여 년이 넘는다고 한다.

예전에는 꿀이 워낙 귀해 일반 서민층에서는 먹을 수 없었고 왕족이나 양반층 또는 고승(高僧)들만이 먹을 수 있었던 것이다. 그래서 오늘날까지 일반 소비자들이 꿀에 대한 인식이 부족하여 꿀 하면 전통적인 보약으로만 여기는 선입관 때문에, 손쉽게 먹을 수 있는 천연식품으로 취급하길 꺼린다.

우리 선조들은 꿀벌을 사양(飼養)한 것이 아니라 보호(保護)한 것이었고 자연적으로 분봉을 하면 환태식 나무 벌통에 받아들여 집 주위에 방임해 두면서 꿀벌 관리에 특별한 신경을 쓰지 않았다. 따라서 개량종(서양종) 벌이 도입되면서 이른 봄부터 유밀기 전에 강군을 만들기 위해 당액을 급여하는 것을 본 문외한들은, 토종 꿀벌에는 설탕을 주지 않으므로 진짜 꿀이고 개량종 꿀벌에는 설탕을 급여하므로 가짜 꿀이라는 단순한 생각을 하게 되었다. 더불어 오늘날 대량생산을 위해 많은 설탕을 급여하여 꿀의 품질을 떨어뜨리고 있는 사람이 더러 있다는 것을 확대 해석하기도 한다.

벚나무, 자운영, 아까시나무, 때죽나무, 밤나무, 피나무, 싸리, 붉나무 등의 대유밀기에는 설탕액 사양을 하지 않을 뿐만 아니라 급여를 한다 해도 벌들은 거들떠보지도 않는다.

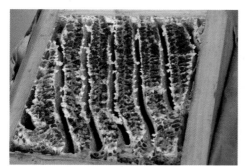 

사진 7.16 재래식 사각 벌통의 토종벌 벌집꿀(좌), 개량 벌통의 소비에 저장된 토종벌 벌꿀(우)

최근에는 토종벌도 봉군 관리기술이 발달하여 서양종에 못지않게 무밀기에 설탕액을 급여하고 있는 것을 볼 수 있다.

서양종 벌꿀보다 토종 벌꿀의 영양가가 우수하다고 주장하는 사람들은 서양종 벌꿀은 원심분리 채밀기로 채밀하므로 꿀만 빠져나올 뿐 화분은 별로 빠져나오지 않지만, 토종꿀은 벌집(소비)까지 뭉개어 압착해서 걸러내어 채밀한 것으로 소방에 저장되었던 화분도 꿀과 같이 포함되어 있어 영양가가 더 높다고 주장한다.

그러나 채밀기로 채밀하는 꿀이 더 순수하고 위생적이며 엄격한 품질관리가 가능하고, 화분은 꿀과는 별도로 쉽게 생산하여 단일 생산물로 쉽게 구입할 수 있다는 점을 강조하고 싶다. 최근 토종벌도 과학적인 관리를 위해 현대식 개량 벌통에서 사육하며, 채밀기로 정제된 꿀을 생산하는 농가가 많다는 사실도 인식하여야 한다.

제67문 양봉 성공의 기본요소

Q 어떻게 하면 양봉에 성공을 할 수 있습니까?

A 양봉의 성공 요인은 첫째, 밀원이 풍부해야 하고 둘째, 사육하는 꿀벌이 수밀력이 강하고 분봉성이 적은 품종이라야 하며 셋째, 양봉가의 과학적 봉군 관리기술과 열정이 있어야 한다. 이상의 세 요건을 양봉 성공의 3대 요소라고 한다.

---

1 밀원

꿀벌은 밀원식물이 없이는 생존이 어렵고, 풍부한 밀원식물이 있어야 꿀벌이 건강하고 많은 꿀과 양봉산물을 생산한다. 그러나 우리나라의 자생 밀원은 양봉 선진국에 비해 빈약한 실정이다. 정책적으로 밀원식물을 증식해야 하지만 그보다 먼저 우리 양봉인들이 관심을 갖고 장래를 내다보며 각자 나름대로 힘을 모아서 공한지, 휴경지, 하천부지, 도로변, 산간지 등에 밀원식물을 심어야 한다.

---

2 꿀벌의 품종

우리나라 꿀벌의 주종을 이루고 있는 것은 미국계 이탈리안 잡종이다. 수밀력과 번식력은 비교적 우수하지만, 질병에 약하고 분봉성이 강해 보다 우량한 형질로 개량할 필요가 있다. 카니올란종, 코카시안종 등의 혈통과 잡종화되어 있어 순수 계통을 찾기는 힘들다.

양봉가들이 채밀 위주의 관리만 하다 보니 우수한 처녀왕을 양성하지 못하고 자연왕대에서 후대 여왕벌을 생산하여 구왕을 교체하는 과정이 반복되는 동안 좋은 형질의 꿀벌을 유지하지 못하고 있다. 연구자들과 양봉가들이 꾸준히 우수한 꿀벌 육종을 위해 노력해야 한다.

3 봉군 관리기술과 열정

무슨 사업이든 간에 열정이 있어야 성공한다. 그뿐 아니라 양봉가에겐 꿀벌의 생태에 대한 꾸준한 과학적 탐구 노력이 있어야 한다.

봉군에 보온이 부족하지 않은가, 소문 조절은 괜찮은가, 습기 또는 환기는 어떠한가, 먹이가 충분한가, 여왕벌이나 일벌이 건재한가에 대한 정확한 관찰과 판단, 그리고 분봉열 방지와 대책, 질병의 예방 및 치료, 해적으로부터의 보호 대책, 농약과 공해의 피해 방지, 기상 상황, 봉장 주위의 청결 상태 등 항상 양봉장과 봉군을 접하고 보살펴야 할 뿐 아니라, 밀원의 개화상태 및 유밀 상황 분석과 기상예보에 대한 기민한 대응, 이동계획과 방법 등의 적절한 대책을 세워서 양봉 사업을 경영해야 한다.

양봉 성공의 비결은 풍부한 밀원과 우수 여왕벌 선발, 성의와 정성을 다하며 합리적으로 꿀벌의 습성에 순응하며 관리하는 것이다.

제68문 꿀벌의 침

Q 여왕벌과 일벌은 같은 암컷으로서 벌침이 있고, 수컷인 수벌에는 벌침이 없다고 알고 있습니다. 그런데 여왕벌에게는 사용하지도 못하는 침이 왜 필요한지 궁금합니다. 그리고 일벌이 태어난 지 며칠부터 침을 사용합니까? 왜 수벌에는 침이 없을까요?

A 여왕벌과 일벌은 모두 수정란(受精卵)에서 태어나며, 암컷으로서 복부 끝 꽁무니에 침을 갖고 있다.

첫째, 일벌뿐만 아니라 여왕벌도 벌침이 있고 필요시에 침을 사용한다. 여왕벌은 여왕벌들끼리 서로 싸울 때 침을 사용하여 상대 여왕벌을 공격하는데, 결국 한쪽이 죽어야 끝이 난다. 또한 처녀 여왕벌이 출방하여 12시간 이내에, 다음 차례에 출방할 수 있는 왕대를 침을 사용하여 공격, 파괴한다.

변성 왕대군에서는 같은 시간에 처녀왕들이 동시에 출방하여 서로 부둥켜안고 싸울 때가 있다. 여왕벌은 대권 다툼에서 서로 싸우다 힘이 모자라 상대방을 피해서 쫓겨가는 일은 없다. 힘이 모자라면 죽음으로써 끝을 낸다. 그러나 여왕벌은 일벌들이 자기를 아무리 못살게 굴어도 일벌들에는 침을 사용하여 대적하지 않는다.

여왕벌이 늙어서 쓸모가 없어지거나 일벌들이 갱신왕대를 지어 왕대에 산란하기를 강요할 때는, 여왕벌의 날개나 다리를 물며 일벌들이 가해를 해도 여왕벌은 그대로 끌려가고 일벌들에게 대항하지 않는다. 또 불구로 태어난 처녀왕이 교미를 마치지 못하여 산란을 하지 못하거나, 산란을 한다해도 무정란만 산란하면, 이 처녀 여왕벌을 소문 밖으로 끌어낸다. 처녀왕은 침이 있어도 대권 쟁탈전 이외에는 침을 사용하지 않는다.

둘째, 일벌은 출방한 지 12일이 되면 유희비상(비행연습)을 마치고 나서 외적을 공격할 때 침을 사용한다. 아침저녁으로 쌀쌀하면 저온 자극을 받아 지나가는 사람도 침으로 공격할 때가 있다. 환경이 불안하면 일벌들의 신경은 더욱 날카로워져 침으로 공격하고 죽는다.

동족의 발전을 위해 자기 한 몸을 기꺼이 희생하는 것이 꿀벌의 사회다. 가을철에 말벌이 벌통을 내습하면 토종벌은 소문에서 쫓겨 벌통 안으로 들어가지만 서양종 벌들은 이들과 대적하여 많은 희생을 당한다. 말벌 몸뚱이는 견고하여 침을 가할 곳이 별로 없다. 다행히 몇십 마리가 말벌을 둘러싸 뭉쳐서 질식하게 하고, 목 부위에 침을 가하게 되면 말벌도 죽게 되나, 이 과정에서 많은 수가 말벌의 큰 입에 물려 죽게 된다. 사람의 경우 젖먹이 어린이는 일벌 수십 마리 정도의 침에 쏘이게 되면 생명을 잃게 되고 제주도에서는 조랑말이 일벌 200여 마리의 공격을 받고 죽은 예가 있다고 들었다.

셋째, 여왕벌과 일벌은 수정란에서 태어나 염색체 수는 배수체 32개이나 수벌은 무정란에서 발생하므로 염색체 수는 16개이다. 수벌은 적을 공격하려고도 하지 않고 무위도식(無爲徒食)을 하는 존재이다. 그러므로 침이 필요하지 않다. 수벌의 유일한 존재 가치는 번식기에 처녀 여왕벌 교미하는 것뿐이다. 그러므로 번식기가 지나면 일벌들에 의해 소문 밖으로 쫓겨난다.

제69문 벌통에 기호를 부착하는 방법

Q 벌통에 여왕벌에 대한 정보를 기호로 부착하면 관리하기가 매우 편리하다고 들었습니다. 어떤 방법이 있을까요?

A 양봉가에 따라 여러 방법이 있지만 예를 들어 △, ○, ◎, ◉라는 기호를 적고 날짜를 기록할 수 있다. 5×7cm 정도로 박스를 네모로 잘라 교미통 앞에 못으로 부착하고 유성펜으로 적는다.

① △는 왕대의 표시다. 벌통에 △표를 하고 왕대를 이식한 후 처녀왕의 출방 예정일 및 소비 숫자를 기록한다

② ○는 처녀왕의 표시다. 출방한 날짜 또는 출방 추정 일자를 기록한다.

③ ◎는 교미를 마치고 산란하기 시작하면 이 표시를 하여 교미 신왕을 확인한다.

④ ◉는 교체 대상인 구왕의 표시이다.

　이상과 같이 벌통 앞면에 △, ○, ◎, ◉의 표시와 날짜, 소비장 수를 기록해 두면 일일이 노트를 보지 않더라도 봉장을 순시하며 벌통별로 여왕벌 현황을 파악할 수 있다.

제70문 꿀벌의 비행속도

Q 꿀벌이 꽃에서 화밀을 수집해서 돌아올 때의 속도는 매우 빠르다고 하는데 실제로 1분당 몇 km를 날 수 있을까요?

A 꽃을 찾아 날 때는 속력이 더디지만 배에 화밀을 채우고 제집으로 귀소할 때는 전력을 다해 일직선으로 날기 때문에 가속력이 붙어 두 배 이상 빠르다고 본다.

　문헌에서 보면 먹이를 수집하고 귀소할 때는 속도는 시속 40km 정도이고 꽃을 찾아 나는 속도는 시속 20km 정도라고 한다. 그러니까 10리(4km) 길을 6분에 날 수 있다는 계산이다.

　꿀벌의 가슴 첫째, 둘째 마디에 2쌍의 날개가 있는데 앞날개와 뒷날개를 연결해 주는 시구(翅鉤)가 있어 바람을 차고 속력을 낼 수 있다.

제71문 꿀벌의 봉개

Q 꿀벌이 번데기가 되면 봉개를 하는데 이것은 어떻게 만들고, 이후에는 어떻게 제거

하는지요? 소비가 오래되면 검은색으로 되는 것과 연관이 있는지요?

A 일벌, 여왕벌, 수벌의 유충이 성숙하면 일벌들은 밀랍과 화분을 혼합하여 소방 위에 덮개 즉 봉개를 만든다. 이 안에서 노숙한 유충은 가는 고치실(견사, 繭絲)을 토하여 엷은 고치를 짓고, 잠시 절식하는 휴식기를 가진 후 점차 번데기로 변한다. 봉개는 밀랍과 화분을 혼합하여 만든 것으로, 내부 유충 또는 번데기가 호흡할 수 있도록 아주 미세한 구멍들이 있는 섬유조직처럼 되어 있다.

봉개의 재료에 화분을 혼합하는 것은 출방 시에 쉽게 찢고 제거할 수 있도록 하기 위한 것으로 추측된다. 반면에 성충으로 발육하여 출방한 후에는 벌방 안쪽에 밀랍과 엉겨 붙은 상태로 남아 있게 된다. 이것은 일벌들이 잘 제거하지 못한다.

소비가 오래 묵을수록 짙은 갈색으로 변하고 소방 벽이 두터워져 소방이 좁아지는 것은 누적된 탈피각(허물)과 고치 때문이다. 따라서 소비의 색깔로 그 사용 연수를 판단할 수 있는데, 오래 묵은 소비는 벌들이 기피하고 새 소비에 비하여 비위생적이어서 질병이 발생하기 쉽다.

제72문 꿀벌의 염색체

Q 꿀벌이 단위생식(單爲生殖)을 한다고 하는데 이는 무슨 뜻입니까?

A 여왕벌과 일벌의 염색체는 수정란에서 발생하여 32개(배수체)고 수벌은 무정란에서 발생함으로서 16개(반수체)다. 여왕벌 복부에 있는 난소관(卵巢管)에서 발달한 알은 수란관(輸卵管)을 통해 질(膣)에 이른다. 이곳에서 여왕벌의 저정낭에 저장된 정자를 알에 뿜어 주면 알에 들어가 핵이 융합하여 수정란이 된다. 뿜어 주지 않으면 그 알은 수정되지 않는 무정란이 된다.

이같이 여왕벌은 수정란과 무정란 두 종류의 알을 낳는데, 수정란에서는 여왕벌 또는 일벌이 발생하고, 무정란에서는 수벌이 발생한다. 정자가 수정되지 않은 무정란에서 수컷이 발생하는 것이 이른바 단위생식이다. 다시 말하면 수벌은 여왕벌(모친)이 단독으로 전해 주는 16개 염색체만으로 유전인자가 구성된다.

제73문 꿀벌의 기문과 기관

Q 꿀벌의 호흡기관이 기문이라고 가는데 구체적으로 알고 싶습니다.

A 꿀벌도 신진대사를 위해 체내에 산소를 공급하고 체내에 생긴 탄산가스를 배출하는 호흡기관이 잘 발달되어 있다. 꿀벌은 사람과 달리 기문을 통해서 호흡을 하는데 작은 숨구멍인 기문은 몸 측면에 위치하며, 가슴에 3쌍, 배에 7쌍 등 총 10쌍이 있다. 기문은 외부로 공기가 드나드는 통로가 되며 모든 기문은 공기 통로인 기관(氣官)으로 연결되어 있고 기관은 몸의 구석구석으로 뻗어 나가 미세한 기관지(氣管枝)를 이룬다. 머리, 가슴, 배에는 기관의 일부가 팽대하여 큰 공기주머니인 기관낭(氣管囊)을 이룬다.

특히 배 윗부분에 있는 공기주머니는 유달리 커서 많은 공기를 저장하고 날기 쉽게 한다. 꿀벌이 몸 안에 공기를 저장하고 몸을 가볍게 한 다음 일직선으로 직진할 때는 4km를 6분간이면 날 수 있다고 한다. 뱃속에 30~40mg의 화밀을 가득 간직하고 벌통으로 직진하여 날아와 소문 앞에 와서 속력을 줄이며 먼저 배가 땅에 닿아 떨어지는 것을 관찰할 수 있다. 땅에 떨어진 일벌은 숨이 찬 듯 잠시 쉬었다가 다시 날아서 소문으로 들어간다. 유밀기에 수밀 작업이 한참 왕성할 때는 내역봉이 소문에 마중 나와 외역봉과 입을 마주 대고 화밀을 나눠 가지고 들어가는 걸 볼 수 있다.

제74문 꿀벌의 무게

Q 외국에서 꿀벌 봉군을 매매할 때 우리나라에서와 같이 소비를 포함한 벌통을 직접 매매하는 것이 아니라 벌만 따로 무게를 달아 파운드벌 또는 패키지벌로 매매한다고 들었습니다. 이럴 경우 1파운드면 몇 마리 정도나 될까요?

A 추운 지방에서 꿀벌을 월동을 시키려면 월동 자잿값도 비싸고, 또 인건비도 많이 들어서 캐나다에서는 해마다 4월에 미국에서 꿀벌(여왕벌과 일벌)만 파운드벌로 수입한다고 한다. 우리나라도 1990년대에 호주, 뉴질랜드에서 패키지 벌을 대량 수입한 적이 있다.

파운드벌에서 1파운드 벌은 약 454g이며 4,500마리 정도가 된다. 꿀벌의 무게는 유밀기와 무밀기에 각각 다르다. 아까시꽃이 만발할 때 산란이 왕성한 여왕벌의 무게는 330mg 정도, 수벌은 230mg 정도며 일벌은 120~150mg 정도가 되나, 무밀기인 겨울철의 여왕벌은 160mg, 일벌은 80mg 정도로 보고 있다. 수벌은 가을철에 추방 또는 제거되어 겨울철에는 없다.

꿀벌(일벌)의 무게를 계량하기 위해 3월 초순 월동포장을 해체하여 이산화탄소로 마취하여 계량한 결과 꿀벌 9,233마리의 무게는 1,062g 즉 한 마리당 115mg이었다. 또 8월초 말벌의 습격을 받아 죽은 2,865마리의 한 마리 평균 무게는 95mg이었다. 보통 서양에서 매매하는 일벌 한 마리의 평균 무게는 100mg으로 계산하는 것으로 알고 있다.

보통 유밀기 10장 강군 한 통에는 25,000마리의 일벌이 있다고 치고 2.5kg으로 추산한다. 구체적으로 외역봉의 무게는 120mg 정도이고, 내역봉 중에도 출방한 지 10일이 지난 어린 벌은 85mg 정도로 추정하고 있다.

제75문 비닐하우스 딸기의 화분매개

Q 농작물, 특히 비닐하우스 딸기재배에 꿀벌의 화분매개 작용이 절대적이라고 하는데 화분매개에 이용한 벌을 다음해 봄에 키울 수 있을까요?

A 딸기 하우스에 꿀벌을 넣어서 화분매개(꽃가루수분)를 촉진하는 것이 보편화되어 있다. 인공적으로 화분을 채취하여 붓으로 찍어 인공수분하는 것보다 훨씬 인건비도 적게 들고 수량이 많을뿐더러 기형과실도 훨씬 적기 때문이다. 4월이 지나면 벌들이 거의 죽어 못쓰게 되었다고 하는 것은 하우스 안에서 봉군 관리가 잘못되었기 때문이다.

사진 7.17 딸기 시설하우스 내의 꿀벌 벌통(좌), 방울토마토 하우스 내 뒤영벌 벌통(우)

꿀벌은 항상 안정되어야 수밀 작업과 수분 작업을 잘 하고 번식도 잘 된다. 과거 벌통 구입 비용을 줄이기 위해 한 개 벌통을 2~3일마다 여러 하우스를 옮겨 다니는 것이 일반적이었는데 이는 비합리적인 방법이다. 한 곳에 적응하지 못하고 불안상태가 계속되는 한 꿀벌의 활동이 제대로 될 수 없다. 더욱이 월동한 늙은 벌들은 춘감 현상이 있었을 것이고 새 일벌이 계속적으로 출생하지 않는 한, 4월 초에는 폐사하였을 것이 뻔하다. 수분용 꿀벌 봉군도 건강한 여왕벌과 충분한 먹이가 공급되고 적절한 질병 관리가 필요하다.

딸기재배 농가가 양봉농가의 협력을 받아 봉군 관리를 잘 하면 안정적인 수분 작용이 가능하고 봄벌의 번식까지도 기대할 수 있을 것이다.

부록I

해암(海菴)의
양봉 만필(漫筆)

원저 『양봉 사계절 관리법』에서 '쉬어가는 페이지'로 실렸던 원저자의 만필 9편과 중학교 국어교과서에 수록된 편저자의 컬럼 1편을 모아서 편집하였다.

1 영조대왕과 꿀벌 영감의 사주(四柱)

조선시대 21대 왕 영조(英祖)대왕은 사람의 팔자는 사주에 달렸다는 말을 확인하기 위하여 전국에 명을 내려 대왕의 생년월일과 같은 사람을 불러들이도록 칙사를 내렸다.

강원도 영월 두메산골에 생년월일이 같은 노인이 어명에 의하여 영조대왕 어전 앞에 당도했다.

대왕께서 어전에 정좌하고 물으시기를,

"과인이 너를 부른 것은 사주가 같으면 팔자가 같다는 운명가의 말을 확인하기 위해서임이다. 너는 어디에 살며, 무엇을 하며, 생년월일과 시를 아뢰어라."

라고 분부하시었다.

시골노인은 몸 둘 바를 모르고 머리를 조아리며,

"황공하오나 신은 강원도 영월 두메산골 서부 고을에 살고 있으며 병진생 5월 10일 오시에 태어났으며 지금 약초와 꿀벌을 키우고 있습니다."

라고 아뢰었다.

대왕께서는 사주팔자는 운명을 같이한다는 점쟁이를 승지에게 불러들이라고 명했다. 점쟁이가 입궐하자 대왕께서 점쟁이에게 사주가 같으면 운명이 같다는데 강원도에서 약초와 꿀벌을 키우는 노인과 과인이 생년월일시까지 같은데 어째서 과인은 한나라의 왕이 되고 저 노인은 산골에서 약초와 꿀벌을 키우느냐고 하문하셨다.

점쟁이가 머리를 조아리며 허리 굽혀 대답하기를,

"황공하오나 강원도 두메산골에서 노옹은 약초와 꿀벌을 키우고 있으나 약초로 만인의 병을 고쳐 주는 덕을 베풀고 또 백만 군의 신하를 거느리고 있습니다."

라고 대답했다.

대왕께서는 기뻐하시며 노인에게 정 2품의 벼슬을 내리었다. 정 2품의 벼슬을 받은 노인이 영월에 도달하였을 때 정 3품인 영월 원님이 몸 둘 바를 모르고 땅에 무릎을 꿇고 머리를 조아렸었다는 말이 전해져 온다. 그러므로 양봉업자들은 백만대군을 거느리는 총수격의 팔자를 타고났음에 자부심을 가져야 한다.

2 봉교소동

봉교액(프로폴리스)이 위장 내의 염증에 유효하다는 것을 필자로부터 들은 친구들이 복용 후 봉교를 주문했으나, 대부분의 양봉업자가 봉교를 자가용(自家用)으로 사용하기 때문에 양봉원에서 구입하지 못했다는 애기를 종종 듣는다.

이웃 나라 일본에서는 1980년대부터 봉교 붐이 일어나 브라질에서 수입한다는 말을 나까시마(中島忠信) 씨 등으로부터 들은 바 있었다.

봉산물에 대한 인식이 20년 정도 떨어진 우리나라에서도 최근 봉교액의 복용에 대한 인식변화를 감지해 볼 때 6~7년 내에 봉교액의 복용이 생활화되지 않을까 생각된다.

봉산물인 꿀, 왕유, 화분단, 봉교 등은 인삼이나 녹용 또는 쓸개 등에 앞서는 영약임을 단정한다. 환자는 물 1,800mℓ에 봉교액 33mℓ를 타서 1일 아침, 점심, 저녁으로 50mℓ씩 하루에 150mℓ를 복용하고, 건강한 사람은 3~4일에 1~3번씩 하루 90mℓ를 복용하면 암이 예방되고 성인병인 고혈압, 저혈압, 동맥경화, 전립선염은 물론이요, 당뇨병의 예방에도 도움이 된다.

성인병의 발생은 주로 육류의 과다섭취에서 비롯됨으로 무공해 시금치, 근대, 상추 등 엽록소가 많은 식물과 감자, 당근, 무우, 홍당무 등도 생즙으로 복용하되 봉교액을 수시로 복용하면 성인병이 예방된다.

봉교액은 염증에만 좋은 것이 아니라 피부병(습진, 티눈, 버짐, 무좀 등)에도 유효하며 창상, 동상, 화상에도 유효하다.

3 토종 벌꿀과 개량 벌꿀은 다른가?

필자는 토종벌도 사양해 보았고 개량꿀벌(서양종꿀벌)도 사육하고 있다.

7년 전부터 양봉계지를 통하여 꿀벌에 관한 기사를 매달 쓰고 있는데 질문 중에는 토종 벌꿀은 진짜 꿀이고 개량종 벌꿀은 가짜 꿀이라고들 하는데, 토종 벌꿀과 개량종 벌꿀의 다른 점이 어디에 있느냐는 봉우들이 간혹 있다.

필자는 서슴지 않고 토종 벌꿀이나 개량종 벌꿀은 조금도 다른 점이 없다고 결론부터 대답을 한다.

우리는 오랜 역사를 통하여 동양종꿀벌을 키워오며 재래종 또는 토종벌이라 불러왔다. 우리나라에 개량종 벌꿀이 도입된 지는 100여 년이 지났는데, 동양종인 소위 토종벌이 원산지인 인도에서 중국을 거쳐 우리나라에 도입된 지는 2,000여 년이 넘는다고 한다.

예전에는 꿀이 워낙 귀하여 일반 서민층에서는 먹을 수 없었고 비교적 부유한 왕족이나, 양반층 또는 고승(高僧)들만이 먹을 수 있었다.

그래서 오늘날 와서는 일반 서민 소비자들이 꿀에 대한 인식이 너무나 부족하여 꿀하면 보약으로만 여기는 선입관 때문에 건강식품으로 여기는 것을 꺼린다.

우리 선조들은 꿀벌을 사육(飼育)한 것이 아니라 집주변에 안치하고 보호(保護)한 것에 그쳤고 한 무리가 분봉을 하면 환태식 나무 벌통에 '두리두리'하여 받아들여 집 주위에 안치하였을 뿐 꿀벌 관리에 특별한 신경을 쓰지는 않았다.

개량종 벌이 1917년 독일인 신부에 의하여 서양으로부터 도입되면서 유밀기에 대비하기 위하여 무밀기인, 이른 봄부터 당액을 급여하므로 가짜 꿀이고 토종벌에는 설탕이나 물엿을 주지 않으므로 진짜 꿀이라고 오인하게 된 것이다.

사실 오늘날, 꿀의 대량생산을 위해 많은 설탕액을 급여하여 꿀의 품질을 떨어뜨리고 있는 사람이 있다는 것은 양봉업계의 장래를 어둡게 하고 있다.

유채, 자운영, 밀감, 아까시, 밤, 피나무, 싸리, 붉나무, 메밀, 들깨 등의 대유밀기에는 당액 급여를 하지도 않을 뿐만 아니라 급여를 한다고 해도 벌들이 거들떠보지도 않는다.

최근에는 사양기술이 발달하여 토종벌에도 개량종 벌에 못지않게 무밀기에 당액을 급여하는 것이 보편화되었다.

꿀에는 전화당은 물론 비타민을 비롯한 다량의 아미노산, 미네랄 성분 등이 함유되어 있어 이것들이 우리 몸의 영양분이 되는 것이다.

개량종 벌꿀은 원심분리기(채밀기)로 채밀하므로 꿀만 빠져나올 뿐 화분과 왕유가 빠져나오지 않지만, 토종 벌꿀은 벌집(소비)까지 뭉개어 압축해서 걸러내며 채밀한 것이므로 소방에 저장되었던 화분과 꿀이 같이 혼입되며 또 일벌들이 먹다가 남은 왕유가 다소나마 혼입된다는 것이다. 참으로 일반 소비자를 무시하는 무식한 설명이다.

개량종 벌꿀은 꽃에서 화밀이 분비될 때 그때그때 채밀하므로 화분이 혼입될 수 있고 또 유충이 먹다 남은 왕유도 혼입된다고 볼 수 있으나, 토종 벌꿀을 채취하는 시기는 11월 초순경이 되므로 완전 무밀기이다. 일벌이 왕유를 분비하는 것은 유충을 키울 때이므로 11월 초순경이 되면 먹다 남은 왕유가 봉군 내에 있을 수 없다는 것은 3년 이상 양봉에 경험이 있는 분은 알고 있다.

꿀벌 할아버지는 벌꿀 애호 소비자 여러분께 묻고 싶다. 같은 밀원인데 서양종꿀벌이 수집해 오면 나쁘고 토종꿀벌이 수집해 오면 좋다는 말은 말도 안 된다. 다만 개량종 벌에는 설탕을 주었고 토종벌에는 설탕을 주지 않았다는 것인데, 이른 봄 무밀기에 개량종벌에 당액을 급여하는 것은 꿀을 많이 채밀하기 위해서가 아니다. 아까시꽃 대유밀기에 강군으로 대비하자는 방책이다. 아까시꽃이 피기 시작하면 먹다 남은 설탕꿀을 전면 채취 제거하고 순수한 아까시꿀을 수집하는 것이 일반화되었다.

여러 차례에 걸쳐 채밀한 아까시꿀은 설탕 성분이 전혀 가입되지 않은 순수한 꿀이다. 토종벌 사육자도 남의 장점을 볼 줄 알아야 민주국민이 될 자격이 있다.

결론은 꿀벌의 종자에 상관없이 꿀은 같으나 식물의 종자에 따라 향미에 차이가 있다는 것이다. 특히 토양에 따라 같은 식물의 꿀이라도 향미에 차이가 있다.

4 일하는 것은 아름답다

꿀벌과 함께 늙어온 사람 또는 늙은 사람이 꿀벌을 치게 되면 '꿀벌 할아버지'라는 영광된 칭호를 받게 된다. 필자는 이 '꿀벌 할아버지'를 기분 좋은 벼슬로 생각하고 있다. 간혹 '벌쟁이 할아버지'라고 부르는 사람도 있지만 이 말은 하대어로 귓맛이 좋지 않다.

옛날 우리나라에서는 사농공상(士農工商)의 순서를 사회계급으로 구분하여 선비(士)를 으뜸으로 여기고, 일하는 사람은 멸시하고 천대하였다.

농사는 우선 먹고 살아야 했으니까 '농자천하지대본(農者天下之大本)'이라 하여 농업에 종사하는 것을 부끄러워하지는 않았으나, 나라를 잃고 남의 지배를 받게 되면서 일을 하는 것을 부끄럽게 여겼기 때문이다. 요즘 길가에서 젊은 사람을 만나 "자네 무엇을 하나?" 하고 물으면 서슴지 않고 "놉니다."라고 대답을 하며 노는 것을 조금도 부끄러워하질 않는다.

일을 하지 않고 노는 것을 선비의 도리라고 생각했던 오랜 타성이 아직도 우리 사회에 뿌리 깊게 남아 있기 때문이다.

기술자 또는 공업을 하는 사람을 '쟁이'라고 불러 무시하고 천대하였던 엣날 습성이 아직도 곳곳에 많이 남아 있음을 볼 수 있는데 갓쟁이, 망건쟁이, 키쟁이 등으로 불렀다.

직업인 또 장사하는 사람은 '꾼'이라는 명칭을 붙여 '노름꾼' 등과 같은 의미로 멸시하였다.

'쟁이'와 '꾼'은 한가지로 멸시를 받았기 때문에 머리가 하얀 노인이라도 젊은 선비들로부터 하대를 받을 수밖에 없었다.

수년 전 이웃에 사는 초등학생이 찾아와 "벌쟁이 할아버지, 우리 할아버지가 톱 좀 빌려 달래요." 하기에 기분이 언짢아 "벌쟁이 할아버지는 톱은 있지만, 기분이 좋지 않아서 톱을 안빌려 준다고 그래라." 하고 퉁명스럽게 돌려보낸 적이 있었다.

틀림없이 이웃집 노인이 "벌쟁이 할아버지네 집에 가서 톱을 빌려 달래라." 하고 무심코 한 말이겠지만 내내 매우 불쾌하였다.

'벌쟁이 할아버지'라 하지 않고 '꿀벌 할아버지'라고 했더라면 두말없이 선뜻 톱을 빌려 주었을 것이다.

모기를 보고 칼을 빼 드는 견문발검(見蚊拔劍)식의 과잉반응이라 탓할 수도 있겠지만 기분 좋은 일이 아니었던 것만은 틀림없다.

일제 하의 암울한 시기에 일본 유학에서 돌아와 양봉을 취미로 시작했을 때는 꽤 대접을 받던 부업이었으나 어느덧 세월이 지나 남을 평하고 자기가 제일인 양 내세우는 사람들이 늘어나면서, 천시 습성이 남아 있는 '쟁이' 소리를 듣자니 비감마저 들 때가 많다.

성실히 일하는 사람이 대우받고 살 수 있는 시대가 도래하여, 젊고 유능한 양봉인들이 이 노옹처럼 나이가 들었을 때 '꿀벌 할아버지'가 될 수 있길 바란다.

봉우 여러분! 이제부터는 '해암(海菴) 선생'이라 부르지 말고 '꿀벌 할아버지'라고 불러주시기 바란다.

5 다른 사람의 경험에 관심을 갖자!

농민들이 겨울철이 되면 한가해지듯이 양봉인들도 한가한 시간을 보내게 된다. 이때 양봉에 관한 책을 읽어야 한다. 책은 스승이다. 양봉 관련 책을 많이 읽은 양봉가는 성공이 빠르고 책을 멀리한 양봉가는 대개 실패한다. 3~4년간 양봉을 해보고 꿀벌 관리 요령에 대하여 자만심을 갖는 이도 간혹 있다. 아직도 유치원생임을 알아야 한다.

양봉뿐이 아니라 무슨 사업이고 2~3년의 경험을 가지고 아는 척하여 목청을 높이는 사람은 실패하기 쉬우므로, 벌을 키우는데 좀 더 겸허한 자세로 양봉에 관한 정보를 습득하고 다른 양봉가들의 경험담을 귀담아 들을 줄 아는 양봉가가 되어야 한다.

책은 스승이요 선구자이다.

배움을 강조한 도산 안창호 선생님의 「애국」이란 글을 다음에 전재하니 꼭 정독하길 바라며 양봉기술 습득에 많은 투자와 노력을 쏟아야 한다.

"집을 지으려고 해도 재목이 없다. 목재는 외국에서 사들일 수도 있다. 나라를 세우려는데 사람이 없다. 사람은 외국에서 사들일 수가 없다. 세월이 걸리고 힘이 들더라도 국내에서 양성할 도리밖에 없다. 만약 백 년 후에 재목이 필요하다면 오늘 심는 나무는 백 년 후에는 재목이 될 것이다. 그것을 언제? 하고 오늘도 심지 아니하면, 백 년 후에도 재목은 없을 것이다. 조국의 백년대계를 위하여 지금 곧 저마다 인격을 갖추는 공부를 하자, 정직하자, 성실하자, 애국하자, 행동하자. 개조하자, 거짓말하는 입을 바른 말하는 입으로 개조하고, 남을 미워하는 마음을 남을 예뻐하는 마음으로 개조하고, 일하기 싫어하는 손을 일하기 좋아하는 손으로 개조하고, 항상 노력하는 일꾼이 되자. 너도 공부를 하고 나도 공부를 하며 애국하는 사람이 되자."

6 우리와 공생공영하는 꿀벌

막역한 벗들로부터 "덩치가 아깝네. 조그만 꿀벌이 먹고 살겠다고 운반해 오는 꿀을 착취하다니"라고 하는 말을 자주 듣는다.

귀에 익은 농담이지만 듣기 좋은 말은 아니다.

남의 것을 아무 보상도 없이 빼앗는다는 착취란 용어가 그리 좋은 말이 아니기 때문이다. 양봉가는 꿀벌로부터 꿀을 착취하는 것이 아니라, 꿀벌을 보다 잘 살 수 있도록 해 주고, 보다 번영해 나갈 수 있도록 온갖 정성을 다하고 있기 때문이다.

양봉가들은 이른 봄부터 바람이 적고 온화한 날을 택하여 여왕벌은 무사한지 혹은 식량이 떨어지지 않았는지 월동 중 죽은 벌은 얼마나 되며 그로 인하여 소문이 막히지 않았는지, 산란이 잘 되고 있는지, 겨울 동안 추위로부터 피해를 당하지 않았는지 등등 최대한의 관심과 정성으로 적절한 도움을 베풀어 주고 있다.

산란이 시작되었다면 동태온도(33~35℃)를 유지할 수 있도록 겨울철보다 더욱 보온을 잘 해 주는 데 노력한다.

또 전년도에 모아 두었던 꽃가루를 공급하고 꽃가루가 없으면 대용 꽃가루를 정성껏 만들어 먹기 좋도록 발효시켜 공급해 주기도 한다.

산과 들에 진달래, 살구, 앵두, 복숭아, 벗나무 등에서 꽃꿀과 꽃가루가 충분히 공급될 때까지 어머니의 마음으로, 차가울세라 먹기 좋은 먹이의 온도와 농도를 조절하여 공급하고, 여름철에 더워지면 풀단 또는 스티로폼 등으로 그늘을 만들어 주기도 한다.

장마철에는 빗물이 스며들지 못하도록 시트를 덮어 주고 봉장 부위에 도랑을 파 주며 밤낮으로 천적의 피해로부터 지켜 준다.

이렇게 해 주는 대가로 양봉가는 꿀벌로부터 꿀을 나누어 먹는다. 그것도 전부 뺏는 것이 아니라 꿀벌들이 먹을 것을 남겨두고 얻어먹는다.

이쯤 되면, 착취한다는 것은 남의 말하기를 좋아하는 사람들의 말장난에 불과하다는 것이 증명되고도 남음이다.

아마 양봉인들이 이처럼 꿀벌을 보호하지 않았다면, 앞의 원인 외에도 무서운 질병과 외적에 의하여 오늘날과 같은 꿀벌 종자의 번영은 이루어지지 못하였을 것이다.

우리들 인간사회에서도 서로 이웃을 돕고 약한 사람을 돕는다. 더 나아가서 부족한

나라, 역경에 처한 나라를 도와줌으로써 서로 친해지고 함께 번영을 누릴 수 있다.

자연계에서도 이처럼 공존공영하는 생물들을 얼마든지 찾아볼 수 있다.

가까운 예를 들어보면 왕개미와 진딧물의 경우를 들 수 있다.

왕개미는 겨울 동안 자기 땅굴집에 진딧물을 물어다가 봄에 새싹에 옮겨놓는다. 진딧물은 새싹의 진을 갉아먹고 번식한다. 왕개미는 진딧물이 분비하는 배설물, 즉 당액을 먹고 또 이 당액으로 유충을 키우며 번식한다. 이상과 같은 현상을 놓고 왕개미가 진딧물을 착취한다고 하지는 않는다.

착취라는 용어는 자본론에서 "유산계급인 자본가가 무산계급인 노동자 농민을 착취한다."라고 빈민들을 자극하는 데 이용되기도 하였다. 그러나 실은 자본주가 공장을 건설하여 근로자에게 노동을 할 기회를 부여함으로써 공생하는 것이다. 자본주는 축적한 돈으로 주택문제, 위생문제 등을 해결해 주고 그러고도 남은 돈은 사회에 돌려준다. 잉여금의 사회환원으로 사회는 발전할 수 있고 나라는 부강(富强)해지며 부강해진 나라는 이웃 나라를 도와주며 서로가 친선을 다져 세계평화에 공헌한다. 공생공영(共生共榮)하는 것이 민주주의다.

7 토종 벌꿀로 둔갑하는 불량 꿀

필자가 서울에 올라가면 임시 가소로 사용하는 성동구 금호동 소재 숙소로 전화가 걸려왔다.

예전에 같이 교직 생활을 하던 강 선생님이었다. 용건인즉 꿀의 진위를 감정해 달라는 내용이다. 만나 뵌 지도 오래됐고 궁금하여 강 선생님 집을 찾아갔다. 됫병 2개가 노끈으로 매여진 채 나란히 놓여 있었다. 얘기를 들어본즉슨 점심을 마치고 집에 있으니 벨이 울리길래 대문을 열어보니 중년의 시골 사람이 강원도 정선군 무슨 면에서 농사를 지으며 토종벌을 5통을 기르고 있는데 아들을 만나러 하숙집에 찾아왔다가 10여 일 전에 이사를 갔다하여 할 수 없이 돌아가야겠는데 가지고 온 꿀을 싼값에라도 팔까 하여 왔다고 하더란다. 꿀맛을 보자고 하니 병을 기울여 숟가락에 반 정도 꿀을 따랐다. 꿀벌의 날개와 다리 조각이 있었다. 병을 들여다보며 꿀이 지저분하다고 지적했더니 어제 아침에 서둘러 짜는 바람에 벌의 날개와 다리 등을 걸러내지 못했다고 하더란다.

손가락으로 찍어 맛을 보았더니 단맛이 강하여,

"좋은 꿀은 설탕꿀보다 당도가 낮다는데 이 꿀은 너무 달지 않으냐."고 지적했더니 시골 사람은 펄쩍 놀라는 기색을 지으며 "달지 않은 것이 꿀이냐"고 대꾸했단다.

벌도 들어있고 그 시골 사람 말이 토종 벌꿀의 색깔이 담황색이라는 말이 그럴 듯하여 2병을 20만 원에 샀다고 한다.

필자가 보니 붉나무꿀이 끝날 무렵 설탕 액을 급여하여 채취한 꿀이며 붉나무꿀과 잡꿀이 20% 정도, 설탕액꿀이 80% 정도 가입된 불량 꿀임을 알고, 꽃꿀로만 전화시킨 꿀은 많이 먹어도 위에 해가 없지만 이 꿀을 많이 먹으면 위에 부담이 가는 불량꿀이라고 설명해 주었다.

꿀의 진부(眞否)를 색깔로만 또는 맛으로만 감정할 수는 없으나, 이 꿀과 같이 지나치게 설탕액을 급여한 꿀은 전문가에 의하여 맛으로 판정을 받게 된다.

또한 일반적으로 꿀에 벌이나 날개, 다리 등이 혼입된 것은 신임을 얻기 위한 위장전술이며, 채취한 꿀을 병이나 그릇에 넣을 때는 고운 체로 내려서 담기 때문에 꿀벌의 날개나 다리가 들어갈 수 없다는 점을 설명하면서 이렇게 많은 불량꿀을 일반 소비자들은 인식이 부족해 많이 사고 있다는 사실에 답답한 마음을 금할 길 없었다.

8 영감! 우리도 꿀벌 키웁시다.

　서울시 중구 동화동을 중심으로 '중신회'라는 명칭을 가진 친목회는 20년 전에 발족하여 돌아가며 회장직을 역임하는데, 감사직을 맡은 이 씨 회원은 만남 감사로 재직하면서 재치가 있는 말을 잘하는 만담가이기도 하다.

　언제인가 조 고문이 양봉계의 대가라고 필자를 소개하면서, 꿀벌을 키우면 부인이 좋아한다고 재치있는 익살을 떨어 놓았는데 만담을 소개하면 다음과 같다.

　옛날 어느 두메산골에 옥 씨와 전 씨가 살고 있었는데 옥 씨는 약초를 캐다 한성의 한약방에 팔아 생활을 하고 전 씨는 꿀벌을 키워 꿀을 팔아 생활을 하였다.

　겨울철을 앞두고 전 씨가 꿀를 채수하다 벌이 잠뱅이로 들어가 남성의 중요 부분을 쏘았다. 전 씨의 그것이 북방망이 모양으로 부풀었는데 색을 좋아하는 부인이 남편의 사정도 모르고 잠자리를 요청한바, 그날 너무나 만족하여 다음날 아침 우물가에서 만난 옥 씨 부인에게 자랑을 하였단다.

　질투심이 강한 옥 씨 부인이 집에 들어가 남편 옥 씨를 붙들어 하는 말이 "여보! 영감 우리도 꿀벌을 키우며 즐겁게 삽시다."라고….

9 방송 보도인의 무지

일전에 KBS TV '내 고향 자랑'에서 한 토종벌 사육자의 말이 "서양벌은 설탕물을 주는 대로 먹지만 토종벌은 설탕액을 주어도 먹지 않고 우리 마을에서는 토종벌에 한약재를 달여 먹이므로 보약 꿀을 생산한다."고 자랑하는 것을 전국에 보도 방영하였다.

꿀벌치고 당액을 먹지 않는 꿀벌은 없다. 꽃의 화밀이 즉 당액이다. 이 당액을 꿀벌이 혀로 빨아올려 전화효소를 가입하여 전화시킨 것이 꿀이다.

그런데 당액을 먹지 않는 토종벌이 쓰고 쓴 한약재 달인 물을 먹는다는 말은 어불성설이다. 설령 한약재의 달인 물을 꿀벌에 먹인다면 설탕물이나 꿀물에 가입하여 주어야 한다. 그러므로 그 양봉인의 이야기는 모순된 것이고, 또 이처럼 전문적 지식이 결여된 내용을 확인 절차도 없이 무분별하게 방송한 방송인의 태도 또한 한 번 생각해 봐야 할 일이다. 단 한 번의 여과도 없이 방송된 여파로 전국의 많은 꿀소비자가 우롱할 수도 있다는 사실을 항상 명심해야 할 것이다.

[중학교 교과서 수록 컬럼]

10 꿀벌 없는 지구

— 이명렬[*] —

*국립농업과학원 연구관. 꿀벌과 양봉에 대해 연구하고 있다.

• 식물과 꿀벌은 어떤 관계가 있는가?

벌은 약 1억 2,000만 년 전에 출현해 꽃을 피우는 식물과 더불어 진화해 왔다. 특히 꿀벌은 벌 중에서도 사회성이 강하며, 근면하고 성실한 습성을 지닌 것으로 유명하다. 현재 지구 상에는 모두 9종의 꿀벌이 존재한다.

식물이 화사한 꽃을 피우고 향기를 발산하며 달콤한 꿀을 분비하는 이유는 사람들에게 아름답다는 감흥을 주기 위한 것이 결코 아니다. 꿀벌과 같은 곤충을 꽃 속으로 불러들이기 위해서이다. 식물은 꿀벌을 통해 멀리 떨어져 있는 같은 종류의 식물 암술에 꽃가루를 옮겨 알찬 결실을 얻고 여기저기 씨를 퍼뜨린다. 한편 꿀벌은 식물이 피운 꽃에서 자신들의 식량인 꿀과 꽃가루를 모아 생활에 필요한 에너지를 삼고 애벌레를 키울 수 있는 필수 영양소를 얻는다.

이렇게 식물과 꿀벌은 수천만 년 동안 끈끈하게 서로에게 이익을 주며 함께 살아왔다. 꿀벌은 식물에서 꿀과 꽃가루를 얻을 수 있었고, 식물은 꿀벌 덕분에 번식을 순조롭게 할 수 있었다. 그리고 이로써 자연 생태계가 안정적으로 유지되어 왔다. 일찍이 과학자 아인슈타인은 꿀벌이 사라지면 식물과 동물이 잇달아 사라지고, 결국 4년안에 인류도 생존하기 어려울 것이라고 경고했다. 그만큼 꿀벌이 인류의 생존에 소중한 존재라는 점을 일깨워 준 것이다. 이처럼 꿀벌은 식물 생태계를 보전하고 생물 다양성을 증진하기 위해 인간과 반드시 공존해야 하는 귀중한 생물이다.

꿀벌의 꽃가루받이 활동 덕분에 인간은 다양한 곡식과 과일을 쉽게 얻을 수 있었다. 과학 기술이 급속도로 발전하고 있는 오늘날에도 전 세계 주요 농작물의 71%는 꿀벌에 수정을 의존하고 있다. 이러한 꿀벌의 꽃가루받이 활동은 곡식과 과일의 생산에 직접적인 도움을 주는 것 외에도 가축이 먹을 풀을 더 잘 자라게 하여 우유와 고기의 품질과 생산성까지 높여 준다.

또 산과 들판의 갖가지 꽃에서 분비되는 고급 자연식품인 꿀과 꽃가루는 꿀벌이 없으면 수집할 수 없다. 인류가 꿀벌에 관심을 두기 시작한 것은 기원전 1만 3천 년 전의 일이다. 오래전 인류는 야생에서 직접 꿀을 채취하다가, 농경 사회로 접어들면서 집 근처에 벌통을 마련하고 꿀벌을 키우는 이른바 *양봉'을 시작했다. 그리하여 천연 감미료인 벌꿀뿐만 아니라 건강식품인 꽃가루, 벌집을 만들기 위해 꿀벌이 만들어 내는 물질인 '밀랍', 꿀벌이 만든 천연 *항생제로 불리는 '프로폴리스', 암세포의 성장을 억제하는 것으로 알려진 *로열 젤리' 등을 얻고 있다. 요즘에는 꿀벌의 벌침에서 나오는 '봉독'도 염증을 예방하고, 나쁜 균을 없애는 작용에 효과적이어서 새로운 의약품의 원료뿐만 아니라 가축의 질병 예방이나 치료제로도 주목받고 있다.

그런데 2006년 미국에서 꿀벌들이 원인 모를 이유로 갑자기 집단으로 사라지는 현상이 나타났다. 22개 주에서 꿀벌의 수가 50~90 퍼센트가 줄어든 것이다. 양봉 업계에 비상이 걸린 것은 물론 꿀벌의 꽃가루받이에 의존하는 아몬드, 사과, 블루베리 농가들도 생산량에 큰 영향을 받았다. 이런 현상은 캐나다와 브라질을 비롯해 호주, 프랑스, 영국, 독일, 이탈리아에서도 일어났다. 이렇게 *동시다발로 꿀벌이 갑자기 없어지는 것을 '꿀벌 집단 실종 현상(CCD)'이라 한다. 이 현상이 시작된 미국에서는 국립 연구소와 대학에서 수천억원의 연구비를 들여 원인을 밝히는 일에 몰두했다. 그리하여 벌통의 잦은 원거리 이동, 기생충의 심한 감염, 농약에 대한 *만성 중독, 단백질 부족과 면역력 결핍, 여러 바이러스 질병의 감염과 같은 원인들이 섞여 나타난 것으로 판단했다.

우리나라에서는 이와 같은 꿀벌 집단 실종 현상이 본격적으로 나타나지는 않았다. 하지만 해마다 꽃에 살포한 농약과 환경 오염

---

*양봉 꿀을 얻기 위해 벌을 기름.

*항생제 미생물에 의하여 만들어진 물질로서, 다른 미생물의 성장이나 생명을 막는 물질.

*로열 젤리 여왕벌이 될 새끼를 기르기 위하여 꿀벌이 분비한 하얀 자양분의 액체.

• '꿀벌 집단 실종 현상'의 원인은 무엇인가?

*동시다발 같은 시기에 여러 가지가 발생함.

*만성 중독 어떤 약이나 물질을 장기간 많이 사용함으로써 습관성이 되어 생기는 중독.

으로 꿀벌이 죽고, 봄철과 겨울철 기상 이변으로도 꿀벌 수가 급격히 줄어들었다. 환경 변화에 의한 피해가 늘어나고 있는 것이다.

게다가 얼마 전에는 우리나라 꿀벌의 두 종류 가운데 하나인 토종 꿀벌에 재앙에 가까운 피해가 발생했다. 정부 조사 결과 바이러스로 인한 질병이 발생하여 전국에서 75퍼센트 가까운 토종 꿀벌이 무더기로 죽었다. 이런 급성 질병이 널리 퍼진 것은 이른 봄, 저온과 잦은 비로 꽃들이 제때에 피지 못하고 이 시기 한창 번식해야 하는 꿀벌이 단백질의 공급원인 꽃가루를 얻지 못하면서 꿀벌의 면역력이 급격히 떨어져 나타난 결과로 보고 있다. 거의 전멸된 토종 꿀벌을 원래대로 회복하기 위해 앞으로 얼마나 시간이 걸릴지 가늠하기 어렵다.

• 토종 꿀벌이 사라졌을 때의 문제점은 무엇인가?

종류가 다른 서양종꿀벌에는 유사한 질병이 크게 발생하지 않아 당장 농작물과 과일나무 수분은 어느 정도 할 수 있을 것이다. 하지만 꿀벌의 생존이 이렇게 계속 위협받는다면 앞으로 어떤 일이 더 발생할지 알 수 없다. 사람 손으로 일일이 꽃가루를 옮겨 주는 것은 거의 불가능하기 때문에 농산물 생산에 *차질이 생길 것이다. 그렇게 되면 우리 식탁에서 국내산 딸기, 참외, 수박, 사과, 배 같은 과일을 접하기 어려울 수 있다. 다른 농산물 가격도 폭등할 것이고, 그 피해는 우리 모두가 감당해야 한다.

*차질 어떤 일이 계획이나 의도에서 벗어나 틀어지는 일

꿀벌은 생태계를 지켜 주는 인류의 동반자이며 꽃과 우리 식탁을 연결해 주는 징검다리 역할을 하는 소중한 생물이다. 그런 꿀벌이 오늘날 생존의 위협을 받고 있다. 세계 여기저기에서 꿀벌이 집단적으로 사라지는 일이 심화되고, 우리나라를 비롯한 아시아 지역에서도 질병이 확산되고 있다. 하지만 우리에게는 이를 해결하기 위한 방안을 찾아낼 인력이나 예산은 턱없이 부족하다. 꿀벌 없는 지구에서는 인간도 살 수 없다는 것을 우리 모두 기억하며 꿀벌을 지키기 위한 개인의 관심은 물론 국가 차원의 노력이 필요하다.

부록 II
양봉 용어 해설

본문에 자주 나오는 주요 양봉용어 및 양봉기구 이름 68개를 가나다 순으로 정리하고 간단한 해설을 붙였다.

1) 강군과 약군

벌의 수가 많으면 강군이라 하고, 적으면 약군이라 한다.

2) 격리판

벌통에 소비가 가득 차지 못하면 공간이 생기는데 마지막 소비에 수직으로 격리판을 대 주어 공간을 차단하여 봉군을 이루게 한다. 격리판을 대 주지 않으면 벌들이 바깥쪽의 소비로 몰려 헛집을 짓는다.

3) 격왕판

격왕판에는 평면 격왕판과 수직 격왕판이 있다. 평면 격왕판은 계상을 할 때 아래통의 여왕벌이 위로 올라가지 못하게 위통과의 사이에 설치하는 철선 또는 나무 살, 또는 합성수지 틀로 만든 판이다. 수직 격왕판은 여왕벌의 산란을 제한하기 위하여 벌통 한쪽을 막고 여왕벌의 왕래를 막는 판이다. 평면 격왕판이나 수직 격왕판이나 모두 일벌은 0.5cm 간격의 철선 사이로 드나들게 되어 있다.

4) 계상

꿀벌의 수가 늘어나면 분봉 준비를 하는데 분봉도 방지하고 꿀도 많이 채밀하기 위하여, 아래통과 같은 크기의 벌통 즉 계상을 2층에 올려 2층에는 꿀을 저장하게 하고 아래통에는 산란을 하게 한다. 3층 이상도 가능하고 북미의 경우에는 최고 10층까지 올리는 경우가 있다.

5) 공소비

꿀이나 알 또는 유충이 없는 소비를 공소비 또는 빈 소비라고 한다.

6) 광식 사양기

무밀기에 먹이가 부족할 때 당액을 넣어 주는 용기로 소광처럼 수직으로 걸어 주는 먹이 그릇이다.

7) 교미상

처녀 여왕벌의 교미를 목적으로 만든 벌통이다. 우리나라는 교미상으로 표준벌통 내부를 격리하여 2군, 3군, 4군 교미상을 많이 쓰고 있다. 최근에는 핵군 1군이 들어갈 수 있는 소형 벌통도 사용된다.

8) 구왕

출방한 지 1년 이상 된 여왕벌을 구왕이라고 한다. 산란력이 점차 떨어지기 시작한다.

9) 기문과 기관낭

꿀벌은 가슴과 배 옆쪽에 각각 3쌍과 7쌍의 기문이 있어 이를 통해 호흡을 하고, 배의 등쪽 내부에는 공기주머니인 기관낭이 있어 공기를 저장한다.

10) 내검

벌의 동태를 살피려면 벌통 뚜껑을 열고 소비를 꺼내어 살펴보아야 한다. 이를 내검이라고 한다. 다시 말하자면 벌통 내부를 살펴보는 일이다.

11) 납완(밀랍 왕완)

인위적으로 여왕벌을 양성하기 위해 둥근 막대기 끝에 밀랍을 칠해 만든 왕대의 기초인 작은 그릇이다. 이 막대기를 납완봉이라고 한다. 요즈음에는 대부분 플라스틱으로 만든 왕완을 사용하므로 잊혀가고 있는 것 가운데 하나다. 로열젤리 생산을 위해서는 왕완에 부화한 지 3일 이내의 어린 유충을 이충하여 왕유를 생산한다.

12) 내피

벌통 안에 덮은 천으로서 광목, 마대나 담요 또는 보온덮개 등을 사용한다. 개포(蓋布)라고도 한다.

13) 도봉

꿀벌은 먹이가 부족하면 다른 벌통에 침입하여 저장된 꿀을 훔쳐 온다. 유밀기에는 도봉이 거의 없고 무밀기에 자주 일어나는 현상이다. 도봉은 폐해가 심하므로, 도봉 예방을 위해 특히 신경써야 한다.

14) 동태온도(육아온도)

여왕벌이 알을 낳고 일벌이 알을 보호하며 유충을 키우려면 34~35°C의 온도를 필요로 한다. 이 온도를 꿀벌의 동태온도 또는 육아온도라고 한다. 일벌이 근육운동으로 열을 발생하여 온도를 유지한다.

15) 매선기와 매선대

소광에 소초를 붙일 때 소초 크기와 같은 널판인 매선대에 소초를 놓고 철선을 따라 적당히 뜨거워진 매선기로 밀어나가면 소초에 철선이 묻힌다. 매선기에는 롤러매선기, 인두매선기, 전기매선기가 있다.

16) 밀도

꿀을 뜰 때 봉개된 꿀의 덮개를 벗겨내는 칼을 밀도라고 한다.

17) 밀봉(蜜蜂)

꿀벌이라고 해야 옳다. 중국, 일본에서 쓰는 한문 용어인데 우리는 꿀벌이란 말이 있으니 이제부터라도 쓰지 말아야겠다. 여왕벌, 일벌, 수벌의 총칭이다.

18) 밀랍

일벌의 배에는 7마디의 환절이 있는데, 3, 4, 5, 6마디 아래쪽에 있는 밀랍샘에서 1쌍씩 밀랍 비늘을 분비한다. 벌집을 짓는 데 이 밀랍을 사용한다.

19) 복면포

얼굴을 벌에 쏘이지 않도록 만든 망사 가리개인데 머리 위에서 가슴까지 덮는 포대자루 모양과 모자와 연결된 헬멧 스타일 등 모양이 다양하다.

20) 봉개

봉개는 두 가지 의미가 있다.

첫째, 꿀벌의 유충이 성숙하면 밀랍과 봉교로 소방을 덮고, 애벌레는 그 속에서 번데기로 발육한다. 소방을 덮는 덮개를 봉개라고 한다.

둘째, 화밀이 벌집에서 꿀로 전화되고 숙성되면, 밀랍으로 저밀 소방에 덮개를 한다. 이를 봉개 또는 밀개라고도 한다.

21) 봉교(프로폴리스)

꿀벌이 벌통 내의 바람구멍을 막거나 방부제로 쓰기 위해 나무의 진 또는 풀잎과 꽃봉오리에서 진을 수집해 온 것인데 찐득찐득하다. 최근 각광을 받는 천연항생제로, 기능성 식품과 치약 등 생활용품의 원료로 다양하게 사용된다.

22) 봉구

꿀벌이 월동을 할 때 자체 보온(체온 유지)을 위해 서로 둥글게 뭉치는데, 이 모양을 봉구라 한다. 봉구의 내부 온도는 21℃를 유지한다.

23) 봉군

여왕벌, 일벌, 수벌이 모인 꿀벌의 단위 집단을 말한다. 순수한 우리말로 벌무리라고도 부른다. 일반적으로 한 벌통에는 1개 봉군이 생활한다.

24) 봉아

꿀벌의 알, 유충과 번데기를 통칭하여 봉아라고 한다.

25) 봉상(蜂箱 ; 벌통)

꿀벌을 기르는 나무 상자의 한자어로 소상(巢箱)과 같은 뜻이며, 우리말로 벌통이라고 부른다.

26) 분봉

봄철에 벌통 안에 꿀이 많이 저장되고 일벌이 계속 출생하면 벌통 내부가 비좁아진다. 이때 꿀벌의 반수가 살림을 나야 한다.

이를 분봉이라 하는데 분봉에는 자연분봉과 인공분봉이 있다.

- 자연분봉 : 식구가 늘어나 벌통 내부가 비좁아지면 왕대를 짓고 왕대에서 처녀왕이 출방하기 2일 전에 어미 여왕벌이 일벌의 과반수와 같이 다른 장소로 세간을 난다.
- 인공분봉 : 위와 같이 꿀벌이 자연분봉을 하기 전에 인위적으로 어미 여왕벌 또는 왕대가 있는 소비를 일벌들과 같이 새 통에 분가시키는 것이다.

27) 분봉열

한 봉군에서 일벌의 수가 늘어나면 세간을 나려고 준비하며 일을 하지 않는 현상을 말한다. 수벌을 양성하고, 자연왕대를 짓고, 분봉이 일어나는 단계로 발전한다.

28) 산란

여왕벌이 알을 낳는 것을 말한다. 알에는 수정란과 무정란이 있는데 수정란에는 암컷인 여왕벌이나 일벌이 출방하고 무정란에서는 수벌이 출방한다.

29) 사양

무밀기에 먹이가 부족하면 먹이를 넣어 주어야 하는데 이를 사양 또는 급이라고 한다. 사양의 종류에는 굶어 죽는 것을 방지하기 위한 기아사양을 비롯하여 장려사양 또는 자극사양이 있다.

30) 산란권

봉아권이라고도 한다. 여왕벌이 소비에 산란을 하면 일벌이 알을 보호하고 유충과 번데기를 양육하는 소비 면의 타원형 구역을 말한다.

31) 산란성 일벌

봉군에 여왕벌이 장시간 없게 되면 여왕벌 물질을 접촉하지 못하는 일벌들의 난소가 재발육하여 일벌이 알을 낳게 된다. 이 일벌을 산란성 일벌이라고 한다. 백해무익하므로 생겨나지 않도록 해야 한다.

32) 선풍

꿀벌은 벌통 안의 습기를 제거하고 환기를 조절하기 위해 벌통 안에서는 물론 소문 앞 착륙판에 앉아 날개를 흔들어 바람을 일으키는데 이것을 선풍 작업이라고 한다. 선풍에는 환기선풍, 습기제거 선풍, 계도선풍, 청량선풍 등이 있다. 서양종꿀벌은 머리를 안쪽으로 향하고 동양종꿀벌(재래종)은 바깥쪽을 향한 채 선풍을 한다.

33) 하이브툴(hive tool)

꿀벌은 식물의 끈적끈적한 프로폴리스(봉교)를 수집하여 소광 또는 내피에 바른다. 밀착된 소비를 분리하거나 소광에 붙은 봉교를 긁어내는 데 사용하며 끌개, 소납도라고도 한다. 양봉관리의 필수품이다. 벌통 바닥의 이물질을 제거하는 데도 사용한다.

34) 소비, 소초, 소광

벌통 내부에 끼우는 벌집의 나무틀을 소광이라 하고, 소광에 철선을 건너 매고 벌집의 기초가 되는 소초를 붙인 후 집을 지은 것이 소비다. 소비에는 양면에 약 6,600개의 소방이 있는데, 이곳에 여왕벌은 알을 낳고 일벌은 새끼들을 기르는 한편 꿀과 화분을 저장한다.

35) 소문

벌통에서 벌들이 드나드는 문이다. 즉 벌들의 출입구이다.

36) 수벌

꿀벌의 식구가 늘어나면 처녀왕이 나오고 처녀왕과 교미해야 할 수벌이 태어나는데, 이 벌은 교미하는 일 외에는 아무 일도 하지 않는다. 한 통에 보통 수백 마리, 때에 따라서는 1,000여 마리도 있다. 일벌에 비하여 체구가 크고 뭉툭하며 침이 없는 게 특징이다. 수벌이 가장 많이 발생하는 시기는 분봉 전이나 분봉열이 발생할 때인데, 여왕벌과 교미를 마치면 곧 죽는다. 또 가을철에 날씨가 싸늘해지면 교미를 하지 않은 수벌이라 하더라도 일벌들에 의해 추방당하게 된다.

37) 시구(翅鉤)

꿀벌의 가슴 첫 번째와 두 번째 마디에는 각각 앞날개와 뒷날개가 있다. 앞날개와 뒷날개를 연결해 주는 20여 개의 작은 갈고리를 시구라고 한다.

38) 신왕, 신여왕벌

처녀왕이 교미를 마치고 산란하기 시작하면 신왕이라고 한다.

39) 여왕벌 물질

여왕벌은 대시선(큰턱샘)에서 페로몬 물질을 분비하여 꿀벌사회를 통솔한다.

일벌도 암놈인데 산란을 못하는 것은 이 여왕벌 물질이 일벌의 난소 발육을 억제하기 때문이다.

만일 여왕벌이 망실되어 봉군 내부에 여왕벌 물질이 없을 때에는 일벌들 가운데 산란성 일벌이 생겨나게 된다.

40) 여왕벌 유입

무왕이 된 벌 무리에 여왕벌을 넣어 주는 것인데, 여왕벌 유입에는 왕롱을 이용하는 것이 가장 보편적인 방법이다.

41) 염색체, 이배체와 반수체

유전인자가 있는 세포 내 구조를 염색체라 한다. 여왕벌과 일벌은 수정란에서 발생한 암컷이어서 염색체가 32개이므로 2배체라고 하고 수벌은 염색체가 16개이므로 반수체라고 한다.

42) 왕대

여왕벌이 유충이 발육하는 집이다. 왕대에는 자연왕대, 변성왕대, 인공왕대, 갱신왕대 등이 있다.

- 자연왕대 : 식구가 늘어나 세간을 날(분봉) 목적으로 지은 왕대를 자연왕대라 한다. 제일 먼저 지어진 왕대를 제1왕대, 다음 순서대로 제2, 제3, 제4왕대라고 한다.
- 변성왕대 : 비상왕대, 후성왕대라고도 한다. 여왕벌이 망실되거나 인위적으로 여왕벌을 제거하면 일벌들이 후계 여왕벌을 옹립하기 위하여 알에서 부화한 지 3일 이내의 유충방을 개조하여 변성왕대를 만든다.
- 인공왕대 : 인위적으로 왕완(王椀)에 부화 유충을 이식하여 만든 왕대로 무왕군에서 여왕벌을 양성한다.
- 갱신왕대 : 여왕벌이 늙어서 쓸모가 없어지면 일벌들이 어미 여왕벌을 갈아치울 목적으로 갱신왕대를 조성하고 여왕벌로 하여금 산란하기를 강요한다.

43) 왕롱

여왕벌을 가두는 작은 철망 또는 플라스틱 통으로 무왕군에 여왕벌을 넣어줄 때 사용한다. 또 유밀기 때 여왕벌의 산란을 제한하기 위해 사용하기도 한다.

44) 왕유(로열젤리)

로열젤리로 더 잘 알려져 있다. 일벌이 머리샘에서 분비하는 여왕벌의 먹이이다.

45) 유밀기, 무밀기

꽃이 피어 꽃꿀이 왕성하게 분비되는 시기를 유밀기라고 하고, 꽃이 지고 꽃꿀과 화분이 없는 시기를 무밀기라고 한다.

46) 유충

알에서 부화된 애벌레를 유충이라고 한다. 유충은 성숙하여 번데기로 되고, 후에 성충이 된다.

47) 이충침

왕유를 채취할 때 부화 유충을 납완이나 플라스틱 왕완에 옮기는 귀이개 모양의 기구를 이충침이라 한다.

48) 전화효소

꽃에는 꽃꿀(花蜜)이 있다. 꿀벌이 꽃꿀을 꽃에서 반입해 오면 타액으로 분비하는 인버타제, 디아스타제 등 여러 종류의 효소와 혼합하여 꿀로 전화시킨다. 이들 꿀벌의 체내에 있는 효소를 전화효소라고도 한다.

49) 자극사양, 장려사양

봉군에 저장된 먹이가 있어도 유밀기를 가상시키기 위해 당액을 공급하여 일벌과 여왕벌을 자극시켜 산란과 먹이 수집 활동을 촉진해 주는 것을 말한다.

50) 전사(轉飼)양봉

기후와 꽃을 따라 봉군을 옮겨가며 벌을 기르는 것을 전사양봉 또는 이동양봉이라고
한다.

51) 전시(剪翅)

여왕벌의 날개를 잘라 주는 것이다. 분봉할 때 멀리 가지 못하게 하고 연령을 식별하
는 데 도움이 된다. 여왕벌의 날개를 너무 짧게 주면 동작이 둔해지며 산란에 지장이 있
다. 1/2 정도 잘라 주는 것이 올바르다.

52) 정태온도

여왕벌이나 일벌은 21℃에서 모든 육아활동을 중지한다. 이 온도를 정태온도라
고 한다. 여왕벌이 알을 낳고 일벌이 알을 보호하며 유충을 키우는 온도를 동태온도
(33~35℃)라고 한다. 월동군은 봉구 내부 온도를 정태온도로 유지하여 한해 겨울을 슬
기롭게 넘긴다.

53) 조소(造巢)

꿀벌의 배의 3, 4, 5, 6 환절에서 밀랍을 분비하여 벌집을 짓는 것을 조소라고 한다.
일벌들의 많은 에너지가 소모된다.

54) 진락법

합봉할 때 또는 약군에 일벌을 보충해 줄 때, 소문 앞에 어린 벌을 흔들어 떨어 주는
방법을 진락법(振落法)이라고 한다.

55) 처녀왕

왕대에서 출방하여 아직 교미를 마치지 못한 여왕벌을 말한다. 교미를 마치면 신왕이
된다.

56) 채밀 자격군

벌의 수가 많아 유밀기에 꿀을 많이 채취해 올 수 있는 강한 봉군을 말한다. 어떤 봉
군이든지 꽃꿀을 수집해 오긴 하지만 양봉가가 채밀을 할 수 있는 충분한 양의 꿀을 수
집해 올 수 있는 자격을 갖춘 봉군을 채밀 자격군이라고 부른다.

57) 채밀, 채밀기

벌통에 저장된 꿀을 뜨는 것을 채밀이라고 한다. 채밀을 하려면 소비 양면에 꿀이 저
장된 것을 원심분리를 이용한 채밀기에 넣고 회전시키면 꿀이 빠져나온다. 채밀기에는
고정식, 전환식, 방사식이 있다. 전기를 이용하는 전동식 채밀기가 많이 쓰인다.

고정식 채밀기나 전환식 채밀기는 꿀이 잘 빠지지만 알 또는 유충이 빠지는 결점이
있고 방사식 채밀기는 꿀은 완전히 빠지지 않으나 알이나 유충이 빠지지 않는다.

58) 춘감

월동한 늙은 일벌들은 어린 벌이 태어나기 시작하는 3월 말, 4월 초가 되면 수명이 다
되어 죽기 시작한다. 이를 춘감이라고 한다. 겨울 동안 날씨가 따뜻하여 벌들의 활동이
많아지면 일벌이 빨리 노쇠하여 비록 군세가 좋은 벌들이라고 춘감 현상이 심해 약군이
되기 쉬움으로 양봉가는 이 점에 유의해야 한다.

59) 탄소동위원소 비율

자연에 존재하는 탄소가 식물의 광합성 작용에 의해 식물 체내로 흡수되어 탄수화물
로 변하는 과정에서 광합성 경로에 따라 C_3식물, C_4식물로 나눈다.

꿀을 생산하는 꽃은 C_3식물이며, 사탕수수, 옥수수 등은 C_4식물이다. 따라서 C_4식물
을 원료로 한 설탕, 물엿, 이성화당의 경우는 탄소동위원소의 비율의 값이 $-10 \sim -12$
정도이며, 꽃꿀의 경우 $-23 \sim -27$ 정도이다. 따라서 C_4식물에서 나온 설탕류의 탄소
동위원소비는 벌을 소화효소에 의한 전화작용이나 물리적, 화학적 작용에도 변하지 않
아 혼입 시 검출이 가능하다.

따라서 고가의 분석 장비를 이용하여 벌꿀의 탄소동위원소비를 산출하면 벌꿀의 품질과 순도 등을 측정할 수 있다.

60) 태업

여왕벌이 알을 낳을 장소가 없어지고 꿀을 저장할 장소도 없어지면 분봉할 목적으로 일을 중지한다. 이를 꿀벌의 태업이라고 한다. 그리고 일벌들도 더는 꿀을 저장할 곳이 없을 때는 일을 게을리하든가 중단하는데 이것은 양봉가의 관리 잘못에서 비롯된다.

61) 표류

꿀벌은 영리한 곤충이어서 자기 집을 기억하였다가 찾아 들어간다고 하지만 어린 벌이나 먼 곳에서 이동해 온 벌 또는 이른 봄에 처음으로 개방한 벌은 제집을 기억하지 못하고 남의 통으로 들어갈 때가 있다. 이를 표류라고 한다. 표류가 가장 심할 때는 이른 봄과 이동한 직후이며 뒷줄의 벌이 앞줄로 많이 표류한다.

62) 핵군

일벌의 수가 수백 마리에 불과한 아주 적은 무리의 봉군을 말한다. 보통 처녀 여왕벌을 교미시키기 위해 교미상에 편성하는 봉군이 핵군이다.

63) 합봉

벌의 수가 적으면 꿀 수집량이 적고 벌도 늘어나지도 못한다. 2통 이상의 벌을 한 통으로 합치는 것을 합봉이라 한다.

64) 훈연기

꿀벌을 내검할 때 연기를 쏘이는 기구다. 훈연 재료로 쑥이나 왕겨를 많이 사용한다.

[참고문헌]

1. 고용호. 1962. 양봉종전(養蜂綜典). 영륜사
2. 고용호. 1982. 꿀벌 치는 법. 송원문화사
3. 구건 역. 1972. 파브르의 곤충기. 아리랑社
4. 김병호. 1991. 신양봉학. 선진문화사
5. 김용진 편저. 1977. 실용양봉. 연변출판사
6. 류영수. 1988. 한국근대양봉연구. 한국양봉협회
7. 류장발 · 장정원. 2007. 나무가 쓴 한국의 밀원식물. 퍼지컴미디어
8. 박항균 역. 1970. 로열젤리와 건강장수. 중외출판사
9. 석주명. 1992. 나비 채집 20년 회고록. 신양사
10. 신장환. 1969. 봉침요법. 동광출판사
11. 신장환. 1973. 벌꿀의 효능과 용도. 도광출판사
12. 안재준 · 이용빈 역. 1960. 꿀벌과 벌통. 대한교과서(주)
13. 우건석 등. 1999. 최신양봉경영. 서울대학교농과대학 한국양봉과학연구소
14. 월간 양봉계. 동아양봉원
15. 월간 양봉협회보. 한국양봉협회
16. 육본정훈국. 1968. 꿀벌 기르기. 육본출판사
17. 윤신영. 1917. 실험양봉. 중앙서관
18. 이근영. 1918. 양봉신편. 국천서장
19. 이명렬 등. 2013. 농업기술 길잡이 (4)양봉. 농촌진흥청
20. 이명렬 등. 2014. 사이버농업기술교육, 양봉. 농촌진흥청
21. 조도행. 1965. 해암일지
22. 조도행. 1983. 양봉교재
23. 최승윤. 1964. 양봉학. 집현사
24. 최승윤. 1972. 양봉. 서울대학교 출판부
25. 최승윤. 1974. 신제양봉학. 집현사
26. 최승윤. 1982. 양봉학. 한국방송통신대 출판부
27. 최승윤. 1987. 양봉 · 꿀벌과 벌통. 오성출판사
28. 최승윤 등. 1984. 동계양봉대학교재. 서울대학교농과대학 한국양봉과학연구소
29. 한국양봉학회지. 1986~2016. 한국양봉학회

30. 한국양봉협회. 1983. 한국양봉총람. 한국양봉협회

31. 한국양봉협회. 1990. 세계 양봉산업과 벌꿀 무역현황. 한국양봉협회

32. 홍인표 등. 2012. 꿀벌이 좋아하는 꽃. 국립농업과학원

33. 井上丹汰. 1965. 新養蜂. 신광社

34. 井上敦夫. 1989. 벌꿀 診療所. 리용社

35. 井上敦夫. 1990. 로열젤리健康法. 現代書林

36. 伊藤智夫. 1953. 꿀벌의 不思議. 法政大學出版部

37. 德田義信. 1938. 養蜂. 實業圖書

38. 德田義信. 1979. 新養蜂. 實業圖書

39. 渡邊孝. 1994. 꿀벌百科. 진주書院

40. 渡邊寬 · 渡邊孝. 1984. 近代養蜂. 日本養蜂振興會

41. Graham, J. H. (Ed). 1992. The hive and the honey bee. Dadant & Sons

42. Winston. M. 1987. The biology of the honey bee. Harvard

찾아보기

ㅇ